Weber

5 vor Kosten- und Leistungsrechnung

Zusätzliche digitale Inhalte für Sie!

Online-Version

Scannen Sie den QR-Code **oder** rufen Sie die Seite **www.nwb.de** auf. Geben Sie den Freischaltcode ein und folgen Sie dem Anmeldedialog. Fertig!

Ihr Freischaltcode

BFKK-VYOH-NFDG-EUMW-NIAR-U

Digitale Lernkarten für die erfolgreiche Prüfungsvorbereitung

Rufen Sie die Seite **www.brainyoo.de** auf, geben Sie oben rechts den Produktcode ein und folgen Sie dem Anmeldedialog. Die Lernkarteikarten stehen Ihnen auf Ihrem PC, Mac und mobil für Android und iOS zur Verfügung. Perfekt für das Lernen unterwegs!

Ihr Produktcode

61480-BADB6-D1D00-D743D-8B11C

BRAINYOO

www.nwb.de

NWB Bilanzbuchhalter

5 vor Kosten- und Leistungsrechnung

Endspurt zur Bilanzbuchhalterprüfung

Von
Steuerberater Diplom-Finanzwirt (FH) Martin Weber

unter Mitarbeit von
Daniela Naumann

6., aktualisierte Auflage

nwb

Kein Produkt ist so gut, dass es nicht noch verbessert werden könnte. Ihre Meinung ist uns wichtig! Was gefällt Ihnen gut? Was können wir in Ihren Augen noch verbessern? Bitte verwenden Sie für Ihr Feedback einfach unser Online-Formular auf:

www.nwb.de/go/feedback_bwl

Als kleines Dankeschön verlosen wir unter allen Teilnehmern einmal pro Quartal ein Buchgeschenk.

ISBN 978-3-482-**60646**-5

6., aktualisierte Auflage 2019

Satz: Griebsch & Rochol Druck GmbH, Hamm

Druck: Elanders GmbH, Waiblingen

VORWORT

Die Prüfung zum Fortbildungsabschluss „Geprüfter Bilanzbuchhalter und Geprüfte Bilanzbuchhalterin" wird seit 1927 durchgeführt und gehört zu den kaufmännischen Fortbildungsprüfungen mit der längsten Tradition. Gemessen an der Zahl der jährlichen Prüfungsteilnehmer zählt diese Prüfung zudem seit Jahren zu den wichtigsten, jedoch auch zu den anspruchsvollsten kaufmännischen Weiterbildungsabschlüssen mit regelmäßigen Durchfallquoten von bis zu 50 %.

Der vorliegende Titel der „5 vor"-Reihe beschäftigt sich mit dem Handlungsbereich „Kosten- und Leistungsrechnung zielorientiert anwenden" und orientiert sich dabei vollständig an den Bestandteilen und der Gliederung des offiziellen Rahmenplans der aktuellen Prüfungsverordnung vom 26. 10. 2015. Der Prüfungsteilnehmer oder die Prüfungsteilnehmerin soll dementsprechend nachweisen, dass er oder sie in der Lage ist, die Kosten- und Leistungsrechnung zur Steuerung betrieblicher Prozesse, zur Vorbereitung unternehmerischer Entscheidungen sowie zu Bilanzierungszwecken einzusetzen. Dabei soll er oder sie besonders den Zusammenhang zwischen Buchführung, Bilanzierung, Kosten- und Leistungsrechnung und Controlling darstellen*.

„5 vor Kosten- und Leistungsrechnung" ist kein typisches Lehrbuch. Da ich selbst gegenwärtig als Dozent in diversen Vorbereitungskursen zur Bilanzbuchhalterprüfung tätig bin, gehe ich davon aus, dass in den von Ihnen besuchten Kursen das benötigte Wissen bereits eingehend vermittelt wurde. Dieses Buch ist vielmehr als eine Art letzte Wissenskontrolle zu sehen. Die Prüfungsteilnehmer sollen ihren Wissensstand kurz vor der Prüfung noch einmal kontrollieren und ggf. erkannte Wissenslücken innerhalb kürzester Zeit erfolgreich schließen bzw. bereits Erlerntes schnell noch einmal auffrischen. Die prüfungsrelevanten Themen werden deshalb in kompakter und prägnanter Form dargestellt; zahlreiche Abbildungen, Beispiele und Kontrollfragen sowie eine Übungsklausur unterstützen zusätzlich das Verständnis.

So können Sie ganz entspannt und sicher in die Prüfung gehen!

Für angehende Steuerfachwirte und -berater sowie für Studierende an Universitäten und Fachhochschulen ist dieser Titel ebenfalls äußerst empfehlenswert, da auch in diesen Bereichen das Thema Kosten- und Leistungsrechnung prüfungsrelevant sein kann.

Gedankt sei zum Schluss meiner Kollegin Frau Daniela Naumann, deren engagierter Einsatz auch diese Neuerscheinung möglich gemacht hat. Außerdem möchte ich mich an dieser Stelle beim NWB Verlag, insbesondere bei Frau Vera Schallau, für die gute Zusammenarbeit bedanken.

Nun wünsche ich allen angehenden Bilanzbuchhaltern viel Erfolg für die bevorstehenden Prüfungen!

München, im Mai 2019

Martin Weber

* § 7 Abs. 5 BibuchhFPrV.

INHALTSVERZEICHNIS

ABKÜRZUNGSVERZEICHNIS

A

AB	Anfangsbestand
ABB.	Abbildung
Abs.	Absatz
Abschn.	Abschnitt
AfA	Absetzung für Abnutzung
AG	Aktiengesellschaft
AK	Anschaffungskosten
AO	Abgabenordnung
Art.	Artikel
AV	Anlagevermögen
ÄZ	Äquivalenzziffer

B

BA	Beschäftigungsabweichung
BAB	Betriebsabrechnungsbogen
BE	Betriebsergebnis
BEA	Break-even-Analyse
BEP	Bareinkaufspreis/Break-even-Point
BER	Betriebsergebnisrechnung
BV	Betriebsvermögen
BVP	Barverkaufspreis
BZP	Bezugspreis

D

d. h.	das heißt
DB	Deckungsbeitrag
db	Deckungsbeitrag/Stück

E

EK	Eigenkapital
ER	Eingangsrechnung
EU	Einzelunternehmen

F

f./ff.	folgend/e
FGK	Fertigungsgemeinkosten
Fibu	Finanzbuchhaltung
fifo	first in – first out
FK	Fertigungskosten/Fremdkapital
FL	Fertigungslöhne
FM	Fertigungsmaterial

G

GA	Gesamtabweichung
ggf.	gegebenenfalls
GK	Gemeinkosten
GmbH	Gesellschaft mit beschränkter Haftung
GuV	Gewinn und Verlust

H

HGB	Handelsgesetzbuch
hifo	highest in – first out
HK	Herstellkosten
HKdE	Herstellkosten der Erzeugung
HKdU	Herstellkosten des Umsatzes

I

i. d. R.	in der Regel
i. H. v.	in Höhe von
i. S. d.	im Sinne des/der
i. V. m.	in Verbindung mit

K

KG	Kommanditgesellschaft
KLR	Kosten- und Leistungsrechnung

L

lifo	last in – first out
lofo	lowest in – first out
lt.	laut
LEP	Listeneinkaufspreis
LVP	Listenverkaufspreis

M

MES	Materialentnahmeschein
MGK	Materialgemeinkosten
MK	Materialkosten

N

ND	Nutzungsdauer
Nr.	Nummer

P

PA	Preisabweichung
PS	Produktionsstufen
PU	Preisuntergrenze

R

RHB	Roh-/Hilfs-/Betriebsstoffe
RK	Rechnungskreis

S

s. o.	siehe oben
SEKF	Sondereinzelkosten Fertigung
SEKV	Sondereinzelkosten Vertrieb
SK	Selbstkosten

T

TP	Teilprozesse
Tz.	Textziffer

U

u. Ä.	und Ähnliche/s
UV	Umlaufvermögen

V

VA	Verbrauchsabweichung
var.	variabel/variable
VertrGK	Vertriebsgemeinkosten
VerwGK	Verwaltungsgemeinkosten
vgl.	vergleiche

W

WBK	Wiederbeschaffungskosten
WG	Wirtschaftsgut/-güter

Z

z. B.	zum Beispiel
ZEP	Zieleinkaufspreis
ZVP	Zielverkaufspreis

I. Methoden und Instrumente zur Erfassung von Kosten und Leistungen

1. Einordnung der Kosten- und Leistungsrechnung in das betriebliche Rechnungswesen

1.1 Teilgebiete des betrieblichen Rechnungswesens

Tz. 1

Das Rechnungswesen der meisten Unternehmen ist in mehrere Teile gesplittet. Die wichtigsten sind:

Teilgebiete Rechnungswesen

- Finanzbuchhaltung,
- Kosten- und Leistungsrechnung,
- Statistik und
- Planungsrechnung.

1.1.1 Finanzbuchhaltung

Tz. 2

Die Finanzbuchhaltung (Buchführung) ist eine Zeitabschnittsrechnung, mit der das gesamte Unternehmensgeschehen zahlenmäßig erfasst, überwacht und ausgewertet wird. Hierbei werden den Stand und Veränderung des Anlage- und Umlaufvermögens (Mittelverwendung) und des Eigen- und Fremdkapitals (Mittelherkunft) fortlaufend aufgezeichnet. Die Bilanz und die Gewinn- und Verlustrechnung als Ergebnisse der Finanzbuchhaltung sind vor allem externorientiert. Dies bedeutet, dass durch diese Informationsinstrumente vorrangig Gesellschafter, Geschäftspartner, Konkurrenten, Gläubiger und das Finanzamt über die Vermögens-, Finanz- und Ertragslage informiert werden.

Finanzbuchhaltung externorientiert

1.1.2 Kosten- und Leistungsrechnung

Tz. 3

Die Kosten- und Leistungsrechnung (KLR), auch als Betriebsbuchhaltung bezeichnet, ist ausschließlich internorientiert. Sie dient der Erfassung und Kontrolle der bei Generierung und Absatz der betrieblichen Leistungen entstehenden Kosten und Leistungen. Mithilfe einer Abgrenzungsrechnung (siehe Tz. 19 ff.) werden neben den tatsächlichen Kosten zu diesem Zweck auch kalkulatorische Kosten (Anders- und Zusatzkosten) einbezogen. Für die Kostenrechnung gibt es grundsätzlich keine rechtlichen Vorschriften.

KLR internorientiert

1.1.3 Statistik

Tz. 4

Die Statistik schafft einen innerbetrieblichen Vergleich des aus der Finanzbuchhaltung und Kosten- und Leistungsrechnung gewonnenen Zahlenmaterials. Der Vergleich kann beispielsweise vorgenommen werden als:

Statistik = innerbetrieblicher Vergleich

- Zeitvergleich (Vergleich einzelner Zahlen verschiedener Perioden),
- Verfahrensvergleich (z. B. Vergleich von alternativen Produktionsverfahren),
- Soll-Ist-Vergleich (Vergleich der vorgegebenen Werte mit den tatsächlichen Werten) und
- Betriebsvergleich (Vergleich von gleich oder ähnlich strukturierten Betrieben).

Des Weiteren werden oftmals Einkaufs-, Lager- oder Personalstatistiken geführt.

1.1.4 Planungsrechnung

Tz. 5

Im Rahmen der Planungsrechnung werden Kenntnisse aus den anderen Zweigen des betrieblichen Rechnungswesens zusammengefasst, um das zukünftige betriebliche Geschehen abzubilden. Schwierigkeit hierbei ist die Berücksichtigung von Interdependenzen (= gegenseitige

Planungsrechnung = zukünftiges betriebliches Geschehen

oder wechselseitige Abhängigkeiten): Im Rahmen der Planung für das ganze Unternehmen müssen die Wechselwirkungen der einzelnen Teilplanungen so aufeinander abgestimmt werden, dass ein optimales Ergebnis erreicht wird. Bei der Planungsrechnung wird zwischen folgenden Bereichen unterschieden:

- Erfolgswirtschaftlicher Bereich (Kosten- und Ertragsplan),
- Leistungswirtschaftlicher Bereich (Lager-, Produktions- und Absatzplan) und
- Finanzwirtschaftlicher Bereich (Ausgaben- und Einnahmenplan).

1.2 Aufgaben der KLR

Tz. 6

Aufgaben KLR

Die KLR erfüllt im Wesentlichen folgende Aufgaben:

- **Dokumentation**
  Dokumentation der tatsächlich entstandenen Kosten und Leistungen innerhalb der einzelnen Unternehmensbereiche
- **Ermittlung der Stückkosten – Preiskalkulation**
  Durchführung der Verkaufspreiskalkulation nach Ermittlung der Stückkosten
- **Überwachung der Wirtschaftlichkeit und Produktivität**
  Wirtschaftlichkeit: Leistungen > Kosten
  Produktivität: Mengenverhältnis von Output zu Input
- **Planungs-, Vorgabe- und Kontrollfunktion**
  Planung von künftigen Kosten und Leistungen, Vorgabe von Sollwerten, Kontrolle im Rahmen von Abweichungsanalysen zwischen Soll- und Ist-Zahlen
- **Entscheidungsfunktion**
  Unterstützung bei betrieblichen Entscheidungen, z. B. bezüglich Sortiment, Preisuntergrenzen, Eigenfertigung oder Fremdbezug
- **Ergebnisermittlung und kurzfristige Erfolgsrechnung**
  Ermittlung des Betriebsergebnisses durch Gegenüberstellung der Kosten und Leistungen eines Monats
- **Ergänzungsfunktion**
  Ergänzung des externen Rechnungswesens um Auswertungen und Berichte

2. Abgrenzung der Kosten und Leistungen von den Aufwendungen und Erträgen

2.1 Grundbegriffe

2.1.1 Auszahlungen – Einzahlungen

Tz. 7

Veränderung Zahlungsmittel → Einzahlung bzw. Auszahlung

Jeglicher Abfluss von Zahlungsmitteln (bar oder Bankguthaben) führt unabhängig von deren Verwendung – betrieblich oder privat – zu einer Auszahlung, jeder Zufluss von Zahlungsmitteln (bar oder Bankguthaben) in ein Unternehmen führt unabhängig von deren Herkunft – betrieblich oder privat – zu einer Einzahlung.

BEISPIEL

Schreiner U (Einzelunternehmer) entnimmt 1.000 € aus der betrieblichen Kasse für private Zwecke.

→ Privatentnahme (bar) = Auszahlung

Auf dem betrieblichen Konto der Maschinenbau A GmbH gehen 200.000 € aus der Aufnahme eines Darlehens für die Anschaffung einer Produktionsmaschine ein.

→ Aufnahme eines Darlehens = Einzahlung

2.1.2 Ausgaben – Einnahmen

Tz. 8

Neben den Auszahlungen zählen auch die Zugänge von Verbindlichkeiten zu den Ausgaben, dementsprechend gehören neben den Einzahlungen auch die Zugänge von Forderungen zu den Einnahmen.

Auszahlung + Erhöhung Verbindlichkeiten → Ausgaben

Dabei gilt:

Eine Auszahlung kann gleichzeitig eine Ausgabe sein – Auszahlung und Ausgabe können aber auch zeitlich auseinander liegen.

Einzahlung + Erhöhung Forderungen → Einnahmen

Eine Einzahlung kann gleichzeitig eine Einnahme sein – Einzahlung und Einnahme können aber auch zeitlich auseinander liegen.

BEISPIEL

Schreiner U (Einzelunternehmer) kauft Büromaterial bar.

→ Auszahlung und gleichzeitig Ausgabe

Die Maschinenbau A GmbH kauft Rohstoffe auf Ziel.

→ Erhöhung der Verbindlichkeiten = Ausgabe, aber Auszahlung erst bei Bezahlung der Rechnung

Einzelhändler A verkauft Handelswaren bar.

→ Einzahlung und gleichzeitig Einnahme

Die Maschinenbau A GmbH verkauft CNC-Maschinen auf Ziel.

→ Erhöhung der Forderungen = Einnahme, aber Einzahlung erst bei Bezahlung der Rechnung

2.1.3 Aufwendungen – Erträge

Tz. 9

Aufwendungen entstehen durch den Werteverzehr von Gütern und Dienstleistungen eines Unternehmens, unter Erträgen versteht man den gesamten Wertezuwachs eines Unternehmens in einer bestimmten Rechnungsperiode. In der Finanzbuchhaltung werden die Aufwendungen und Erträge in der Gewinn- und Verlustrechnung gegenübergestellt. Der Saldo des Gewinn- und Verlustkontos, der den laufenden Gewinn bzw. Verlust des Wirtschaftsjahres und somit auch die Änderung des Betriebsvermögens darstellt, wird auf das Eigenkapitalkonto abgeschlossen. Übersteigen die Erträge die Aufwendungen (Saldo im Soll des GuV-Kontos), handelt es sich um eine Eigenkapitalmehrung, übersteigen die Aufwendungen die Erträge (Saldo im Haben des GuV-Kontos), handelt es sich um eine Eigenkapitalminderung.

Aufwendungen → EK sinkt
Erträge → EK steigt

Aufwendungen	=	Eigenkapitalminderung
Erträge	=	Eigenkapitalerhöhung

BEISPIEL

Die Maschinenbau A GmbH begleicht die Miete für die Fertigungshalle per Banküberweisung.

→ Mietzahlung = Aufwand (Eigenkapitalminderung)

Aus dem Verkauf von Handelswaren erzielt Einzelhändler A Umsatzerlöse in Höhe von 10.000 €.
→ Umsatzerlöse = Ertrag (Eigenkapitalerhöhung)

Tz. 10

Aufwendungen und Erträge können unmittelbar mit Ausgaben bzw. Einnahmen zusammenfallen, dies ist aber nicht zwingend.

Zusammenhang Aufwendungen – Ausgaben bzw. Erträge – Einnahmen

Es gibt Ausgaben bzw. Einnahmen, die nicht zu Aufwendungen bzw. Erträgen führen.

BEISPIEL

Schreiner U (Einzelunternehmer) zahlt aus einer Erbschaft 100.000 € auf das betriebliche Bankkonto ein.

→ Der Zufluss des Geldes auf dem betrieblichen Bankkonto stellt eine Einnahme dar. Durch diese erhöht sich zwar das Eigenkapital, Betriebsvermögensänderungen durch Entnahmen und Einlagen sind jedoch grundsätzlich erfolgsneutral (Gewinnermittlungsformel BV am Ende - BV am Anfang + Entnahmen - Einlagen = Gewinn). Bei Buchung der Einlage wird kein GuV-Konto berührt (Buchungssatz: Bank an Privateinlage 100.000 €).

→ Einnahme ≠ Ertrag

Die Maschinenbau A GmbH kauft ein Grundstück für 200.000 € auf Ziel.

→ Die Zunahme der Verbindlichkeiten stellt eine Ausgabe dar, das Eigenkapital ändert sich dagegen nicht. Bei Buchung der Verbindlichkeit wird kein GuV-Konto berührt (Buchungssatz: Grund und Boden an Verbindlichkeiten aus Lieferungen und Leistungen 200.000 €).

→ Ausgabe ≠ Aufwand

Tz. 11

Während wie eben dargestellt nicht alle Ausgaben auch zu Aufwendungen führen müssen, gilt jedoch im umgekehrten Fall:

Alle Aufwendungen führen irgendwann zu Ausgaben, es kann jedoch zu zeitlichen Verschiebungen kommen.

BEISPIEL

Die Maschinenbau A GmbH überweist die Gehälter für ihre Mitarbeiter.

→ Ausgabe = sofort Aufwand

Die Maschinenbau A GmbH kauft in der Rechnungsperiode 1 Rohstoffe auf Ziel und legt diese ins Lager; die Verarbeitung der Rohstoffe erfolgt in der Rechnungsperiode 2.

→ Ausgabe Rechnungsperiode 1 (Buchungssatz: Rohstoffe an Verbindlichkeiten aus Lieferungen und Leistungen) - Aufwand Rechnungsperiode 2 (Buchungssatz: Aufwand für Rohstoffe an Rohstoffe)

Tz. 12

Bezüglich der Einnahmen und Erträge gilt folgender Zusammenhang:

Nicht alle Einnahmen führen zu Erträgen (Beispiel Privateinlage), es führen aber auch nicht alle Erträge zu Einnahmen.

BEISPIEL

Die Maschinenbau A GmbH produziert eine Maschine zur Verwendung im eigenen Betrieb.

→ Ertrag, der aber nie zu einer Einnahme führt (Buchungssatz: Technische Anlagen und Maschinen an Aktivierte Eigenleistungen)

2.1.4 Kosten

Tz. 13

Definition Kosten

Kosten entstehen, wenn folgende drei Kriterien erfüllt sind:

- mengenmäßiger Verbrauch (z. B. 100 kg Fertigungsmaterial)
- Bewertung des Verbrauchs mit dem entsprechenden Preis (z. B. 100 kg Fertigungsmaterial × 10 €/kg)
- ausschließliche Verwendung zur betrieblichen Leistungserstellung (= Beschaffung, Produktion) oder Leistungsverwertung (= Absatz)

Tz. 14

Grundkosten

Aufwendungen sind demnach nur dann gleichzeitig *Kosten*, wenn sie sowohl *betriebsbedingt, periodenbezogen* als auch *gewöhnlich* sind. In diesem Fall spricht man auch von Zweckaufwand bzw. Grundkosten.

BEISPIEL

Die GuV der Maschinenbau A GmbH weist für die Rechnungsperiode 1 u. a. folgende Aufwendungen aus:

Löhne und Gehälter	25.000 €
Rohstoffaufwand	15.000 €

→ Sowohl die Aufwendungen für Löhne und Gehälter wie auch der Rohstoffaufwand sind gleichzeitig Kosten, da sie im Rahmen der betrieblichen Leistungserstellung (= betriebsbedingt), für die laufende Rechnungsperiode 1 (= periodenbezogen) und regelmäßig in gewöhnlicher Höhe (= gewöhnlich) anfallen.

Tz. 15

neutrale Aufwendungen

Erfüllen Aufwendungen auch nur eines der oben genannten Kriterien (betriebsbedingt, periodenbezogen, gewöhnlich) nicht, sind sie also entweder nicht betriebsbedingt, periodenfremd oder außergewöhnlich, so spricht man von neutralen Aufwendungen.

BEISPIEL

Die Maschinenbau A GmbH erzielt aus Wertpapiergeschäften einen Verlust in Höhe von 5.000 €.

→ Nicht betriebsbedingte Aufwendungen, da kein Zusammenhang mit der betrieblichen Leistungserstellung und -verwertung besteht.

Die Maschinenbau A GmbH muss für das Vorjahr 3.000 € Löhne nachzahlen.

→ Betriebsbedingte, aber periodenfremde Aufwendungen, da zwar ein Zusammenhang mit der betrieblichen Leistungserstellung und -verwertung besteht, die Aufwendungen aber eine vergangene Periode betreffen und somit nicht als Kosten in die laufende Periode eingehen dürfen.

Die Maschinenbau A GmbH verkauft eine nicht mehr benötigte Produktionsmaschine aus dem Anlagevermögen für 8.000 € (Buchwert 15.000 €).

→ Betriebsbedingte, aber außerordentliche Aufwendungen, da zwar ein Zusammenhang mit der betrieblichen Leistungserstellung und -verwertung besteht, die Aufwendungen aber in ungewöhnlicher Höhe oder unregelmäßig anfallen.

2.1.5 Leistungen

Tz. 16

Definition Leistungen

Leistungen sind das Ergebnis der betrieblichen Leistungserstellung und -verwertung. Sie entstehen durch die

- Produktion von Gütern/Bereitstellung von Dienstleistungen,
- Bewertung der Güter und Dienstleistungen mit dem entsprechenden Preis.

Tz. 17

Grundleistungen

Erträge sind demnach nur dann gleichzeitig *Leistungen*, wenn sie sowohl *betriebsbedingt, periodenbezogen* als auch *gewöhnlich* sind. In diesem Fall spricht man auch von Zweckertrag bzw. Grundleistungen.

Die betrieblichen Erträge bzw. Leistungen lassen sich wie folgt aufteilen:

Aufteilung Leistungen

- Absatzleistungen (Umsatzerlöse aus dem Verkauf von eigenen Erzeugnissen und Waren)
- Lagerleistungen (Produktionsmenge > Absatzmenge → Bestandsmehrung von fertigen und unfertigen Erzeugnissen)
- Aktivierte Eigenleistungen (selbst erstellte Anlagen zur Verwendung im eigenen Betrieb)

BEISPIEL

Die GuV der Maschinenbau A GmbH weist für die Rechnungsperiode 1 u. a. folgende Erträge aus:

Umsatzerlöse für Erzeugnisse	90.000 €
Bestandserhöhung an fertigen Erzeugnissen	15.000 €

→ Sowohl der Ertrag aus den Umsatzerlösen für Erzeugnisse wie auch aus der Bestandserhöhung an fertigen Erzeugnissen sind gleichzeitig Leistungen, da sie das Ergebnis der betrieblichen Leistungserstellung (= betriebsbedingt) sind und im Rahmen der laufenden Rechnungsperiode 1 (= periodenbezogen) und regelmäßig in gewöhnlicher Höhe (= gewöhnlich) anfallen.

Tz. 18

neutrale Erträge

Erfüllen Erträge auch nur eines der oben genannten Kriterien (betriebsbedingt, periodenbezogen, gewöhnlich) nicht, sind sie also entweder nicht betriebsbedingt, periodenfremd oder außergewöhnlich, so spricht man von neutralen Erträgen.

BEISPIEL

Die Maschinenbau A GmbH erzielt Zinserträge in Höhe von 3.000 €.

→ Nicht betriebsbedingte Erträge, da kein Zusammenhang mit der betrieblichen Leistungserstellung und -verwertung besteht.

Das Finanzamt erstattet der Maschinenbau A GmbH 1.000 € zuviel bezahlter Betriebssteuern für das Vorjahr (eine Forderung wurde diesbezüglich in der Finanzbuchhaltung versehentlich nicht eingebucht).

→ Betriebsbedingte, aber periodenfremde Erträge, da zwar ein Zusammenhang mit der betrieblichen Leistungserstellung und -verwertung besteht, die Erträge aber eine vergangene Periode betreffen und somit nicht als Leistungen in die laufende Periode eingehen dürfen.

Die Maschinenbau A GmbH verkauft eine nicht mehr benötigte Produktionsmaschine aus dem Anlagevermögen für 12.000 € (Buchwert 8.000 €).

→ Betriebsbedingte, aber außerordentliche Erträge, da zwar ein Zusammenhang mit der betrieblichen Leistungserstellung und -verwertung besteht, die Erträge aber in ungewöhnlicher Höhe oder unregelmäßig anfallen.

2.2 Abgrenzungsrechnung

Tz. 19

Abgrenzung neutraler Aufwendungen/Erträge

In der Abgrenzungsrechnung werden aus allen Aufwendungen und Erträgen der GuV der Finanzbuchhaltung diejenigen Aufwendungen und Erträge abgegrenzt, die neutral sind und daher nicht in die KLR einfließen. Die Abgrenzungsrechnung wird in der Regel in Form einer Ergebnistabelle dargestellt, welche übersichtlich die Entwicklung von den Aufwendungen und Erträgen der Finanzbuchhaltung zu den Kosten und Leistungen der KLR aufzeigt.

Tz. 20

Vereinfacht kann eine Ergebnistabelle wie folgt dargestellt werden:

Ergebnistabelle		
Rechnungskreis I	**Rechnungskreis II**	
Finanzbuchhaltung	**Kosten- und Leistungsrechnung**	
	Abgrenzungsbereich	**Betriebsergebnisrechnung**
Erträge - Aufwendungen	Neutrale Erträge - Neutrale Aufwendungen	Leistungen - Kosten
GESAMTERGEBNIS =	NEUTRALES ERGEBNIS +	BETRIEBSERGEBNIS

Erläuterungen:

Rechnungskreis I: Gegenüberstellung der Salden sämtlicher Aufwands- und Ertragskonten (Finanzbuchhaltung)

Ausweis des Gesamtergebnisses (Differenz aus Erträgen und Aufwendungen)

Rechnungskreis II: Aufteilung in Abgrenzungsbereich und Betriebsergebnisrechnung

Abgrenzungsbereich:

- Ausweis aller neutralen Aufwendungen und Erträge aus der Finanzbuchhaltung
- Ermittlung des neutralen Ergebnisses (Differenz aus neutralen Erträgen und neutralen Aufwendungen)

Betriebsergebnisrechnung:

- Ausweis aller Aufwendungen und Erträge aus der Finanzbuchhaltung, die betriebsbedingt, periodenbezogen und gewöhnlich sind = Kosten bzw. Leistungen
- Ermittlung des Betriebsergebnisses (Differenz aus Leistungen und Kosten)

Tz. 21

Ergebnis RK I = RK II

Durch die Ergebnistabelle werden das Gesamtergebnis der Finanzbuchhaltung sowie das neutrale Ergebnis und das Betriebsergebnis in übersichtlicher Form dargestellt. Die Summe aus dem neutralen Ergebnis und dem Betriebsergebnis muss das Gesamtergebnis der Finanzbuchhaltung ergeben (Ergebnis Rechnungskreis I = Ergebnis Rechnungskreis II).

BEISPIEL

Die GuV der Maschinenbau A GmbH weist am Ende der Rechnungsperiode 1 folgende Salden aus:

Konto	Kontobezeichnung	Saldo
5000	Umsatzerlöse für eigene Erzeugnisse	700.000 €
5202	Bestandserhöhung fertige Erzeugnisse	36.000 €
5400	Mieterträge	8.000 €
5410	Erlöse aus Anlagenabgängen	16.000 €
6000	Aufwendungen für Rohstoffe	179.000 €
6020	Aufwendungen für Hilfsstoffe	24.000 €
6200	Löhne	280.000 €
6300	Gehälter	65.000 €
6400	Soziale Abgaben	58.000 €
6700	Aufwendungen für Miete	9.000 €
6979	Anlagenabgänge	10.000 €
7460	Verluste aus Wertpapierverkäufen	5.000 €

Erstellen Sie die Ergebnistabelle und stimmen Sie die Ergebnisse ab.

LÖSUNG

Ergebnistabelle						
Rechnungskreis I			Rechnungskreis II			
Finanzbuchhaltung			Kosten- und Leistungsrechnung			
	GuV		Abgrenzungsbereich		Betriebsergebnis-rechnung	
Konto	Aufwand	Ertrag	neutraler Aufwand	neutraler Ertrag	Kosten	Leistungen
5000		700.000 €				700.000 €
5202		36.000 €				36.000 €
5400		8.000 €		8.000 €		
5410		16.000 €		16.000 €		
6000	179.000 €				179.000 €	
6020	24.000 €				24.000 €	
6200	280.000 €				280.000 €	
6300	65.000 €				65.000 €	
6400	58.000 €				58.000 €	
6700	9.000 €				9.000 €	
6979	10.000 €		10.000 €			
7460	5.000 €		5.000 €			
Summen:	630.000 €	760.000 €	15.000 €	24.000 €	615.000 €	736.000 €
Salden:	130.000 €		9.000 €		121.000 €	
	760.000 €	760.000 €	24.000 €	24.000 €	736.000 €	736.000 €

Abstimmung:	130.000 €	=	9.000 €	+	121.000 €
	Gesamtergebnis		Neutrales Ergebnis		Betriebsergebnis

Erläuterung:

Bei Erstellung der Ergebnistabelle müssen zuerst sämtliche Aufwands- und Ertragskonten der GuV in den Rechnungskreis I übertragen werden. Anschließend wird jeder Aufwand bzw. Ertrag einzeln daraufhin untersucht, ob er betriebsbedingt, periodenbezogen und gewöhnlich ist. Sind alle drei Kriterien erfüllt, werden Aufwendungen zu Kosten und Erträge zu Leistungen und entsprechend im Rechnungskreis II in die Betriebsergebnisrechnung übernommen. Ist nur eines der drei Kriterien nicht erfüllt, erfolgt der Übertrag der entsprechenden Aufwendungen bzw. Erträge in den Abgrenzungsbereich im Rechnungskreis II (neutrale Aufwendungen bzw. neutrale Erträge).

Konto	Kontobezeichnung	betriebs-bedingt?	perioden-bezogen?	gewöhn-lich?	Zuordnung RK II
5000	Umsatzerlöse für eigene Erzeugnisse	ja	ja	ja	Leistungen
5202	Bestandserhöhung fertige Erzeugnisse	ja	ja	ja	Leistungen
5400	Mieterträge	nein			neutr. Erträge
5410	Erlöse aus Anlagenabgängen			nein	neutr. Erträge
6000	Aufwendungen für Rohstoffe	ja	ja	ja	Kosten
6020	Aufwendungen für Hilfsstoffe	ja	ja	ja	Kosten
6200	Löhne	ja	ja	ja	Kosten
6300	Gehälter	ja	ja	ja	Kosten
6400	Soziale Abgaben	ja	ja	ja	Kosten
6700	Aufwendungen für Miete	ja	ja	ja	Kosten
6979	Anlagenabgänge			nein	neutr. Aufwand
7460	Verluste aus Wertpapierverkäufen	nein			neutr. Aufwand

2.3 Kalkulatorische Kostenarten

Tz. 22

Notwendigkeit kalkulatorischer Kosten

Sofern die Aufwendungen der Finanzbuchhaltung unverändert in die KLR übernommen werden können, spricht man von Grundkosten (aufwandsgleiche Kosten). Es ist jedoch zum Teil notwendig, für Zwecke der KLR Korrekturen bzw. Ergänzungen im Kostenbereich vorzunehmen, um den tatsächlichen Werteverzehr, der durch die betriebliche Leistungserstellung und -verwertung entstanden ist, zu ermitteln. Diese Korrekturen werden im Rahmen der kalkulatorischen Kosten vorgenommen.

Es gibt zwei Formen von kalkulatorischen Kosten:

Anderskosten: Aufwand in der Finanzbuchhaltung, der der Höhe nach ungeeignet ist für die KLR; es wird daher in der KLR ein anderer Wert angesetzt (= aufwandsungleiche Kosten).

Zusatzkosten: Leistungsbedingter Werteverzehr, bei dem aufgrund fehlender Ausgaben (=Auszahlung oder Zunahme von Verbindlichkeiten) in der Finanzbuchhaltung kein Aufwand entsteht. Der Werteverzehr wird in der KLR zusätzlich berücksichtigt (= aufwandslose Kosten).

2.3.1 Kalkulatorische Wagniskosten

Tz. 23

Unternehmerwagnis ≠ KLR
Einzelwagnisse → KLR

Wird eine unternehmerische Tätigkeit aufgenommen, so ist diese mit gewissen Risiken und Wagnissen verbunden und kann zu Verlusten führen. Während das allgemeine Unternehmerwagnis seine Ursache in der gesamtwirtschaftlichen Entwicklung (Konjunkturschwankungen, technischer Fortschritt, Nachfrageverschiebungen) hat und die daraus möglicherweise entstehenden Verluste mit dem Betriebsgewinn abgegolten sind und somit in der KLR nicht erfasst werden dürfen, stehen Einzelwagnisse in unmittelbarem Zusammenhang mit der betrieblichen Leistungserstellung und -verwertung und müssen in angemessener Höhe als Kosten in die KLR eingehen. Sie fallen in unterschiedlicher Höhe und zeitlich unregelmäßig und unvorhersehbar an.

Tz. 24

Einzelwagnisse

Zu den Einzelwagnissen gehören:

Anlagewagnis:	Verluste durch Beschädigung von Anlagegegenständen durch Brand, Überschwemmung usw., Fehleinschätzung der Nutzungsdauer (technischer Fortschritt)
Beständewagnis:	Verluste durch Schwund, Verderb, Diebstahl, Veralten
Entwicklungswagnis:	Verluste aus fehlgeschlagenen Entwicklungsarbeiten
Fertigungswagnis:	Verluste durch Ausschuss (Material-, Arbeits- oder Konstruktionsfehler), Nacharbeit
Gewährleistungswagnis:	Verluste aus Garantieleistungen (z. B. kostenlose Ersatzlieferung, Preisnachlass wegen Mängelrüge)
Vertriebswagnis:	Währungsverluste und Ausfälle bei Kundenforderungen, Verluste durch Nichtabnahme bestellter Ware

Tz. 25

Wagniszuschläge aufgrund von Erfahrungswerten

Da die tatsächlich eingetretenen Wagnisverluste in der Finanzbuchhaltung unregelmäßig und in unterschiedlicher Höhe zu einem Aufwand führen, werden in der KLR kalkulatorische Wagniszuschläge für die jeweiligen Einzelwagnisse aufgrund von Erfahrungswerten ermittelt und verrechnet. Damit wird eine gleichmäßige und anteilige Verteilung der Wagnisverluste auf die einzelnen Rechnungsperioden erreicht und Schwankungen bleiben bei der Ermittlung des Betriebsergebnisses und der Kalkulation der Selbstkosten außen vor.

Sofern Einzelwagnisse durch eine Fremdversicherung abgedeckt werden, geht die Versicherungsprämie als Kosten in die KLR ein. In diesem Fall entfällt die Verrechnung von kalkulatorischen Wagnissen.

BEISPIEL

Die AB-Industrie AG erzielt in den Jahren 01 bis 03 folgende Umsatzerlöse:

01 125 Mio. €

02 143 Mio. €

03 152 Mio. €

Innerhalb dieser drei Jahre entstanden Forderungsverluste in Höhe von 4.536.000 €.

In welcher Höhe ist das Vertriebswagnis für das Jahr 04 anzusetzen, wenn Umsatzerlöse in Höhe von 155 Mio. € erwartet werden und erfahrungsgemäß 10 % der Umsätze Barverkäufe sind?

LÖSUNG

Σ Umsatzerlöse der Jahre 01 bis 03:	420 Mio. €
davon 90 % (bzgl. der Barverkäufe besteht kein Ausfallrisiko):	378 Mio. €
Forderungsverluste:	4.536.000 €

Vertriebswagnis in %: $\frac{4.536.000\ €}{378.000.000\ €} \times 100 = 1{,}2\ \%$

kalkulatorische Wagniskosten Jahr 04: 155 Mio. € × 90 % × 1,2 % = 1.674.000 €

BEISPIEL

Der Verlust an Vorräten durch Schwund, Verderb und Diebstahl beträgt bei der Maschinenbau A GmbH erfahrungsgemäß 3 % der durchschnittlichen Bestände.

In welcher Höhe ist das Beständewagnis anzusetzen, wenn der Bestand zu Jahresbeginn in Höhe von 800.000 € bis zum Jahresende kontinuierlich auf 500.000 € gesenkt werden soll?

LÖSUNG

Durchschnittlicher Bestand an Vorräten:

$$\frac{\text{Bestand Jahresanfang + Bestand Jahresende}}{2} = \frac{800.000\,€ + 500.000\,€}{2} = 650.000\,€$$

kalkulatorische Wagniskosten: 650.000 € × 3 % = 19.500 €

MERKE

Kalkulatorische Wagnisse = Anderskosten

2.3.2 Kalkulatorische Abschreibungen

Für die Berechnung der kalkulatorischen Abschreibungen müssen insbesondere folgende Punkte beachtet werden:

Tz. 26

Abschreibungsgegenstände:

kalk. AfA → nur betriebsnotwendige WG des AV

In die Berechnung der kalkulatorischen Abschreibungen gehen nur Wirtschaftsgüter des Anlagevermögens ein, die betrieblich notwendig sind und laufend der betrieblichen Leistungserstellung und -verwertung dienen. Bei den bilanziellen Abschreibungen dagegen werden auch nicht betriebsnotwendige Wirtschaftsgüter des Anlagevermögens berücksichtigt.

BEISPIEL

Die Maschinenbau A GmbH hat ein nicht betriebsnotwendiges Gebäude als gewillkürtes Betriebsvermögen behandelt und im Anlagevermögen aktiviert.

→ Das Gebäude wird bilanziell gemäß den steuerlichen Vorschriften auf die entsprechende Nutzungsdauer abgeschrieben. Für die Berechnung der kalkulatorischen Abschreibung wird das Gebäude nicht herangezogen, da es nicht betriebsnotwendig ist.

Tz. 27

Abschreibungsmethode:

kalk. AfA
► leistungsabhängig
► linear ≠ degressiv

Kalkulatorische Abschreibungen sollen den tatsächlichen Werteverzehr in einer Abrechnungsperiode berücksichtigen und verursachungsgerecht sein. Dieser Werteverzehr ergibt sich zum einen aus dem Gebrauchsverschleiß und zum anderen aus dem Zeitverschleiß. Für die Ermittlung des Gebrauchsverschleißes eignet sich die leistungsabhängige Abschreibung, wobei die in der Abrechnungsperiode erbrachte Leistung im Verhältnis zur möglichen Gesamtleistung anteilig abgeschrieben wird. Der Zeitverschleiß wird über die lineare Abschreibung berücksichtigt. Der tatsächliche Werteverzehr wird im Idealfall durch eine Kombination aus leistungsabhängiger und linearer Abschreibung erfasst. Die bilanziellen Abschreibungen werden oft aus ausschüttungspolitischen oder steuerlichen Gründen so hoch wie möglich angesetzt (Sonderabschreibung nach § 7g EStG, degressive Abschreibung – steuerrechtlich möglich bei Anschaffung bis 31. 12. 2010), dies widerspricht jedoch dem Ansatz des tatsächlichen Werteverzehrs in der KLR.

Tz. 28

Abschreibungsgrundlage:

kalk. AfA
► WBK ≠ AK

Ausgangspunkt zur Berechnung der kalkulatorischen Abschreibungen sind die Wiederbeschaffungskosten, da die kumulierten Abschreibungsbeträge nach Ablauf der Nutzungsdauer den Kauf eines gleichwertigen Anlagegutes ermöglichen sollen (Prinzip der Substanzerhaltung). Sofern sich die Höhe der erwarteten Wiederbeschaffungskosten im Laufe der Nutzungsdauer verändert (Prognose im 1. Jahr der Nutzungsdauer entspricht nicht der tatsächlichen Marktpreisentwicklung), muss auch die kalkulatorische Abschreibung neu berechnet und angepasst werden. Grundlage für die Berechnung der bilanziellen Abschreibungen bilden die Anschaffungs- bzw. Herstellungskosten eines Anlagegutes.

Tz. 29

Nutzungsdauer:

kalk. AfA
► tatsächliche ND ≠ ND lt. AfA-Tabelle

Kalkulatorische Abschreibungen werden aufgrund der tatsächlichen wirtschaftlichen Nutzungsdauer im Betrieb ermittelt. Diese ist in der Regel länger, nur selten kürzer als die Nutzungsdauer gemäß den amtlichen AfA-Tabellen, welche für die bilanziellen Abschreibungen herangezogen werden. Eine zu niedrig angesetzte Nutzungsdauer hat in der Kalkulation höhere Selbstkosten der Produkte zur Folge, was unter Umständen über die Kalkulation des Verkaufspreises zum Selbstausschluss vom Markt führen kann.

BEISPIEL

Die kalkulatorische Abschreibung eines Lkw (Nutzungsdauer 5 Jahre, maximale km-Leistung 400.000 km) erfolgt zu 60 % leistungsabhängig und zu 40 % zeitabhängig. Die Anschaffungskosten betragen 300.000 € (Index im Anschaffungsjahr 120 %, Index im Wiederbeschaffungsjahr 140 %). In welcher Höhe sind die kalkulatorischen Abschreibungen für das 1. Nutzungsjahr anzusetzen, wenn der Lkw 95.000 km gefahren ist?

LÖSUNG

Ermittlung der Wiederbeschaffungskosten:

$$\text{Wiederbeschaffungskosten} = \frac{\text{Anschaffungskosten} \times \text{Index Wiederbeschaffungsjahr}}{\text{Index Anschaffungsjahr}}$$

$$\text{Wiederbeschaffungskosten} = \frac{300.000\,€ \times 140\,\%}{120\,\%} = 350.000\,€$$

Ermittlung der leistungsabhängigen kalkulatorischen Abschreibung:

350.000 € × 60 % = 210.000 €

210.000 € = 400.000 km → 95.000 km = 49.875 € $\left(= \frac{210.000\,€ \times 95.000\text{ km}}{400.000\text{ km}}\right)$

Ermittlung der zeitabhängigen kalkulatorischen Abschreibung:

350.000 € × 40 % = 140.000 €

140.000 € = 5 Jahre → 1 Jahr = 28.000 €

Kalkulatorische Abschreibung für das 1. Nutzungsjahr gesamt: 77.875 €

Tz. 30

Restwert am Ende der Nutzungsdauer:

Berücksichtigung Restwert

Sofern das Anlagegut am Ende der Nutzungsdauer noch einen Restwert (z. B. Schrottwert) hat, ist dieser kostenmindernd bei Berechnung der kalkulatorischen Abschreibungen zu berücksichtigen.

Die kalkulatorischen Abschreibungen werden demnach wie folgt berechnet:

$$\frac{\text{Wiederbeschaffungskosten - Restwert}}{\text{tatsächliche Nutzungsdauer}}$$

BEISPIEL

Eine Maschine hat am Ende der Nutzungsdauer (10 Jahre) noch einen Restwert in Höhe von 25.000 €. Die Wiederbeschaffungskosten betragen 225.000 €. Wie hoch sind die jährlichen kalkulatorischen Abschreibungen?

LÖSUNG

$$\text{kalk. AfA} = \frac{\text{Wiederbeschaffungskosten - Restwert}}{\text{Nutzungsdauer}} = \frac{225.000\,€ - 25.000\,€}{10\text{ Jahre}} = 20.000\,€$$

Tz. 31

Außerplanmäßige Abschreibungen:

Außerplanmäßige Abschreibungen werden im Bereich der kalkulatorischen Abschreibungen nicht berücksichtigt, sie werden bei den kalkulatorischen Wagnissen (Anlagewagnis) erfasst.

MERKE

Kalkulatorische Abschreibungen = Anderskosten

2.3.3 Kalkulatorische Mieten

Tz. 32

kalk. Mieten nur bei EU bzw. Pers.Ges., nicht bei Kap.Ges.

Bei Nutzung von betriebseigenen Gebäuden wird der Werteverzehr über die kalkulatorischen Abschreibungen, kalkulatorischen Zinsen sowie die Instandhaltungskosten berücksichtigt, der Ansatz einer kalkulatorischen Miete ist daher nicht notwendig. Werden Geschäftsräume angemietet, so geht der in der Finanzbuchhaltung gebuchte Mietaufwand als Kosten in die KLR ein. Stellt jedoch ein Einzelunternehmer oder ein Gesellschafter einer Personengesellschaft dem Betrieb Räume, die zu seinem Privatvermögen gehören, unentgeltlich für betriebliche Zwecke zur Verfügung, führt dies in der Finanzbuchhaltung mangels Entgelt zu keinem Aufwand. In diesem Fall wird in der KLR die ortsübliche Miete für vergleichbare Räume bzw. der erzielbare Mietpreis bei Vermietung dieser betrieblich genutzten Räume (Ansatz „entgangener Mieterträge" als Kosten = Opportunitätskostenprinzip) als kalkulatorische Miete angesetzt. Bei Kapitalgesellschaften kann es mangels Privatsphäre keine kalkulatorischen Mieten geben.

BEISPIEL

Schreiner U (Einzelunternehmer) stellt seinem Betrieb im Privatbesitz stehende Räumlichkeiten unentgeltlich als Lagerraum zur Verfügung. Für vergleichbare Räume müsste eine monatliche Miete in Höhe von 1.000 € bezahlt werden.

→ In der Finanzbuchhaltung wird dieser Vorgang nicht erfasst, in der KLR dagegen werden monatlich 1.000 € als kalkulatorische Miete angesetzt.

MERKE

Kalkulatorische Mieten = Zusatzkosten

2.3.4 Kalkulatorischer Unternehmerlohn

Tz. 33

Arbeitsleistung Unternehmer
→ Fibu Entnahme
→ KLR kalk. U-Lohn

Bei Kapitalgesellschaften erhalten die Geschäftsführer (GmbH) und die Vorstandsmitglieder (AG) Gehälter, die in der Finanzbuchhaltung als Aufwand gewinnmindernd berücksichtigt werden. Dieser Aufwand führt gleichzeitig in der KLR zu Kosten, da er betriebsbedingt, periodenbezogen und gewöhnlich ist.

Inhaber eines Einzelunternehmens und Gesellschafter einer Personengesellschaft dagegen bekommen keine Gehälter, ihre Arbeitsleistung wird durch den Unternehmensgewinn abgegolten. Regelmäßige Vorwegentnahmen auf den Gewinn werden in der Finanzbuchhaltung als Privatentnahme gebucht und führen damit zu keinem Aufwand.

Der Ansatz der Arbeitsleistung des Unternehmers als Kosten in der KLR darf in der Finanzbuchhaltung nicht gewinnmindernd als Aufwand gebucht werden, die Höhe des kalkulatorischen Unternehmerlohns führt demnach nicht zu einer Senkung der Ertragsteuern. Vielmehr ergibt sich durch den Ansatz des kalkulatorischen Unternehmerlohns eine Erhöhung des Gesamtergebnisses in der Finanzbuchhaltung, da die Einrechnung zu höheren Selbstkosten führt. Dies wirkt sich im Rahmen der Kalkulation auf die Höhe des Verkaufspreises der Erzeugnisse und damit auf die Umsatzerlöse, die in der Finanzbuchhaltung als Ertrag gebucht werden, aus.

Tz. 34

Die Höhe des kalkulatorischen Unternehmerlohns richtet sich nach dem Gehalt (unter Berücksichtigung der Personalnebenkosten wie Arbeitgeberanteil zur Sozialversicherung) eines leitenden Angestellten in vergleichbarer Position.

Durch den Ansatz des kalkulatorischen Unternehmerlohns werden Einzelunternehmen bzw. Personengesellschaften den Kapitalgesellschaften bezüglich der Selbstkosten- und Betriebsergebnisrechnung gleichgestellt.

BEISPIEL

Einzelunternehmer U entnimmt monatlich 9.000 € als Vorwegentnahme auf den Gewinn. Ein leitender Angestellter in vergleichbarer Position hätte unter Berücksichtigung der Personalnebenkosten ein monatliches Gehalt in Höhe von 8.000 €.

→ In der Finanzbuchhaltung werden monatlich 9.000 € als Privatentnahme (= erfolgsneutral) gebucht. In der KLR dagegen werden monatlich 8.000 € als kalkulatorischer Unternehmerlohn angesetzt.

MERKE

Kalkulatorischer Unternehmerlohn = Zusatzkosten

2.3.5 Kalkulatorische Zinsen

Tz. 35

Grundlage kalk. Zinsen = betriebsnotwendiges Kapital

In der Finanzbuchhaltung wirken sich lediglich die tatsächlich gezahlten Zinsen für Fremdkapital gewinnmindernd aus, die KLR dagegen unterscheidet nicht zwischen Eigen- und Fremdkapital, sondern legt bei der Berechnung der kalkulatorischen Zinsen das betriebsnotwendige Kapital zugrunde. Damit wird auch die Verzinsung des betrieblich eingesetzten Eigenkapitals gewährleistet, welches alternativ zinsbringend am Kapitalmarkt angelegt werden könnte (Ansatz „entgangener Zinserträge" als Kosten = Opportunitätskostenprinzip).

Tz. 36

Berechnung kalk. Zinsen

Die kalkulatorischen Zinsen werden wie folgt berechnet:

Kalkulatorische Zinsen = Betriebsnotwendiges Kapital × Kalkulatorischer Zinssatz

Tz. 37

Berechnung betriebsnotwendiges Kapital

Das betriebsnotwendige Kapital wird folgendermaßen ermittelt:

	Betriebsnotwendiges Anlagevermögen
+	Betriebsnotwendiges Umlaufvermögen
=	Betriebsnotwendiges Vermögen
-	Abzugskapital
=	Betriebsnotwendiges Kapital

Dabei gehören zum betriebsnotwendigen Vermögen sämtliche Vermögensgegenstände, die für die Erfüllung des Betriebszweckes notwendig sind (nicht dazu gehören z. B. Beteiligungen, Wertpapiere des Anlage- bzw. Umlaufvermögens, vermietete Gebäude, stillgelegte Anlagen usw.).

Für die Berechnung des betriebsnotwendigen abnutzbaren Anlagevermögens gibt es zwei Methoden:

Tz. 38

Restwertmethode:

Restwertmethode → ungleiche Zinsbelastung

Bei der Restwertmethode erfolgt die Berechnung der kalkulatorischen Zinsen von den kalkulatorischen Restwerten (= Anschaffungskosten bzw. Wiederbeschaffungskosten abzüglich kalkulatorische Abschreibungen). Diese Methode führt zwar zu einer verursachungsgerechten, aber ungleichen Belastung der einzelnen Rechnungsperioden mit Zinsen, da die Zinsen im Zeitverlauf abnehmen.

Bei der Restwertmethode wird die Kapitalbindung wie folgt ermittelt:

$$\text{Kapitalbindung} = \frac{\text{Kalk. Restwert zum Jahresbeginn} + \text{kalk. Restwert zum Jahresende}}{2}$$

Tz. 39

Durchschnittswertmethode:

Durchschnittswertmethode → gleichmäßige Zinsbelastung

Bei der Durchschnittswertmethode erfolgt eine Verzinsung der halben Anschaffungs- oder Herstellungskosten, sie führt zu einer gleichmäßigen, aber nicht verursachungsgerechten Belastung der einzelnen Rechnungsperioden mit kalkulatorischen Zinsen. Ein eventuell bestehender Restwert (z. B. Schrottwert) am Ende der Nutzungsdauer muss bei Berechnung der kalkulatorischen Zinsen kostenerhöhend berücksichtigt werden.

Die Kapitalbindung wird bei der Durchschnittswertverzinsung wie folgt ermittelt:

$$\text{Kapitalbindung} = \frac{\text{Anschaffungs-/Herstellungskosten} + \text{Restwert}}{2}$$

Tz. 40

Sofern es sich um nicht abnutzbares Anlagevermögen handelt, entsprechen die Anschaffungswerte der Kapitalbindung.

Das Umlaufvermögen wird nach Abzug der nicht betriebsnotwendigen Positionen mit den durchschnittlich während der Rechnungsperiode gebundenen Beträgen angesetzt.

Abzugskapital = zinsloses FK

Das Abzugskapital ist das dem Unternehmen zinslos zur Verfügung gestellte Fremdkapital, dazu gehören Kundenanzahlungen, Rückstellungen und Lieferantenkredite, sofern keine Skontierungsmöglichkeit besteht.

Tz. 41

kalk. Zinssatz = langfr. FK-Zinssatz

Die Höhe des kalkulatorischen Zinssatzes orientiert sich an langfristigen Fremdkapitalzinssätzen wie z. B. dem Hypothekenzinssatz oder dem Zinssatz für festverzinsliche Wertpapiere.

BEISPIEL

Restwertmethode:

Die Maschinenbau A GmbH stellt folgende Daten zur Verfügung:

	kalkulatorischer AfA-Satz	Wiederbeschaffungswert am Jahresende	kalkulatorischer Restwert zu Jahresbeginn
Gebäude	4 %	2.500.000 €	2.300.000 €
Techn. Anlagen und Maschinen	8 %	1.600.000 €	1.400.000 €
Betriebs- und Geschäftsausstattung	20 %	800.000 €	500.000 €
Wertpapiere des AV		400.000 €	400.000 €

Durchschnittliches betriebsbedingtes Umlaufvermögen	1.200.000 €
Rückstellungen	750.000 €
Kundenanzahlungen	150.000 €
Lieferantenkredite ohne Skontierungsmöglichkeit	380.000 €
Rücklagen	1.000.000 €

In welcher Höhe werden die kalkulatorischen Zinsen angesetzt, wenn die Berechnung nach der Restwertmethode erfolgen und ein kalkulatorischer Zinssatz von 8 % zugrunde gelegt werden soll?

LÖSUNG

	kalkulatorischer Restwert zu Jahresbeginn	AfA auf Wiederbeschaffungswert am Jahresende	kalkulatorischer Restwert am Jahresende	Mittelwert
	s. Erläuterung 1	s. Erläuterung 2	s. Erläuterung 3	s. Erläuterung 4
Gebäude	2.300.000 €	100.000 €	2.200.000 €	2.250.000 €
Techn. Anlagen und Maschinen	1.400.000 €	128.000 €	1.272.000 €	1.336.000 €
Betriebs- und Geschäftsausstattung	500.000 €	160.000 €	340.000 €	420.000 €
	betriebsnotwendiges Anlagevermögen:			4.006.000 €

Erläuterung:

1: laut Angabe

2: kalkulatorischer AfA-Satz × Wiederbeschaffungswert am Jahresende

3: kalkulatorischer Restwert zu Jahresbeginn - AfA auf Wiederbeschaffungswert am Jahresende

4: (kalkulatorischer Restwert zu Jahresbeginn + kalkulatorischer Restwert am Jahresende) : 2

	Betriebsnotwendiges Anlagevermögen			4.006.000 €
+	Betriebsnotwendiges Umlaufvermögen			1.200.000 €
=	Betriebsnotwendiges Vermögen			5.206.000 €
-	Abzugskapital	- Rückstellungen	750.000 €	
		- Kundenanzahlungen	150.000 €	
		- Lieferantenkredite	380.000 €	1.280.000 €
=	Betriebsnotwendiges Kapital			3.926.000 €

Achtung:

Wertpapiere des Anlagevermögens ≠ betriebsnotwendig!

Rücklagen = Eigenkapital, daher keine Berücksichtigung beim Abzugskapital!

Ansatz kalkulatorischer Zinsen = 3.926.000 € × 8 % = 314.080 €

Durchschnittswertmethode:

BEISPIEL

Die AB-Industrie AG stellt für die Berechnung der kalkulatorischen Zinsen nach der Durchschnittswertmethode folgende Daten zur Verfügung:

Anschaffungskosten AV:	unbebaute Grundstücke	200.000 €
	Gebäude	400.000 €
	Technische Anlagen und Maschinen	480.000 €
	Betriebs- und Geschäftsausstattung	120.000 €

Das betriebsnotwendige Umlaufvermögen beträgt 240.000 €, das Abzugskapital 400.000 €. Es soll ein kalkulatorischer Zinssatz in Höhe von 9 % zugrunde gelegt werden.

LÖSUNG

Ermittlung des betriebsnotwendigen Anlagevermögens:

unbebaute Grundstücke	200.000 €	(nicht abnutzbar, daher Ansatz der vollen AK)
Gebäude	200.000 €	(abnutzbar, daher Ansatz der halben AK)
Technische Anlagen und Maschinen	240.000 €	(abnutzbar, daher Ansatz der halben AK)
Betriebs- und Geschäftsausstattung	60.000 €	(abnutzbar, daher Ansatz der halben AK)
Betriebsnotwendiges Anlagevermögen	700.000 €	

	Betriebsnotwendiges Anlagevermögen	700.000 €
+	Betriebsnotwendiges Umlaufvermögen	240.000 €
=	Betriebsnotwendiges Vermögen	940.000 €
-	Abzugskapital	400.000 €
=	Betriebsnotwendiges Kapital	540.000 €

Ansatz kalkulatorischer Zinsen = 540.000 € x 9 % = 48.600 €

MERKE

Kalkulatorische Zinsen = Anderskosten

2.4 Abgrenzungsrechnung unter Berücksichtigung kalkulatorischer Kosten

Tz. 42

Erweiterung Abgrenzungsbereich um „kostenrechnerische Korrekturen“

Wird eine Ergebnistabelle unter Berücksichtigung von kalkulatorischen Kosten erstellt, muss der Abgrenzungsbereich um „kostenrechnerische Korrekturen“ erweitert werden. Hier werden den korrekturbedürftigen betrieblichen Aufwendungen laut Finanzbuchhaltung die verrechneten Kosten laut KLR gegenübergestellt. Die Differenz von tatsächlichem Aufwand und kalkulatorischen Kosten wird als „Ergebnis aus kostenrechnerischen Korrekturen“ bezeichnet und ist neben dem „Ergebnis aus unternehmensbezogenen Abgrenzungen“ ein Teil des neutralen Ergebnisses.

BEISPIEL

Die GuV der Schreinerei AB OHG weist am Ende des 1. Quartals folgende Salden aus:

Konto	Kontobezeichnung	Saldo
5000	Umsatzerlöse für eigene Erzeugnisse	950.000 €
5202	Bestandsminderung fertige Erzeugnisse	24.000 €
5300	Andere aktivierte Eigenleistungen	35.000 €
5480	Erträge aus der Herabsetzung von Rückstellungen	6.000 €
5710	Zinserträge	7.000 €
6000	Aufwendungen für Rohstoffe	320.000 €
6080	Aufwendungen für Waren	54.000 €
6200	Löhne	310.000 €
6300	Gehälter	70.000 €
6400	Soziale Abgaben	65.000 €
6520	Abschreibung auf Sachanlagen	15.000 €
6800	Büromaterial	2.000 €
6930	Schadensfälle	9.000 €
7400	Abschreibungen auf Finanzanlagen	5.000 €
7510	Zinsaufwendungen	8.000 €

Die Ergebnistabelle soll unter Berücksichtigung folgender Angaben erstellt werden:

1. kalkulatorische Abschreibungen auf Sachanlagen pro Quartal: 12.000 €
2. kalkulatorische Wagniskosten pro Quartal: 13.000 €

3. kalkulatorische Zinsen: betriebsnotwendiges Kapital 700.000 €, kalkulatorischer Zinssatz 8 %
4. kalkulatorische Miete für betrieblich genutzte Privaträume eines Gesellschafters pro Quartal: 6.000 €
5. kalkulatorischer Unternehmerlohn pro Quartal: 15.000 €
6. Die Löhne enthalten 18.000 € Nachzahlungen vergangener Jahre (aus Vereinfachungsgründen werden die darauf entfallenden sozialen Abgaben vernachlässigt).

LÖSUNG

Ergebnistabelle								
Rechnungskreis I			**Rechnungskreis II**					
Finanzbuchhaltung			**Kosten- und Leistungsrechnung**					
	GuV		**Abgrenzungsbereich**				**Betriebsergebnisrechnung**	
			unternehmensbezogene Abgrenzungen		**kostenrechnerische Korrekturen**			
Konto	Aufwendungen	Erträge	neutrale Aufwendungen	neutrale Erträge	betriebliche Aufwendungen	verrechnete Kosten	Kosten	Leistungen
5000		950.000 €						950.000 €
5202	24.000 €						24.000 €	
5300		35.000 €						35.000 €
5480		6.000 €		6.000 €				
5710		7.000 €		7.000 €				
6000	320.000 €						320.000 €	
6080	54.000 €						54.000 €	
6200	310.000 €		18.000 €				292.000 €	
6300	70.000 €						70.000 €	
6400	65.000 €						65.000 €	
6520	15.000 €				15.000 €	12.000 €	12.000 €	
6800	2.000 €						2.000 €	
6930	9.000 €				9.000 €	13.000 €	13.000 €	
7400	5.000 €		5.000 €					
7510	8.000 €				8.000 €	14.000 €	14.000 €	
kalk. Miete						6.000 €	6.000 €	
kalk. Unternehmerlohn						15.000 €	15.000 €	
Summen	882.000 €	998.000 €	23.000 €	13.000 €	32.000 €	60.000 €	887.000 €	985.000 €
Salden	116.000 €			10.000 €	28.000 €		98.000 €	
	998.000 €	998.000 €	23.000 €	23.000 €	60.000 €	60.000 €	985.000 €	985.000 €

Abstimmung der Ergebnisse:

Gesamtergebnis Rechnungskreis I		116.000 €
Ergebnis aus unternehmensbezogenen Abgrenzungen	- 10.000 €	
Ergebnis aus kostenrechnerischen Korrekturen	28.000 €	
Neutrales Ergebnis	18.000 €	
Betriebsergebnis	98.000 €	
Gesamtergebnis Rechnungskreis II		116.000 €

Erläuterung:

Wie bereits bei der Ergebnistabelle ohne Berücksichtigung kalkulatorischer Kosten werden zunächst sämtliche Aufwands- und Ertragskonten der GuV in den Rechnungskreis I übertragen. Anschließend folgt die Prüfung, inwiefern im Rechnungskreis II aus Aufwendungen Kosten und aus Erträgen Leistungen werden:

Konto	Kontobezeichnung	betriebs- bedingt?	perioden- bezogen?	gewöhn- lich?	Zuordnung RK II
5000	Umsatzerlöse für eigene Erzeugnisse	ja	ja	ja	Leistungen
5202	Bestandsminderung fertige Erzeugnisse	ja	ja	ja	Kosten
5300	Andere aktivierte Eigenleistungen	ja	ja	ja	Leistungen
5480	Erträge aus der Herabsetzung von Rückstellungen			nein	neutrale Erträge
5710	Zinserträge	nein			neutrale Erträge
6000	Aufwendungen für Rohstoffe	ja	ja	ja	Kosten
6080	Aufwendungen für Waren	ja	ja	ja	Kosten
6200	Löhne (sofern nicht Nachzahlungen)	ja	ja	ja	Kosten
6200	Löhne (Nachzahlungen 18.000 €)		nein		neutrale Aufwendungen
6300	Gehälter	ja	ja	ja	Kosten
6400	Soziale Abgaben	ja	ja	ja	Kosten
6520	Abschreibung auf Sachanlagen	siehe Erläuterung zu kalkulatorische Kosten			
6800	Büromaterial	ja	ja	ja	Kosten
6930	Schadensfälle	siehe Erläuterung zu kalkulatorische Kosten			
7400	Abschreibungen auf Finanzanlagen	nein			neutrale Aufwendungen
7510	Zinsaufwendungen	siehe Erläuterung zu kalkulatorische Kosten			

Kalkulatorische Kosten – Kostenrechnerische Korrekturen:

Die Finanzbuchhaltung ermittelt die Höhe der „Abschreibungen auf Sachanlagen" anhand gesetzlicher Vorschriften und weist auf dem Konto „Schadensfälle" die Höhe der tatsächlich eingetretenen Verluste bzw. auf dem Konto „Zinsaufwendungen" die tatsächlich bezahlten Fremdkapitalzinsen aus. In der KLR sollen jedoch die kalkulatorischen Werte angesetzt werden. Die „Anpassung" der in der Finanzbuchhaltung gebuchten Werte an die kalkulatorischen Werte erfolgt im Abgrenzungsbereich unter „kostenrechnerische Korrekturen". Die Werte aus der Finanzbuchhaltung werden in die Spalte „betriebliche Aufwendungen" übertragen, die kalkulatorischen Werte werden unter „verrechnete Kosten" ausgewiesen (kalkulatorische Zinsen = 700.000 € × 8 % × ¹/₄). Zuletzt müssen die „verrechneten Kosten" noch als „Kosten" in die Betriebsergebnisrechnung übernommen werden.

Der kalkulatorischen Miete wie auch dem kalkulatorischen Unternehmerlohn stehen in der Finanzbuchhaltung keine Aufwendungen gegenüber, sie sollen jedoch als (Zusatz-)kosten in die KLR einfließen. Die entsprechenden Werte werden im Abgrenzungsbereich unter „verrechnete Kosten" sowie in der Betriebsergebnisrechnung unter „Kosten" ausgewiesen.

2.5 Grundsätze und Prinzipien der Kostenerfassung

2.5.1 Grundsatz der Zweckorientiertheit

Tz. 43

Zweck → aussagekräftige Auswertungen

Prinzipiell unterliegt die KLR keinerlei gesetzlichen Vorschriften, die Unternehmen sind daher frei in der Gestaltung und dem Aufbau der Kostenrechnung. Dabei sollte jedoch der Sinn und Zweck der KLR, durch aussagekräftige Auswertungen der betrieblichen Vorgänge unternehmenspolitische Entscheidungen zu lenken und zu erleichtern, nicht aus den Augen verloren werden.

2.5.2 Prinzip der Wirtschaftlichkeit

Tz. 44

Um in einem Unternehmen wirtschaftlich vernünftige Entscheidungen zu treffen, ist es in der KLR wichtig, für möglichst genaue und vollständige Kostenerfassungen und aussagekräftige Auswertungen zu sorgen. Gleichzeitig muss jedoch auch abgewogen werden, ob dem Aufwand, die Kosten exakt aufzunehmen, auch ein entsprechend hoher Nutzen gegenübersteht, es müssen daher aus Gründen der Wirtschaftlichkeit sinnvolle Grenzen z. B. bei der Anzahl der zu unterscheidenden Kostenarten, Kostenstellen und Kostenträger gezogen werden.

Aufwand ≙ Nutzen

2.5.3 Vollständigkeitsprinzip

Tz. 45

Unabhängig von tatsächlich erfolgten Ausgaben oder Einnahmen müssen in der KLR alle Kosten und Leistungen berücksichtigt werden, demnach werden auch die kalkulatorischen Kosten entweder zusätzlich (Zusatzkosten = kalkulatorische Miete, kalkulatorischer Unternehmerlohn) oder in anderer Höhe (Anderskosten = kalkulatorische Abschreibungen, kalkulatorische Zinsen, kalkulatorische Wagnisse) als in der Finanzbuchhaltung angesetzt.

Ansatz aller Kosten und Leistungen

2.5.4 Periodenprinzip

Tz. 46

Periodenfremde Beträge werden grundsätzlich aus der KLR ferngehalten, sie dürfen sich nicht auf das Betriebsergebnis auswirken.

periodenfremd ≠ KLR

2.5.5 Stetigkeitsprinzip

Tz. 47

Eine einmal gewählte Strukturierung der Kostenarten, Kostenstellen und Kostenträger sollte aufgrund des Stetigkeitsprinzips beibehalten werden, damit die Auswertungen der einzelnen Rechnungsperioden vergleichbar sind. Des Weiteren müssen Kosten, die nur einmal jährlich anfallen, aber das ganze Jahr betreffen (z. B. Urlaubsgeld), gleichmäßig und anteilig auf die einzelnen Rechnungsperioden (Quartal oder Monat) verteilt werden.

Stetigkeit gewährleistet Vergleichbarkeit

BEISPIEL

Die Maschinenbau A GmbH zahlt im Juli 12.000 € Urlaubsgeld an die Mitarbeiter aus.

→ Der Aufwand stellt grundsätzlich auch Kosten dar, es werden jedoch aufgrund des Stetigkeitsprinzips nicht 12.000 € im Juli, sondern bei monatlichen Rechnungsperioden 1.000 €/Monat bzw. bei quartalsweisen Rechnungsperioden 3.000 €/Quartal als Kosten in der KLR angesetzt.

2.6 Zusammenfassung der Grundbegriffe

Tz. 48

Übersicht der Grundbegriffe

ABB.1: Ausgaben – Aufwendungen – Kosten

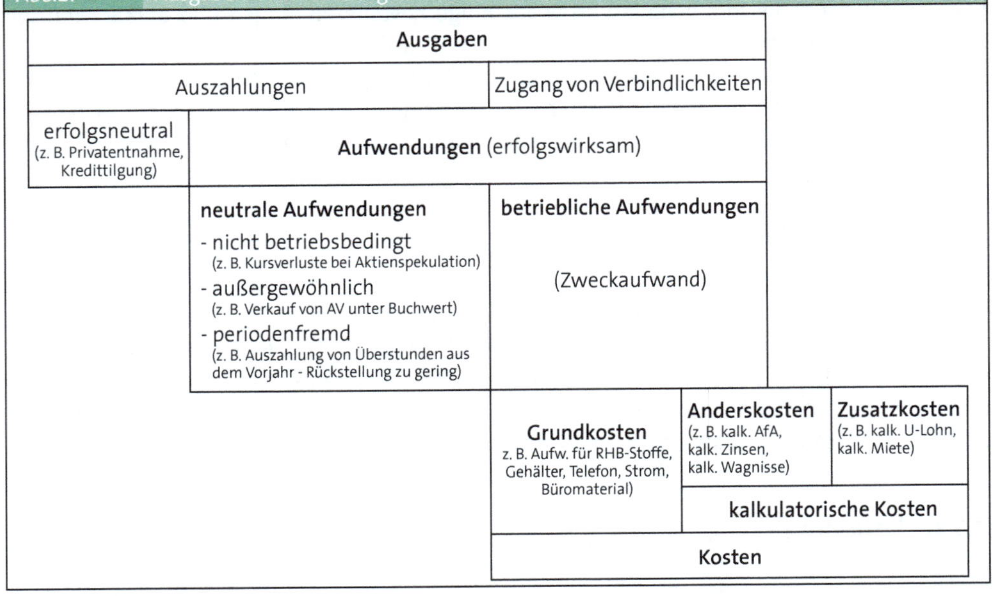

ABB. 2: Einnahmen – Erträge – Leistungen

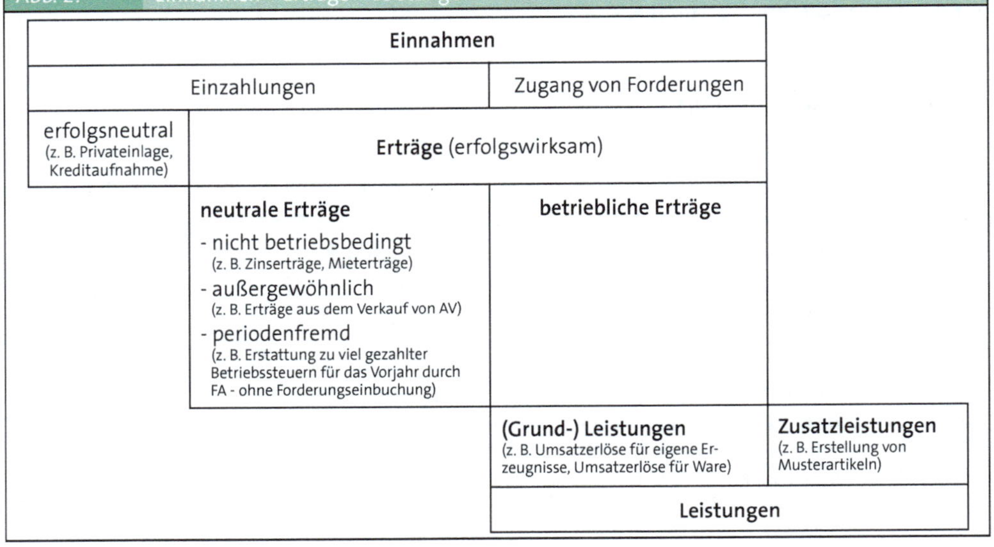

3. Einteilung der Kosten nach unterschiedlichen Kriterien

Tz. 49

Kostenartenrechnung „Welche Kosten sind angefallen?"

Die Einteilung der Kosten nach unterschiedlichen Kriterien und Gesichtspunkten erfolgt in der Kostenartenrechnung. Dabei werden alle bei der Leistungserstellung anfallenden Kosten vollständig und systematisch in einem so genannten Kostenartenplan erfasst. Es geht dabei um die Frage: „Welche Kosten sind angefallen?". Grundlage der Kostenartenrechnung sind die in der Ergebnistabelle einer Rechnungsperiode vollständig erfassten Kosten (Grundkosten, Anderskosten, Zusatzkosten).

Kostengliederung

Die Gliederung der gesamten Kosten kann wie folgt vorgenommen werden:

- Variable und fixe Kosten – Einteilung nach der Reagibilität der Kosten auf Beschäftigungsänderungen
- Einzel- und Gemeinkosten – Einteilung nach der Zurechenbarkeit der Kosten zu den Leistungen

- Grund- und kalkulatorische Kosten
- Funktionsorientierte Kosten – Einteilung nach betrieblichen Funktionen
- Produktionsfaktorenbezogene Kosten – Einteilung nach der Art der verbrauchten Produktionsfaktoren
- Primäre und sekundäre Kosten

Zu beachten ist dabei, dass eine Einteilung z. B. nach der Art der verbrauchten Produktionsfaktoren nicht eine weitere Einteilung z. B. nach der Zurechenbarkeit der Kosten zu den Leistungen ausschließt, da für unternehmenspolitische Entscheidungen unterschiedliche Auswertungen von Bedeutung sind und herangezogen werden müssen.

3.1 Variable und fixe Kosten – Einteilung nach der Reagibilität der Kosten auf Beschäftigungsänderungen

3.1.1 Kapazität, Beschäftigung, Beschäftigungsänderung

Tz. 50

Die Kapazität eines Unternehmens bezeichnet die Fähigkeit, in einem bestimmten Zeitabschnitt eine bestimmte maximale Leistungsmenge (Produktionsmenge) zu erstellen. Sie ist abhängig von der Anzahl und Ausbildung der Mitarbeiter, von dem Leistungsvermögen der maschinellen Anlagen und der Organisation des betrieblichen Ablaufs.

Kapazität
= max. Leistungsmenge

Tz. 51

Unter Beschäftigung versteht man die tatsächliche Ausnutzung der betrieblichen Kapazität, sie ist demnach eine Maßgröße für die Nutzung der im Unternehmen bestehenden Produktionskapazitäten und kann in Mengen- und Zeiteinheiten gemessen werden. Das Verhältnis zwischen Beschäftigung und Kapazität wird durch den Beschäftigungsgrad ausgedrückt. Dieser wird wie folgt ermittelt:

Beschäftigung
= tatsächl. Auslastung

$$\text{Beschäftigungsgrad} = \frac{\text{Beschäftigung}}{\text{Kapazität}} \times 100$$

Eine Beschäftigungsänderung, also eine Änderung der Kapazitätsauslastung, führt unmittelbar zu einer Veränderung der Kosten und des Gewinns.

3.1.2 Mathematisches Verfahren der Auflösung von Mischkosten in fixe und variable Kosten

Tz. 52

Die Kosten können nach ihrer Reagibilität auf Beschäftigungsänderungen unterteilt werden in

- variable Kosten,
- fixe Kosten und
- Mischkosten.

Reagibilität auf Beschäftigungsänderungen

Tz. 53

Variable Kosten hängen vom jeweiligen Beschäftigungsgrad eines Unternehmens ab und verändern sich, sobald eine Veränderung bei der Beschäftigung eintritt. Sie können sich bei Erhöhung des Beschäftigungsgrades im gleichen Verhältnis steigend (proportional), stärker steigend (progressiv), geringer steigend (degressiv) oder absolut abnehmend (regressiv) entwickeln. Variable Kosten sind in der Regel Einzelkosten, wird in einem Unternehmen die Produktion unterbrochen, fallen keine variablen Kosten an.

variable Kosten abhängig von Beschäftigung

Beispiel variable Kosten:
Materialeinzelkosten (Rohstoffverbrauch), Akkordlöhne

fixe Kosten unabhängig von Beschäftigung

Tz. 54

Unter *fixen Kosten* versteht man die Kosten, die unabhängig von der Beschäftigung konstant in gleicher Höhe auftreten. Sie fallen zur Aufrechterhaltung der Betriebsbereitschaft im Rahmen einer bestimmten Kapazität an und können in der Regel nicht oder nur in geringem Maße innerhalb eines kurzfristigen Zeitraumes beeinflusst werden. Fixe Kosten sind meist Gemeinkosten.

Beispiel fixe Kosten:
Gehälter, Versicherungen, Abschreibungen auf Anlagevermögen (nur zeitabhängig!), Mieten

Mischkosten fix und variabel

Tz. 55

Mischkosten setzen sich sowohl aus variablen wie auch fixen Kostenbestandteilen zusammen und können daher weder den variablen noch den fixen Kosten vollständig zugerechnet werden.

Beispiel Mischkosten:
Stromkosten (Grundgebühr = fix, Arbeitspreis = variabel), Abschreibungen auf Anlagevermögen (Kombination aus zeitabhängiger = fixer und leistungsabhängiger = variabler Abschreibung)

Kostenauflösungsverfahren

Unter Kostenauflösung versteht man die Aufteilung der Gemeinkosten in fixe und variable Bestandteile (insbesondere notwendig bei Mischkosten).

mathematisches Verfahren

Tz. 56

Die Kostenauflösung nach dem mathematischen Verfahren (auch Differenzen-Quotienten-Verfahren genannt) erfolgt durch Vergleich der Gesamtkosten bei zwei Beschäftigungsgraden. Die Differenz der Kosten dividiert durch die Differenz der Produktionsmenge ergibt die variablen Stückkosten. Die fixen Kosten werden aus der Differenz der Gesamtkosten bei einer bestimmten Produktionsmenge und den variablen Kosten bei dieser Menge ermittelt.

Produktionsmenge 5.000 Stück → Kosten 12.000 €
Produktionsmenge 2.000 Stück → Kosten 6.000 €

$$k_v = \frac{12.000\,€ - 6.000\,€}{5.000 \text{ Stück} - 2.000 \text{ Stück}} = 2\,€$$

$$K_{fix} = 12.000\,€ - 5.000 \text{ Stück} \times 2\,€/\text{Stück} = 2.000\,€$$

Dieses Verfahren unterstellt einen linearen Kostenverlauf, sprungfixe Kosten bleiben unberücksichtigt.

3.1.3 Lineare Kostenfunktion

lineare Kostenfunktion

Tz. 57

Die Abhängigkeit der Kosten von der Beschäftigung lässt sich in Form der linearen Kostenfunktion wie folgt darstellen:

$$\mathbf{K_{(x)} = k_v \times x + K_{fix}}$$

Dabei gilt:

$K_{(x)}$	Gesamtkosten in Abhängigkeit von der Produktionsmenge
k_v	variable Stückkosten
x	Produktionsmenge
K_{fix}	fixe Kosten

Über die lineare Kostenfunktion kann demnach der Zusammenhang von Produktionsmenge und Höhe der Gesamtkosten für den Bereich der Nullproduktion bis zur Produktion an der Kapazitätsgrenze dargestellt werden. Die Gesamtkosten setzen sich aus den proportionalen (= linearen) variablen Stückkosten multipliziert mit der Produktionsmenge und den fixen Kosten zusammen.

Tz. 58

Durchschnittskosten

Die Durchschnittskosten, also die auf eine Leistungseinheit entfallenden Gesamtkosten erhält man, indem man die Gesamtkosten durch die Produktionsmenge dividiert:

$$\text{Durchschnittskosten} = \frac{\text{Gesamtkosten}}{\text{Produktionsmenge}}$$

Auch die Durchschnittskosten enthalten variable und fixe Kostenbestandteile. Sie verhalten sich mit steigender Produktionsmenge degressiv, da die gesamten fixen Kosten auf eine größere Menge verteilt werden, der variable Kostenbestandteil bleibt bei den Durchschnittskosten aufgrund des proportionalen Verlaufs konstant.

BEISPIEL

Gegeben ist folgende Kostenfunktion: $K_{(x)} = 20\,x + 400$

Wie hoch sind die variablen Stückkosten, die fixen Stückkosten und die Durchschnittskosten (= gesamte Stückkosten)?

LÖSUNG

lineare Kostenfunktion: $K_{(x)} = k_v \times x + K_{fix} \rightarrow k_v = 20,\ K_{fix} = 400$

variable Stückkosten: $k_v = 20$

→ Bei Erhöhung der Produktionsmenge um 1 Stück erhöhen sich die variablen Kosten und damit auch die Gesamtkosten um 20 €. Die variablen Stückkosten fallen unabhängig von der Produktionsmenge immer in gleicher Höhe an.

fixe Stückkosten: $k_{fix} = \frac{K_{fix}}{x} = \frac{400}{x}$

→ Zur Ermittlung der fixen Kosten je Stück müssen die fixen Kosten in Höhe von 400 € auf die Produktionsmenge x verteilt werden. Die fixen Stückkosten nehmen bei zunehmender Produktion ab (Fixkostendegressionseffekt).

Durchschnittskosten: $k = \frac{K}{x} = k_v + k_{fix} = 20 + \frac{400}{x}$

→ Die Durchschnittskosten setzen sich aus den variablen und den fixen Stückkosten zusammen. Sie enthalten als variablen Kostenbestandteil unabhängig von der Produktionsmenge immer 20 €, der fixe Kostenbestandteil dagegen sinkt mit Erhöhung des Beschäftigungsgrades, da die gesamten fixen Kosten auf eine größere Produktionsmenge verteilt werden.

BEISPIEL

Die Maschinenbau A GmbH hat monatlich fixe Kosten in Höhe von 5.000 €, die Produktion einer Leistungseinheit verursacht variable Kosten in Höhe von 100 €. Die Kapazitätsgrenze liegt bei 1.200 Stück/Monat.

Wie lautet die lineare Kostenfunktion?

Wie hoch sind die variablen Stückkosten k_v, die fixen Stückkosten k_{fix} und die gesamten Stückkosten k bzw. die variablen Kosten K_v, die fixen Kosten K_{fix} und die Gesamtkosten K bei einer Produktionsmenge von 100, 200, 500, 800, 1.000 und 1.200 Stück? Berechnen Sie zudem den jeweiligen Beschäftigungsgrad.

LÖSUNG

Kostenfunktion: $K_{(x)} = 100\,x + 5.000$

Produktionsmenge	k_v	k_{fix}	k	K_v	K_{fix}	K	Beschäftigungsgrad
100	100,00 €	50,00 €	150,00 €	10.000 €	5.000 €	15.000 €	8,33 %
200	100,00 €	25,00 €	125,00 €	20.000 €	5.000 €	25.000 €	16,67 %
500	100,00 €	10,00 €	110,00 €	50.000 €	5.000 €	55.000 €	41,67 %
800	100,00 €	6,25 €	106,25 €	80.000 €	5.000 €	85.000 €	66,67 %
1.000	100,00 €	5,00 €	105,00 €	100.000 €	5.000 €	105.000 €	83,33 %
1.200	100,00 €	4,17 €	104,17 €	120.000 €	5.000 €	125.000 €	100,00 %

Erläuterung:

k_v: Die variablen Stückkosten k_v betragen unabhängig von der Produktionsmenge immer 100 €.

k_{fix}: Die fixen Stückkosten k_{fix} ergeben sich durch Division der fixen Kosten K_{fix} in Höhe von 5.000 € durch die Produktionsmenge x.

k: Die gesamten Stückkosten k werden durch Addition der variablen Stückkosten k_v und der fixen Stückkosten k_{fix} ermittelt.

K_v: Die variablen Kosten K_v erhält man durch Multiplikation der variablen Stückkosten k_v mit der Produktionsmenge x.

K_{fix}: Die fixen Kosten K_{fix} betragen unabhängig von der Produktionsmenge immer 5.000 €.

K: Die Gesamtkosten ergeben sich durch Addition der variablen Kosten K_v und der fixen Kosten K_{fix}.

Der Beschäftigungsgrad wird durch Division der Produktionsmenge x durch die maximale Kapazität (1.200 Stück/Monat) ermittelt. Das Ergebnis muss mit 100 multipliziert werden.

BEISPIEL

Die AB-Industrie AG produziert 500 Leistungseinheiten, die Durchschnittskosten betragen dabei 120 €. Wie lautet die lineare Kostenfunktion, wenn die variablen Stückkosten 80 € betragen?

LÖSUNG

Kostenfunktion: $K_{(x)} = 80\,x + 20.000$

Die Durchschnittskosten setzen sich aus den variablen und den fixen Stückkosten zusammen. Da der variable Teil laut Angabe 80 € beträgt, verbleiben bei einer Produktionsmenge von 500 Stück 40 € an fixen Stückkosten (der fixe Kostenbestandteil ändert sich mit Veränderung der Beschäftigung). Die fixen Kosten betragen demnach 20.000 € ($K_{fix} = k_{fix} \times$ Produktionsmenge x $\rightarrow K_{fix} = 40$ €/Stück $\times$ 500 Stück).

3.1.4 Kostenverlauf von fixen Kosten

Tz. 59

Fixe Kosten als absolutfixe Kosten:

absolutfixe Kosten

Fallen die fixen Gesamtkosten unabhängig von der Beschäftigung immer in gleicher Höhe an, so handelt es sich um absolutfixe Kosten.

BEISPIEL

Die monatliche Miete für die Produktionshalle beträgt 5.000 €. Dieser Betrag soll gleichmäßig auf die Produktionsmenge verteilt werden.

Produktionsmenge in Stück	Fixe Kosten	
	insgesamt	je Stück
0	5.000 €	
100	5.000 €	50,00 €
200	5.000 €	25,00 €
300	5.000 €	16,67 €
400	5.000 €	12,50 €
500	5.000 €	10,00 €
600	5.000 €	8,33 €
700	5.000 €	7,14 €
800	5.000 €	6,25 €
900	5.000 €	5,56 €
1.000	5.000 €	5,00 €

LÖSUNG

Grafische Darstellung des Kostenverlaufs der absolutfixen Gesamt- und Stückkosten für den Produktionsbereich von 0-1.000 Stück:

Diagramm (absolut-)fixe Gesamtkosten

ABB. 3: (Absolut-)fixe Gesamtkosten

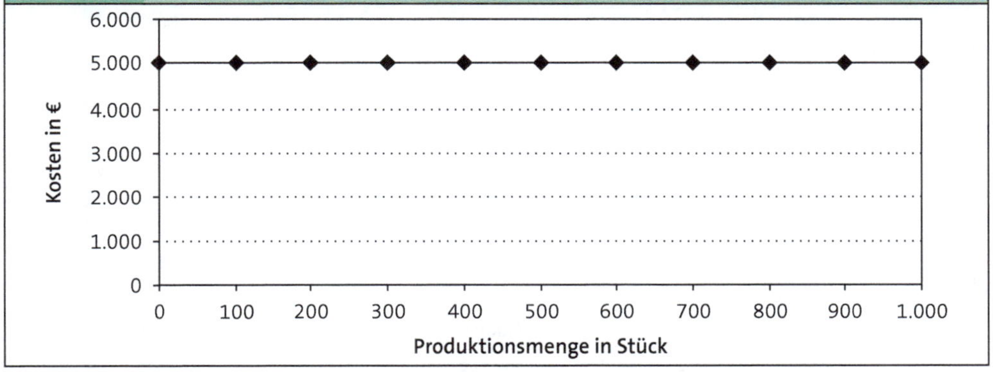

Diagramm (absolut-)fixe Stückkosten

ABB. 4: (Absolut-)fixe Stückkosten

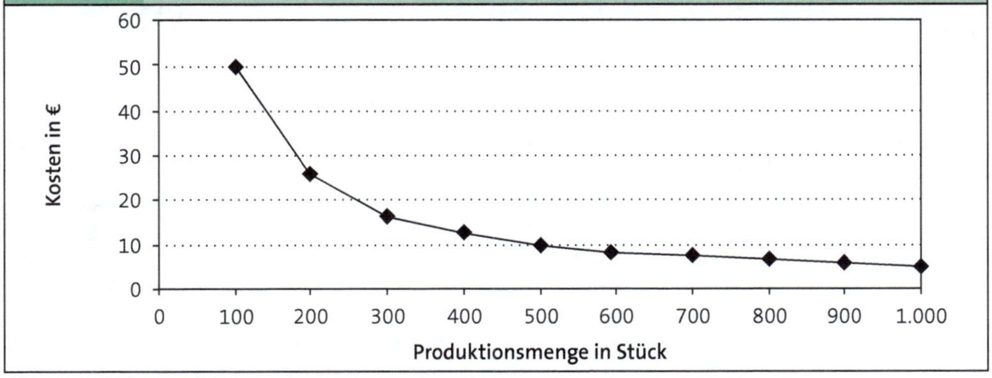

→ Die absolutfixen Gesamtkosten treten unabhängig von der Produktionsmenge (= Beschäftigungsgrad) in jeder Abrechnungsperiode immer in gleicher Höhe auf.

→ Die absolutfixen Stückkosten verringern sich mit Erhöhung der Produktionsmenge, da ein gleich bleibender Betrag auf mehrere Einheiten verteilt wird (= Fixkostendegressionseffekt). Sie können bei sehr großen Ausbringungsmengen sehr klein werden, gehen dann also gegen Null, erreichen aber niemals Null. Bei rückläufiger Produktion nehmen die absolutfixen Stückkosten wieder zu.

Tz. 60

Fixe Kosten als sprungfixe Kosten:

sprungfixe Kosten (Kapazitätserweiterung)

Bleiben die fixen Gesamtkosten lediglich innerhalb eines Beschäftigungsintervalls konstant und nehmen sie bei Kapazitätserweiterungen sprunghaft zu, so spricht man von sprungfixen (oder intervallfixen) Kosten, da ab dem 1. Stück, das über die ursprüngliche Kapazitätsgrenze hinausgeht (= kritische Beschäftigung), zusätzliche fixe Kosten wie die Abschreibungen auf neue Produktionsmaschinen oder Gehälter für neues Personal anfallen.

BEISPIEL

Bei einer Produktionsmaschine fallen monatlich Abschreibungen in Höhe von 1.000 € an, die monatliche Kapazitätsgrenze liegt bei 200 Einheiten. Sollen mehr als 200 Einheiten/Monat produziert werden, muss eine zusätzliche Maschine angeschafft werden (monatliche Abschreibungen 1.000 €, monatliche Kapazitätsgrenze 200 Einheiten). Sollen mehr als 400 Einheiten/Monat produziert werden, muss eine dritte Maschine angeschafft werden (monatliche Abschreibungen 1.000 €, monatliche Kapazitätsgrenze 200 Einheiten), usw.

Produktionsmenge in Stück	Fixe Kosten	
	insgesamt	je Stück
0	1.000 €	
50	1.000 €	20,00 €
100	1.000 €	10,00 €
150	1.000 €	6,67 €
200	1.000 €	5,00 €
201	**2.000 €**	**9,95 €**
250	2.000 €	8,00 €
300	2.000 €	6,67 €
350	2.000 €	5,71 €
400	2.000 €	5,00 €
401	**3.000 €**	**7,48 €**
450	3.000 €	6,67 €
500	3.000 €	6,00 €
550	3.000 €	5,45 €
600	3.000 €	5,00 €
601	**4.000 €**	**6,66 €**
650	4.000 €	6,15 €
700	4.000 €	5,71 €
750	4.000 €	5,33 €
800	4.000 €	5,00 €

LÖSUNG

Diagramm sprungfixe Gesamtkosten

Der Kostenverlauf der sprungfixen Gesamt- und Stückkosten für die Produktionsmenge von 0-800 Stück lässt sich grafisch wie folgt darstellen:

ABB. 5: Sprungfixe Gesamtkosten

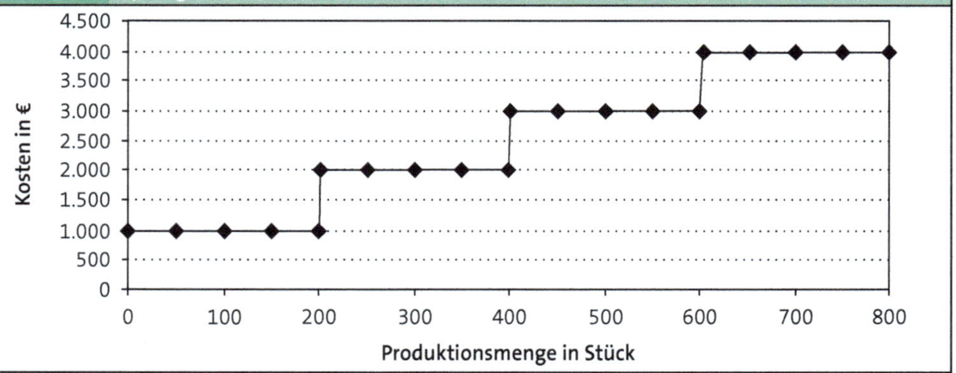

ABB. 6: Sprungfixe Stückkosten

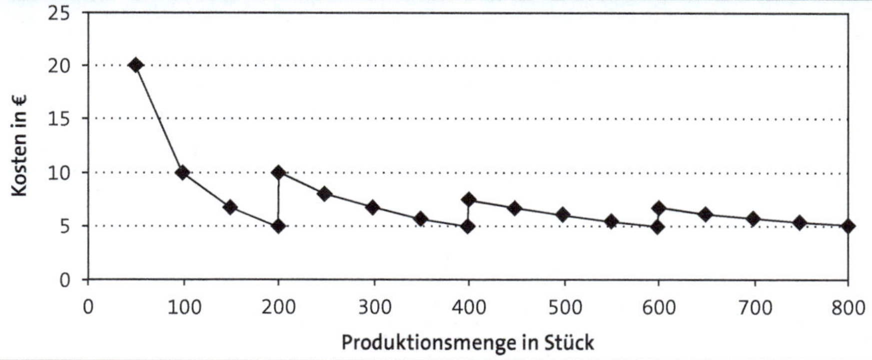

Diagramm sprungfixe Stückkosten

→ Die sprungfixen Gesamtkosten bleiben für ein bestimmtes Beschäftigungsintervall (hier 200 Stück) konstant, steigen anschließend sprunghaft an und bleiben dann wieder für einen bestimmten Produktionsbereich konstant.

→ Die sprungfixen Stückkosten verringern sich innerhalb eines Beschäftigungsintervalls mit Erhöhung der Produktionsmenge, da ein gleich bleibender Betrag auf mehrere Einheiten verteilt wird (= Fixkostendegressionseffekt). Bei Anstieg der sprungfixen Gesamtkosten ist auch bei den sprungfixen Stückkosten eine sprungweise Erhöhung zu verzeichnen.

3.1.5 Aufteilung der fixen Kosten in Nutzkosten und Leerkosten

Tz. 61

Nutzkosten
Leerkosten

Unter Nutzkosten versteht man den Anteil der Fixkosten, der im Rahmen der genutzten Kapazität in Anspruch genommen wurde (Nutzkosten = Fixkosten × Beschäftigungsgrad). Leerkosten sind dagegen der Teil der fixen Kosten, der aufgrund eines niedrigeren Beschäftigungsgrades nicht genutzt wird (Leerkosten = Fixkosten × (100 - Beschäftigungsgrad)). Nach Möglichkeit sollten die Nutzkosten eines Betriebes so hoch wie möglich und die Leerkosten so gering wie möglich sein.

BEISPIEL

Eine Produktionsmaschine verursacht monatlich Abschreibungen in Höhe von 1.000 €, die maximale monatliche Produktionsmenge beträgt 500 Stück. Werden 500 Stück produziert (= Beschäftigungsgrad 100 %), betragen die Nutzkosten 1.000 € und die Leerkosten 0 €. Wird jedoch nichts produziert (Beschäftigungsgrad 0 %), betragen die Nutzkosten 0 € und die Leerkosten 1.000 €. Die Nutz- und Leerkosten verhalten sich demnach wie folgt:

Produktionsmenge in Stück	Beschäftigungsgrad	Fixe Kosten insgesamt	Nutzkosten	Leerkosten
0	0 %	1.000 €	0 €	1.000 €
100	20 %	1.000 €	200 €	800 €
200	40 %	1.000 €	400 €	600 €
300	60 %	1.000 €	600 €	400 €
400	80 %	1.000 €	800 €	200 €
500	100 %	1.000 €	1.000 €	0 €

LÖSUNG

Diagramm Nutzkosten Leerkosten

Der Verlauf von Nutzkosten und Leerkosten lässt sich wie folgt grafisch darstellen:

ABB. 7: Nutzkosten/Leerkosten

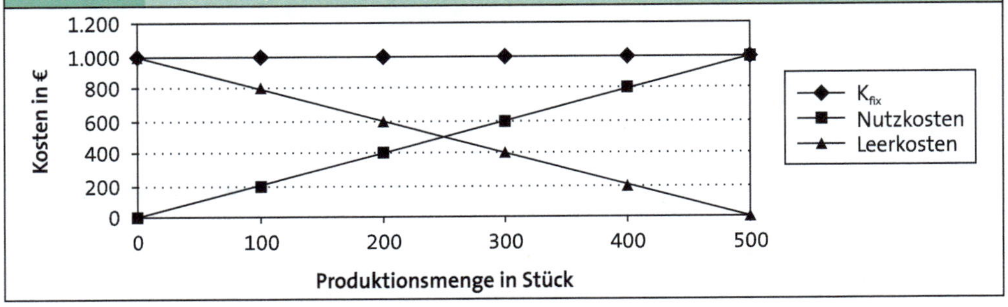

3.1.6 Kostenverlauf von variablen Kosten

Tz. 62

Variable Kosten als proportionale Kosten:

var. Kosten – proportional

Verändern sich die variablen Gesamtkosten im gleichen Verhältnis wie die Beschäftigung, so spricht man von proportionalen variablen Kosten.

BEISPIEL

Die Herstellung von Elektrogeräten verursacht je Stück Materialkosten in Höhe von 10 €. Bei einer Produktionsmenge von 0-1.000 Stück verhalten sich die variablen Kosten wie folgt:

Produktionsmenge in Stück	Variable Kosten – proportional	
	insgesamt	je Stück
0	0 €	10 €
100	1.000 €	10 €
200	2.000 €	10 €
300	3.000 €	10 €
400	4.000 €	10 €
500	5.000 €	10 €
600	6.000 €	10 €
700	7.000 €	10 €
800	8.000 €	10 €
900	9.000 €	10 €
1.000	10.000 €	10 €

LÖSUNG

Diagramm var. Gesamtkosten proportional

Der Kostenverlauf der proportionalen variablen Gesamt- und Stückkosten für die Produktionsmenge von 0-1.000 Stück lässt sich grafisch wie folgt darstellen:

ABB. 8: Variable Gesamtkosten proportional

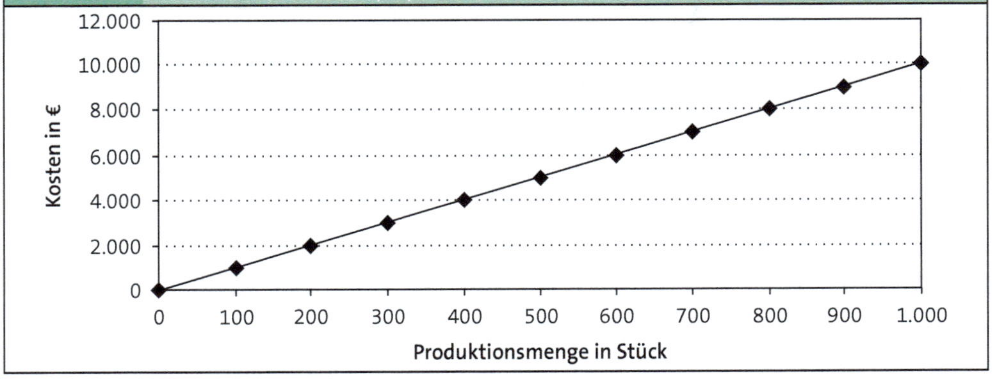

ABB. 9: Variable Stückkosten proportional

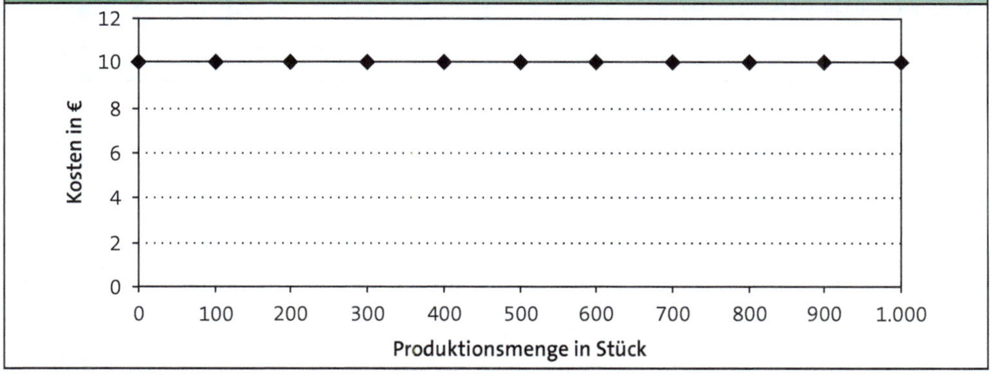

Diagramm var. Stückkosten proportional

→ Die variablen Gesamtkosten nehmen bei proportionalem Verlauf mit steigender Produktionsmenge linear zu und verringern sich im gleichen Verhältnis bei Beschäftigungsrückgang.

→ Die proportionalen variablen Stückkosten bleiben bei unterschiedlicher Produktionsmenge konstant.

Tz. 63

Variable Kosten als progressive Kosten:

Entwickeln sich die variablen Gesamtkosten überproportional im Verhältnis zur Beschäftigung, so spricht man von progressiven variablen Kosten (z. B. bei Ausschuss, Überstunden usw.).

var. Kosten – progressiv

BEISPIEL

Die Auswertung der Lohnkosten führt zu folgendem Ergebnis:

Bei einem Beschäftigungsgrad von 75 % (= 900 Fertigungsstunden) betragen die Fertigungslöhne insgesamt 18.000 €. Bei einer Erhöhung des Beschäftigungsgrades würden sich die Fertigungslöhne aufgrund von Überstunden- und Feiertagszuschlägen wie folgt progressiv entwickeln[1]:

Beschäftigungsgrad	Fertigungsstunden	Fertigungslöhne	
		insgesamt	je Stunde
75 %	900	18.000 €	20,00 €
80 %	960	20.064 €	20,90 €
85 %	1.020	22.338 €	21,90 €
90 %	1.080	24.840 €	23,00 €
95 %	1.140	27.588 €	24,20 €
100 %	1.200	30.600 €	25,50 €

1 *Hinweis:* Aufgrund der progressiven Entwicklung der Fertigungslöhne gibt es keinen unmittelbaren Zusammenhang zwischen der prozentualen Änderung des Beschäftigungsgrades und der Fertigungslöhne insgesamt (Erhöhung des Beschäftigungsgrades um 5 % ≠ Erhöhung der Fertigungslöhne insgesamt um 5 %, diese müssen bei progressivem Verlauf um mehr als 5 % steigen).

LÖSUNG

Grafische Darstellung des Kostenverlaufs der progressiven variablen Gesamt- und Stückkosten für den Beschäftigungsgrad von 75-100 %:

Diagramm var. Gesamtkosten progressiv

ABB. 10: Variable Gesamtkosten progressiv

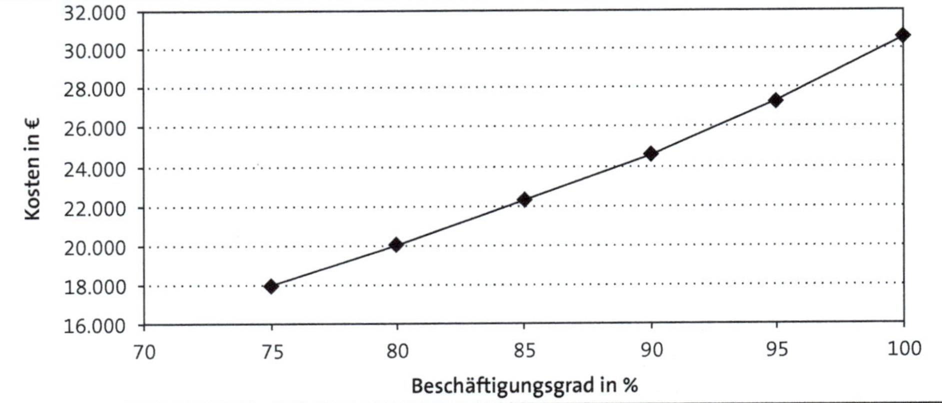

Diagramm var. Stückkosten progressiv

ABB. 11: Variable Stückkosten progressiv

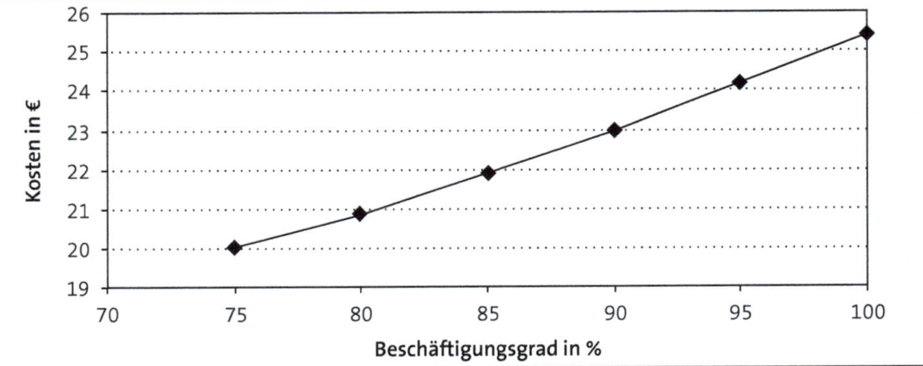

→ Die variablen Gesamtkosten steigen bei progressivem Verlauf überproportional im Verhältnis zur Erhöhung des Beschäftigungsgrades.

→ Die progressiven variablen Stückkosten nehmen mit steigender Produktionsmenge zu.

Tz. 64

Variable Kosten als degressive Kosten:

var. Kosten – degressiv

Verändern sich die variablen Gesamtkosten unterproportional im Verhältnis zur Beschäftigung, so spricht man von degressiven variablen Kosten (z. B. bei Mengenrabatten, Boni, organisatorischen Verbesserungen des Produktionsablaufs usw.).

BEISPIEL

Die AB-Industrie AG bestellt aufgrund steigender Beschäftigung größere Mengen von Rohstoffen. Wegen der höheren Abnahme erhält die AB-Industrie AG von ihrem Lieferanten Mengenrabatte, die Bezugspreise je Stück entwickeln sich degressiv und nehmen wie folgt ab:

Bestellmenge	Mengenrabatt	Bezugspreis	
		je Stück	insgesamt
1.000	0 %	50,00 €	50.000 €
2.000	3 %	48,50 €	97.000 €
3.000	8 %	46,00 €	138.000 €
4.000	14 %	43,00 €	172.000 €
5.000	20 %	40,00 €	200.000 €

LÖSUNG

Der Kostenverlauf der degressiven variablen Gesamt- und Stückkosten für die Bestellmenge von 1.000-5.000 Stück lässt sich grafisch wie folgt darstellen:

Diagramm var. Gesamtkosten degressiv

ABB. 12: Variable Gesamtkosten degressiv

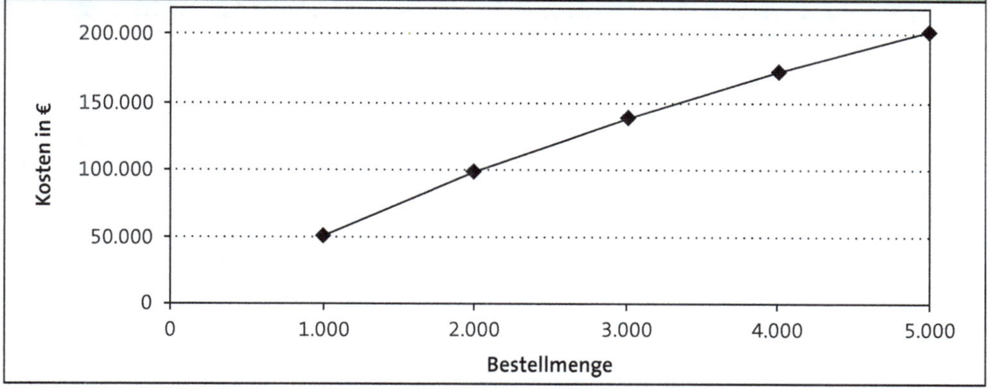

Diagramm var. Stückkosten degressiv

ABB. 13: Variable Stückkosten degressiv

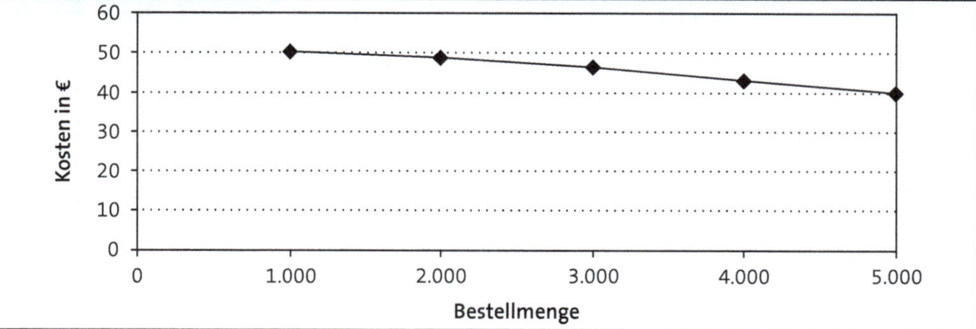

→ Die variablen Gesamtkosten nehmen bei degressivem Verlauf im Verhältnis zur Erhöhung des Beschäftigungsgrades unterproportional zu.

→ Die degressiven variablen Stückkosten sinken mit steigendem Beschäftigungsgrad.

Tz. 65

Variable Kosten als regressive Kosten:

var. Kosten – regressiv

Nehmen die variablen Gesamtkosten bei zunehmendem Beschäftigungsgrad absolut ab bzw. bei sinkendem Beschäftigungsgrad absolut zu, so spricht man von regressiven variablen Kosten. Regressive Kosten kommen in der Praxis nur sehr selten vor.

BEISPIEL

Ein Kino hat im Vorführraum Platz für 500 Zuschauer. Die Heizkosten für eine angenehme Raumtemperatur entwickeln sich in Abhängigkeit von der Zuschaueranzahl wie folgt:

Zuschaueranzahl	Heizkosten	
	je Zuschauer	insgesamt
0		1.000 €
100	9,00 €	900 €
200	3,75 €	750 €
300	1,83 €	550 €
400	0,75 €	300 €
500	0,00 €	0 €

LÖSUNG

Grafische Darstellung des Kostenverlaufs der regressiven variablen Gesamt- und Stückkosten für die Zuschaueranzahl von 0-500 Personen:

Diagramm var. Gesamtkosten regressiv

ABB. 14: Variable Gesamtkosten regressiv

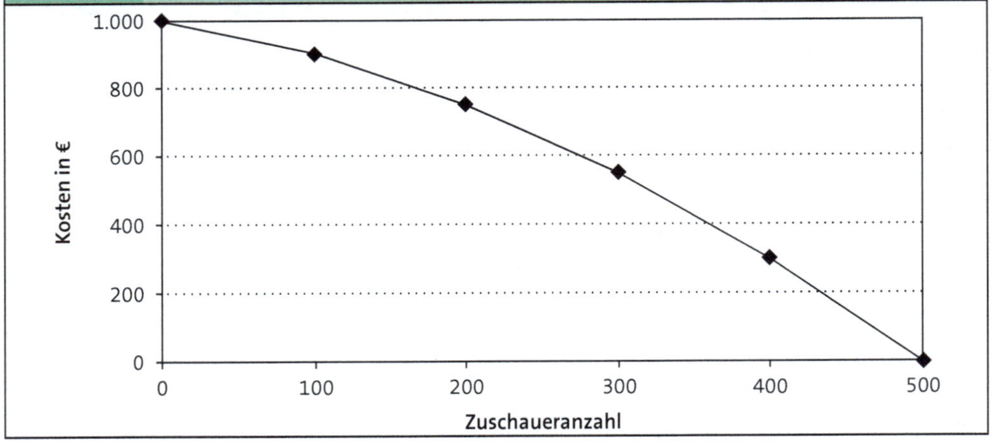

Diagramm var. Stückkosten regressiv

ABB. 15: Variable Stückkosten regressiv

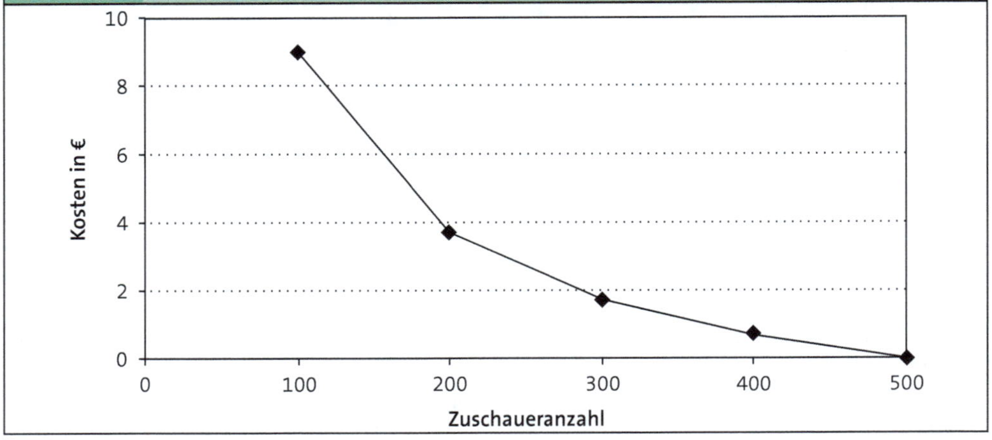

→ Die variablen Gesamtkosten nehmen bei regressivem Verlauf mit zunehmendem Beschäftigungsgrad ab.

→ Die regressiven variablen Stückkosten nehmen mit steigendem Beschäftigungsgrad sehr stark ab.

3.1.7 Kostenverlauf von Gesamtkosten

Tz. 66

Gesamtkosten = fixe Kosten + variable Kosten

Die Gesamtkosten setzen sich aus den fixen Kosten und den variablen Kosten zusammen. Bei einem Beschäftigungsgrad von 0 % fallen lediglich die fixen Kosten an, diese aber in voller Höhe. Sie bleiben unabhängig von der Beschäftigung immer gleich. Die variablen Kosten sind abhängig von der produzierten Menge und verändern sich dabei entsprechend.

BEISPIEL

Die Herstellung von Elektrogeräten verursacht je Stück proportionale Kosten in Höhe von 25 €. An fixen Kosten fallen monatlich 10.000 € an. Bei einer Produktionsmenge von 0-1.000 Stück verhalten sich die Gesamtkosten wie folgt:

Produktionsmenge in Stück	Fixe Kosten insgesamt	Variable Kosten insgesamt	Gesamtkosten
0	10.000 €	0 €	10.000 €
100	10.000 €	2.500 €	12.500 €
200	10.000 €	5.000 €	15.000 €
300	10.000 €	7.500 €	17.500 €
400	10.000 €	10.000 €	20.000 €
500	10.000 €	12.500 €	22.500 €
600	10.000 €	15.000 €	25.000 €
700	10.000 €	17.500 €	27.500 €
800	10.000 €	20.000 €	30.000 €
900	10.000 €	22.500 €	32.500 €
1.000	10.000 €	25.000 €	35.000 €

LÖSUNG

Diagramm Gesamtkosten

Die Gesamtkosten können bei proportionalem Verlauf der variablen Kosten wie folgt grafisch dargestellt werden:

ABB. 16: Gesamtkosten bei linearem Kostenverlauf

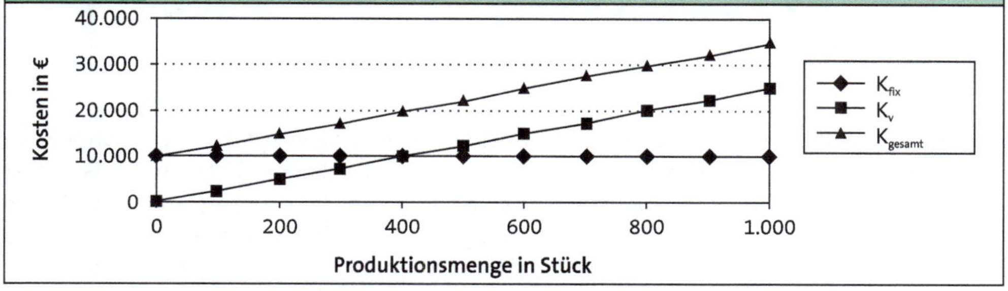

→ Die Gesamtkosten beginnen nicht im Nullpunkt, sondern in Höhe der fixen Kosten.

→ Die Gesamtkostengerade verläuft parallel zu den proportionalen variablen Kosten (Verschiebung nach oben in Höhe der fixen Kosten).

Die gesamten Stückkosten verlaufen wie folgt:

Produktionsmenge in Stück	Fixe Kosten je Stück	Variable Kosten je Stück	Gesamte Kosten je Stück
0		25 €	
100	100,00 €	25 €	125,00 €
200	50,00 €	25 €	75,00 €
300	33,33 €	25 €	58,33 €
400	25,00 €	25 €	50,00 €
500	20,00 €	25 €	45,00 €
600	16,67 €	25 €	41,67 €
700	14,29 €	25 €	39,29 €
800	12,50 €	25 €	37,50 €
900	11,11 €	25 €	36,11 €
1.000	10,00 €	25 €	35,00 €

Grafische Darstellung der Stückkosten gesamt bei proportionalem Verlauf der variablen Kosten:

Diagramm Stückkosten gesamt

ABB. 17: Stückkosten gesamt bei linearem Kostenverlauf

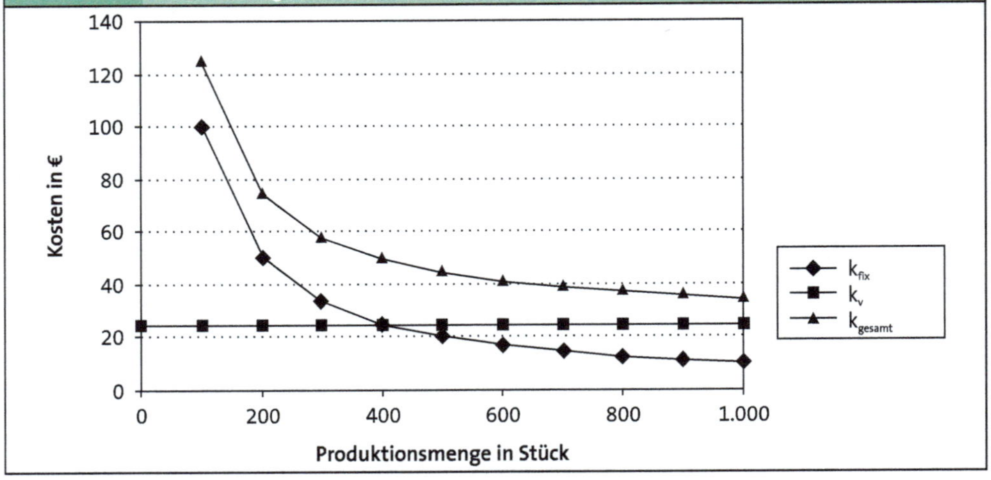

→ Die gesamten Stückkosten enthalten sowohl einen Anteil an variablen wie auch an fixen Stückkosten. Sie verringern sich mit Erhöhung der Produktionsmenge, da aufgrund des Fixkostendegressionseffektes der Anteil an fixen Stückkosten abnimmt. Bei sehr großen Ausbringungsmengen nähern sich die gesamten Stückkosten den variablen Stückkosten, werden aber nie genauso groß oder sogar kleiner.

3.1.8 Grenzkosten

Tz. 67

Grenzkosten ≙ variable Stückkosten (Ausnahme sprungfixe Kosten)

Grenzkosten sind die Kosten, die bei der Produktion einer einzigen zusätzlichen Leistungseinheit anfallen bzw. die Minderkosten bei Verringerung der Produktionsmenge um 1 Stück. Geht man von einem linearen Kostenverlauf aus, so entsprechen die Grenzkosten den variablen Stückkosten. Fallen bei einer kritischen Beschäftigung sprungfixe Kosten an, setzen sich die Grenzkosten an dieser Stelle aus den sprungfixen Kosten und den variablen Stückkosten zusammen.

BEISPIEL

Die Herstellung von Glühlampen verursacht je Stück proportionale Kosten in Höhe von 0,10 €. An fixen Kosten fallen monatlich 1.000 € an, die monatliche Kapazität liegt bei 100.000 Stück.

→ Die Grenzkosten betragen 0,10 € (= variable Stückkosten).

Bei einer Kapazitätserweiterung auf 200.000 Stück fallen monatlich weitere 1.000 € an fixen Kosten an, die variablen Stückkosten bleiben unverändert bei 0,10 €.

→ Die Grenzkosten bei der kritischen Beschäftigung von 100.001 Stück betragen 1.000,10 € (= sprungfixe Kosten in Höhe von 1.000 € zuzüglich variable Stückkosten in Höhe von 0,10 €), da bei dem 1. Stück, das über die ursprüngliche Kapazität von 100.000 Stück hinausgeht, zusätzliche fixe Kosten anfallen.

3.1.9 Kostenremanenz

Tz. 68

Kostenremanenz

Unter Kostenremanenz versteht man die zeitliche Verzögerung des Kostenrückgangs bei rückläufiger Beschäftigung, der Abbau der Kosten erfolgt also nicht in dem Maße, in dem sie bei expansiver Beschäftigungsentwicklung zugenommen haben.

BEISPIEL

Die Zunahme der Beschäftigung erfordert die Anschaffung einer neuen Produktionsmaschine sowie die Einstellung eines Maschinenbauingenieurs. Dabei fallen zusätzliche Kosten (Abschreibung der Produktionsmaschine und Gehalt) in Höhe von 7.000 €/Monat an.

→ Bei einem Beschäftigungsrückgang können die zusätzlichen Kosten nicht sofort abgebaut werden, da weder die Produktionsmaschine kurzfristig verkauft noch der zusätzliche Mitarbeiter sofort entlassen werden kann (Arbeitsvertrag).

3.2 Einzel- und Gemeinkosten – Einteilung nach der Zurechenbarkeit der Kosten zu den Leistungen

Tz. 69

Zurechenbarkeit

Die Einteilung nach der Zurechenbarkeit der Kosten zu den Leistungen wird folgendermaßen vorgenommen:

- Einzelkosten
- Sondereinzelkosten
- Gemeinkosten

Tz. 70

Einzelkosten
→ verursachungsgerechte Zurechnung

Einzelkosten lassen sich direkt, also verursachungsgerecht, einem Kostenträger (= betriebliche Leistungseinheit) zurechnen (Kostenträgereinzelkosten), sie können aber auch als Kostenstelleneinzelkosten als den betrieblichen Kostenstellen direkt zuordenbare Kosten auftreten.

BEISPIEL

Bei Produktion eines Schreibtisches fallen u. a. Kosten für den Rohstoffverbrauch und die Fertigungsakkordlöhne in Höhe von 50 € an.

→ Rohstoffverbrauch und Fertigungsakkordlöhne = Kostenträgereinzelkosten, da dem Kostenträger (= Schreibtisch) unmittelbar zurechenbar

→ Kostenträgereinzelkosten sind stets variable Kosten (z. B. 1 Schreibtisch = 50 €, 2 Schreibtische = 100 €).

Für die anfallenden Kosten in der Kostenstelle „Fertigung" ist der Kostenstellenleiter verantwortlich. Er bekommt ein monatliches Gehalt in Höhe von 4.000 €.

→ Gehalt des Kostenstellenleiters = Kostenstelleneinzelkosten, da der Kostenstelle „Fertigung" unmittelbar zurechenbar

→ Kostenstelleneinzelkosten können sowohl fix (z. B. Gehalt des Kostenstellenleiters) wie auch variabel sein (z. B. Energiekosten, die aufgrund von Zwischenzählern einer Kostenstelle direkt zuordenbar sind).

Tz. 71

Sondereinzelkosten
→ Bezug auf Auftrag/Serie

Sondereinzelkosten treten in den Bereichen Fertigung und Vertrieb auf. Sie beziehen sich im Gegensatz zu den Kostenträgereinzelkosten nicht auf ein Stück, sondern auf einen Auftrag, eine Serie oder eine Produktart und können dort insgesamt verursachungsgerecht zugerechnet werden. Sondereinzelkosten entstehen und entfallen folglich unmittelbar im Zusammenhang mit einem Auftrag, einer Serie oder einer Produktart.

Beispiel Sondereinzelkosten der Fertigung:
Spezialwerkzeug, Lizenzen, Patente, Kosten für Konstruktionszeichnungen, Modellentwürfe

Beispiel Sondereinzelkosten des Vertriebs:
Vertreterprovisionen, Frachten, Zölle, Verpackung, spezielle Werbekosten

Tz. 72

Gemeinkosten ≠ verursachungsgerechte Zurechnung
→ indirekte Zurechnung (Verteilungsschlüssel)

Gemeinkosten sind das Gegenstück zu den Einzelkosten und lassen sich nicht unmittelbar verursachungsgerecht einem Kostenträger zuordnen. Sie werden indirekt über in der Kostenstellenrechnung (BAB: Betriebsabrechnungsbogen) zu ermittelnde Verteilungsschlüssel den Kostenträgern zugerechnet. Die Gemeinkosten werden in echte und unechte Gemeinkosten unterteilt. Dabei können die echten Gemeinkosten tatsächlich nicht direkt einem Kostenträger zugeordnet werden. Bei den unechten Gemeinkosten handelt es sich eigentlich um Einzelkosten, da prinzipiell eine direkte Zuordnung zu einem Kostenträger möglich wäre, sie werden aber aus Gründen der Wirtschaftlichkeit wie Gemeinkosten behandelt.

Beispiel echte Gemeinkosten:
Geschäftsführergehalt, Miete, kalkulatorische Abschreibungen, Instandhaltungskosten, kalkulatorische Zinsen

Beispiel unechte Gemeinkosten:
Kosten für Hilfsstoffe (Schrauben, Nägel usw.)

3.3 Grund- und kalkulatorische Kosten

Tz. 73

Grundkosten

Können Aufwendungen der Finanzbuchhaltung unverändert in die KLR übernommen werden, so handelt es sich um Grundkosten (aufwandsgleiche Kosten; siehe Tz. 14).

Tz. 74

Kalkulatorische Kosten

Ist es jedoch für kostenrechnerische Zwecke notwendig, Korrekturen bzw. Ergänzungen im Kostenbereich vorzunehmen, um den tatsächlichen Werteverzehr, der durch die betriebliche Leistungserstellung und -verwertung entstanden ist, zu ermitteln, so handelt es sich um kalkulatorische Kosten (siehe Tz. 22).

Man unterscheidet zwei Formen von kalkulatorischen Kosten:

Anderskosten: Aufwand in der Finanzbuchhaltung, der der Höhe nach ungeeignet ist für die KLR; es wird daher in der KLR ein anderer Wert angesetzt (= aufwandsungleiche Kosten).

Beispiel: kalk. Wagnisse, kalk. Abschreibungen, kalk. Zinsen

Zusatzkosten: Leistungsbedingter Werteverzehr, bei dem aufgrund fehlender Ausgaben (= Auszahlung oder Zunahme von Verbindlichkeiten) in der Finanzbuchhaltung kein Aufwand entsteht. Der Werteverzehr wird in der KLR zusätzlich berücksichtigt (= aufwandslose Kosten).

Beispiel: kalk. Miete, kalk. Unternehmerlohn

3.4 Funktionsorientierte Kosten – Einteilung nach betrieblichen Funktionen

Tz. 75

betriebliche Funktionen

Die Kostenarten können auch nach den wichtigsten betrieblichen Funktionen unterteilt werden:

- Beschaffungskosten (z. B. Bezugspreis von Rohstoffen, Kosten der Rechnungsprüfung)
- Lagerhaltungskosten (z. B. Miete bzw. AfA für Lagerhalle, Personalkosten der Lagermeisterei)
- Fertigungskosten (z. B. Fertigungslöhne, Fertigungsgemeinkosten, Sondereinzelkosten der Fertigung)
- Verwaltungskosten (z. B. Gehälter des Verwaltungspersonals, Büromaterial, Gebühren)
- Vertriebskosten (z. B. Vertreterprovisionen, Verpackungskosten, Frachtkosten, Werbekosten)

3.5 Produktionsfaktorenbezogene Kosten – Einteilung nach der Art der verbrauchten Produktionsfaktoren

Tz. 76

Produktionsfaktoren

Die Einteilung nach der Art der verbrauchten Produktionsfaktoren wird wie folgt vorgenommen:

- Materialkosten (z. B. Verbrauch an Roh-, Hilfs- und Betriebsstoffen)
- Personalkosten (z. B. Löhne, Gehälter, soziale Abgaben, Tantiemen)
- Betriebsmittelkosten (z. B. kalkulatorische Abschreibungen)
- Kapitalkosten (z. B. kalkulatorische Zinsen)
- Fremdleistungskosten (z. B. Transport-, Versicherungs-, Miet-/Pachtkosten, Rechtsberatung)
- Kosten für Steuern, Gebühren und Abgaben (z. B. Grundsteuer, Kfz-Steuer, Beitrag zur Berufsgenossenschaft)

Diese Unterteilung ermöglicht die Planung des Verbrauchs an Produktionsfaktoren und dessen Kontrolle.

Die Erfassung der Material- und Personalkosten soll an dieser Stelle näher betrachtet werden:

Tz. 77

Materialkosten entstehen durch den Verbrauch von Material innerhalb einer bestimmten Rechnungsperiode für die betriebliche Leistungserstellung. Dazu gehören:

Materialkosten:
- RHB-Stoffe
- bezogene Fertigteile

Rohstoffe	→ Hauptbestandteil des Produktes (z. B. Holz für Schränke) → Einzelkosten, da dem Produkt direkt zuordenbar
Hilfsstoffe	→ Nebenbestandteil des Produktes (z. B. Schrauben, Nägel für Schränke) → „unechte" Gemeinkosten (eine Erfassung als Einzelkosten wäre prinzipiell möglich, wird aber aus Vereinfachungsgründen unterlassen)
Betriebsstoffe	→ gehen nicht direkt in das Produkt ein, sind aber für die Leistungserstellung erforderlich (z. B. Energie, Schmiermittel, Kühlwasser) → Gemeinkosten, da dem Produkt nicht direkt zuordenbar
Bezogene Fertigteile	→ Einbau in das Produkt ohne weitere Bearbeitung (z. B. Motor für Maschine, Schloss für Tür) → Einzelkosten, da dem Produkt direkt zuordenbar

Tz. 78

Zu den *Personalkosten* zählen alle Kosten, die durch den Einsatz von Arbeitnehmern entstehen. Im Einzelnen gehören dazu:

Personalkosten

Fertigungslöhne	→ Arbeitsleistung, die unmittelbar bei Produktion des Erzeugnisses anfällt (z. B. Löhne für Drehen, Bohren, Montage usw.) → Aufteilung in Zeitlohn (Entlohnung nach Arbeitszeit = Stundenlohn) und Leistungslohn (Akkordlohn = Entlohnung nach Anzahl erbrachter Leistungseinheiten bzw. Prämienlohn = zusätzlich zum Grundlohn gewährte Prämie für z. B. Erhöhung der Quantität oder Qualität) → Einzelkosten, da dem Produkt direkt zuordenbar
Hilfslöhne	→ Arbeitsleistung, die nicht unmittelbar im Zusammenhang mit der Produktion des Erzeugnisses anfällt (z. B. Löhne für Vorarbeiter, Reinigungsarbeiten, Transportdienste usw.) → Gemeinkosten, da dem Produkt nicht direkt zuordenbar
Gehälter	→ Entgelt für Angestellte (z. B. Gehalt des Geschäftsführers, des Verwaltungspersonals) → Gemeinkosten, da dem Produkt nicht direkt zuordenbar
Personalnebenkosten	→ gesetzliche Sozialleistungen (z. B. Arbeitgeberanteil zur Sozialversicherung, Unfallversicherung) → freiwillige Sozialleistungen (z. B. Urlaubsgeld, Gratifikationen, betriebliche Altersversorgung, Kosten für Kindergarten, Kantine usw.) → Einzel- oder Gemeinkosten, je nachdem, ob die Personalnebenkosten im Zusammenhang mit einem Lohn oder einem Gehalt stehen

Sonst. Personalkosten → Fluktuationskosten (z. B. Kosten für Stellenausschreibungen, Einstellungsgespräche, Einarbeitung)
→ Kosten für innerbetriebliche Aus- und Weiterbildung
→ Abfindungen bei Entlassungen
→ Gemeinkosten, da dem Produkt nicht direkt zuordenbar

3.6 Primäre und sekundäre Kosten

Tz. 79

primäre Kosten

Kosten, die einem Unternehmen aus unternehmensexternen Leistungsbeziehungen entstehen, bezeichnet man als primäre Kosten. Sie können regelmäßig einfach anhand von Eingangsrechnungen (z. B. Einkauf von Fertigungsmaterial), Kontoauszügen (z. B. Überweisung von Löhnen und Gehältern, Mietzahlung) oder dergleichen (z. B. Verträge) erfasst werden (siehe Tz. 102).

sekundäre Kosten

Sekundäre Kosten entstehen einem Unternehmen aus innerbetrieblichen Leistungen (z. B. Instandhaltungsleistungen der unternehmenseigenen Instandhaltungsabteilung) und werden im Rahmen der innerbetrieblichen Leistungsverrechnung ermittelt (siehe Tz. 105).

4. Mengen- und wertmäßige Ermittlung bei diversen Kostenarten

4.1 Materialverbrauchsmengenermittlung

Tz. 80

Materialkosten

Die Materialkosten setzen sich aus der jeweils verbrauchten Menge des Materials und dem Materialpreis zusammen. Für die Berechnung der Materialkosten gilt daher:

Materialkosten = Materialverbrauchsmenge × Materialpreis

Für die Ermittlung des Materialverbrauchs gibt es folgende Methoden:

Methoden der Materialverbrauchsermittlung

- Skontrationsmethode (Fortschreibungsmethode)
- Inventurmethode (Stichtagsinventur)
- Retrograde Methode (Rückrechnungsmethode)

4.1.1 Skontrationsmethode

Tz. 81

Skontrationsmethode ≙ permanente Inventur

Bei der Skontrationsmethode muss jede Materialentnahme aus dem Lager durch einen Materialentnahmeschein (MES) dokumentiert werden. Der Materialverbrauch kann demnach jederzeit durch Addition der Entnahmemengen laut Materialentnahmescheine ermittelt werden. Da sämtliche Lagerabgänge belegmäßig erfasst werden, erfolgt eine ständige Fortschreibung des Lagerbestandes. Man spricht deshalb auch von einer permanenten Inventur.

Vorteile der Skontrationsmethode:

- Direkte Zuordnung des Materialverbrauchs zu den Kostenstellen und Kostenträgern
- Ermittlung von Inventurdifferenzen (Lagerverluste durch Schwund, Diebstahl usw.) durch Vergleich des Lagersollbestandes mit dem durch Inventur ermittelten Lageristbestand

Nachteile der Skontrationsmethode:

- Hoher Arbeitsaufwand
- Lagerbuchhaltung und qualifiziertes Belegwesen sind Voraussetzung

Ermittlung des Lagersollbestandes:

	Anfangsbestand (lt. Inventur)
+	Zugang (lt. Eingangsrechnungen)
-	Abgang (lt. Materialentnahmescheine)
	Lagersollbestand

Berechnung der Inventurdifferenz:

	Lagersollbestand
-	Lageristbestand
	Inventurdifferenz

4.1.2 Inventurmethode

Tz. 82

Bei der Inventurmethode erfolgt die Ermittlung des Materialverbrauchs nach folgendem Schema:

Inventurmethode

	Anfangsbestand (lt. Inventur)
+	Zugang (lt. Eingangsrechnungen)
-	Endbestand (lt. Inventur)
	Materialverbrauch

Nachteile der Inventurmethode:

- Keine Zuordnung des Materialverbrauchs zu den jeweiligen Kostenstellen und Kostenträgern
- Ermittlung von Lagerverlusten durch Schwund, Diebstahl usw. nicht möglich
- Hoher Zeitaufwand, da jährlich mehrere (unter Umständen sogar monatliche) körperliche Inventuren nötig sind, um den Materialverbrauch für die KLR zu ermitteln

4.1.3 Retrograde Methode

Tz. 83

Bei dieser Methode ermittelt man den Materialverbrauch an Hand der hergestellten Menge von Halb- und Fertigfabrikaten. Als Berechnungsgrundlagen werden Konstruktionszeichnungen und Stücklisten verwendet.

retrograde Methode ≙ Ermittlung Sollverbrauchsmenge

Nachteile der retrograden Methode:

- Berechnung lediglich einer Sollverbrauchsmenge (Produktionsmenge × Sollverbrauch/Stück) - Istverbrauchsmenge muss mit Inventurmethode ermittelt werden
- Genaue Ermittlung des Materialverbrauchs nicht möglich, da Gemeinkostenmaterial wie z. B. Betriebsstoffe nicht direkt zuordenbar ist und daher nicht erfasst wird
- Ermittlung von Lagerverlusten durch Schwund, Diebstahl usw. nicht möglich

Verbrauchsmengenermittlung:

BEISPIEL

Für die Ermittlung der Verbrauchsmengen von Rohstoffen liegen folgende Angaben vor:

Datum	Bestand/Lagerbewegung	Menge (in kg)
01.01.	Anfangsbestand (Inventur)	600
22.01.	Verbrauch lt. MES 18	380
25.02.	Zugang lt. ER 234	400
06.03.	Verbrauch lt. MES 37	450

15.06.	Zugang lt. ER 341	500
23.06.	Verbrauch lt. MES 59	290
05.07.	RS-Rückgabe lt. Rückgabeschein	40
18.10.	Zugang lt. ER 453	300
26.11.	Verbrauch lt. MES 77	460
10.12.	Zugang lt. ER 564	400

Die körperliche Inventur zum 31.12. ergibt einen Rohstoffbestand von 580 kg.

Welche Rohstoffverbrauchsmenge ergibt sich bei Berechnung nach der

- Skontrationsmethode
- Inventurmethode
- retrograden Methode (Produktionsmenge 210 Stück, Rohstoffverbrauch je Stück 7,5 kg)?

LÖSUNG

Skontrationsmethode:

Die Rohstoffverbrauchsmenge ergibt sich durch Addition der Entnahmemengen laut Materialentnahmescheine, eine körperliche Inventur ist hierfür nicht notwendig:

22.01.	Verbrauch lt. MES 18	380 kg
06.03.	Verbrauch lt. MES 37	450 kg
23.06.	Verbrauch lt. MES 59	290 kg
05.07.	RS-Rückgabe lt. Rückgabeschein	- 40 kg
26.11.	Verbrauch lt. MES 77	460 kg
	Rohstoffverbrauchsmenge	1.540 kg

Da der Lageristbestand durch körperliche Inventur ermittelt wurde (580 kg), lässt sich die Inventurdifferenz (Schwund, Diebstahl usw.) wie folgt ermitteln:

	Anfangsbestand lt. Inventur	600 kg
+	Zugang lt. ER (400 kg + 500 kg + 300 kg + 400 kg)	1.600 kg
-	Verbrauch lt. MES	1.540 kg
=	Lagersollbestand	660 kg
-	Lageristbestand	580 kg
=	Inventurdifferenz	80 kg

Inventurmethode:

Die Berechnung der Rohstoffverbrauchsmenge erfolgt wie nachstehend ausgeführt:

	Anfangsbestand lt. Inventur	600 kg
+	Zugang lt. ER (400 kg + 500 kg + 300 kg + 400 kg)	1.600 kg
-	Endbestand lt. Inventur	580 kg
=	Rohstoffverbrauchsmenge	1.620 kg

Retrograde Methode:

Bei der retrograden Methode wird der Verbrauch durch Rückrechnung an Hand der produzierten Menge und dem berechneten Sollverbrauch/Stück ermittelt:

	Produktionsmenge	210 Stück
×	Rohstoffverbrauch je Stück	7,5 kg
=	Rohstoffverbrauchsmenge	1.575 kg

4.2 Bewertung der Materialverbrauchsmenge

Tz. 84

Zur Ermittlung der Materialkosten muss die Materialverbrauchsmenge mit dem Materialpreis multipliziert werden. Die Bewertung der Verbrauchsmenge kann wie nachfolgend dargestellt erfolgen:

Bewertung der Materialverbrauchsmenge

ABB. 18: Bewertung Materialverbrauchsmenge

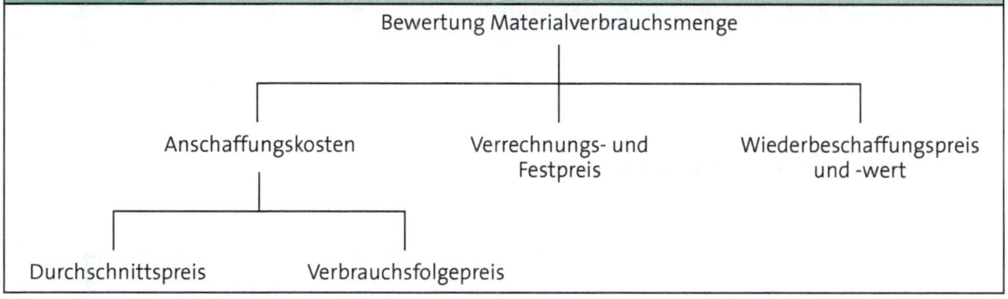

4.2.1 Anschaffungskosten

Tz. 85

Ermittlung Anschaffungskosten

Zu den Anschaffungskosten gehören neben dem eigentlichen Anschaffungspreis auch die Anschaffungsnebenkosten (z. B. Transportkosten, Versicherung) sowie Anschaffungspreisminderungen (z. B. Skonti).

Tz. 86

Durchschnittspreis

Die Bewertung mit dem Durchschnittspreis (= durchschnittliche Anschaffungskosten) kann sowohl periodisch (gewogener Durchschnitt) wie auch permanent (gleitender Durchschnitt) erfolgen.

Der periodische (gewogene) Durchschnitt wird wie folgt ermittelt:

Menge Anfangsbestand	→	Wert Anfangsbestand
+ Zugang 1	→	Anschaffungskosten Zugang 1
+ Zugang 2	→	Anschaffungskosten Zugang 2
usw.	→	usw.
Gesamtsumme Menge AB + Zugänge	→	Gesamtsumme Wert AB + AK Zugänge

Durch Division der wertmäßigen Gesamtsumme durch die mengenmäßige Gesamtsumme erhält man den periodischen (gewogenen) Durchschnittspreis. Die ermittelte Materialverbrauchsmenge wird zur Berechnung der Materialkosten mit diesem Durchschnittspreis multipliziert.

Die Berechnung eines permanenten (gleitenden) Durchschnittspreises muss nach jedem Materialzugang neu durchgeführt werden. Nur die zeitlich direkt anschließenden Materialverbräuche werden mit diesem Durchschnittspreis bewertet.

Tz. 87

Verbrauchsfolgepreis
- lifo
- fifo
- hifo
- lofo

Zur Ermittlung des Verbrauchsfolgepreises wird für den Materialverbrauch eine bestimmte Reihenfolge angenommen:

lifo = last in – first out (zuletzt eingekauftes Material wird zuerst verbraucht)

fifo = first in – first out (zuerst eingekauftes Material wird zuerst verbraucht)

hifo = highest in – first out (am teuersten eingekauftes Material wird zuerst verbraucht)

lofo = lowest in – first out (am billigsten eingekauftes Material wird zuerst verbraucht)

Der Verbrauchsfolgepreis ergibt sich dann aus den Anschaffungskosten der jeweiligen zuerst verbrauchten Menge.

4.2.2 Verrechnungs- und Festpreis

Tz. 88

Verrechnungs-/Festpreis
→ konstante Kalkulation

Neben der Bewertung der Materialverbrauchsmenge mit den Anschaffungskosten ist auch die Verwendung von Verrechnungs- und Festpreisen möglich. Bei diesem Verfahren wird ein über längere Zeit feststehender Verrechnungswert aus den durchschnittlichen Marktpreisen und unter Berücksichtigung der künftig erwarteten Preise ermittelt, Wertschwankungen werden somit ausgeschaltet. Eine Anpassung des Verrechnungs- bzw. Festpreises erfolgt nur bei sich langfristig ändernden Marktverhältnissen. Durch Verwendung von Verrechnungs- und Festpreisen wird eine konstante Kalkulation ermöglicht.

4.2.3 Wiederbeschaffungspreis und -wert

Tz. 89

Wiederbeschaffungspreis

Der Wiederbeschaffungspreis ist gleichbedeutend mit dem Tageswert am Beschaffungsmarkt zum Wiederbeschaffungszeitpunkt. Bei Bewertung der Materialverbrauchsmenge mit dem Wiederbeschaffungspreis bzw. -wert werden demnach die Anschaffungskosten zum jeweiligen Zeitpunkt angesetzt.

4.3 Erfassung und Bewertung von Personalkosten

Tz. 90

Personalkosten

Die Erfassung von Personalkosten ist ebenso wie deren Bewertung in der Regel unproblematisch und wird wie folgt vorgenommen:

Personalkosten = Personaleinsatz (Zeit) × Stundensatz

Der Personaleinsatz kann über diverse Zeiterfassungssysteme berücksichtigt werden, der Stundensatz ist abhängig von der Qualifikation des jeweiligen Mitarbeiters und muss bei der Ermittlung der Personalkosten individuell angepasst werden.

4.4 Erfassung und Bewertung von Instandhaltungskosten

Tz. 91

Instandhaltungskosten

Bei Instandhaltungskosten ist zunächst zu differenzieren, ob die Instandhaltungsarbeiten von Fremdfirmen oder von eigenen Mitarbeitern durchgeführt wurden. Während Fremdfirmen ihre Instandhaltungstätigkeit in Rechnung stellen (= primäre Kosten, siehe Tz. 79) und diese somit bereits bewertet ist, müssen bei Einsatz von eigenen Mitarbeitern zum einen die Materialkosten (siehe Tz. 80) und zum anderen die entsprechenden Personalkosten (siehe Tz. 90) ermittelt werden. Anschließend erfolgt im Rahmen der innerbetrieblichen Leistungsverrechnung (siehe Tz. 105) eine Berücksichtigung der Instandhaltungskosten als sekundäre Kosten (siehe Tz. 79). Dabei muss geprüft werden, ob die Instandhaltungstätigkeit einer bestimmten Kostenstelle unmittelbar zugeordnet werden kann (z. B. Reparatur einer Fertigungsmaschine – 100 %ige Zuordnung zu Kostenstelle Fertigung), oder ob die Instandhaltungskosten anteilig auf die Kostenstellen umgelegt werden (z. B. Reparatur an der Fassade des betrieblichen Gebäudes – anteilige Zuordnung, z. B. nach qm-Flächen, zu betrieblichen Kostenstellen).

1.) Nennen Sie vier Bestandteile des Rechnungswesens.

- *Finanzbuchhaltung*
- *Kosten- und Leistungsrechnung*
- *Statistik*
- *Planungsrechnung*

(Tz. 1)

2.) Welche Aufgaben erfüllt die KLR?

- *Dokumentation*
- *Ermittlung der Stückkosten – Preiskalkulation*
- *Überwachung der Wirtschaftlichkeit und Produktivität*
- *Planungs-, Vorgabe- und Kontrollfunktion*
- *Entscheidungsfunktion*
- *Ergebnisermittlung und kurzfristige Erfolgsrechnung*
- *Ergänzungsfunktion*

(Tz. 6)

3.) Grenzen Sie die Begriffe Auszahlungen – Ausgaben – Aufwendungen voneinander ab.

Auszahlungen = Abfluss von Zahlungsmitteln (bar oder Bankguthaben) (Tz. 7)

Ausgaben = Auszahlungen oder Zugang von Verbindlichkeiten (Tz. 8)

Aufwendungen = Werteverzehr von Gütern und Dienstleistungen, Eigenkapitalminderung (Tz. 9)

4.) Führen Erträge zwingend auch zu Einnahmen?

Nein, aktivierte Eigenleistungen stellen Erträge eines Unternehmens dar, führen aber nicht zu Einnahmen (Tz. 12).

5.) Erläutern Sie den Begriff Grundkosten und nennen Sie zwei Beispiele.

Grundkosten = aufwandsgleiche Kosten, Aufwand in der Finanzbuchhaltung ist betriebsbedingt, periodenbezogen und gewöhnlich und führt in gleicher Höhe zu Kosten in der KLR.

Beispiele: Gehälter, Aufwendungen für RHB-Stoffe (Tz. 14 und 22)

6.) Unter welchen Voraussetzungen werden Aufwendungen als „neutrale Aufwendungen" abgegrenzt?

Sofern Aufwendungen entweder betriebsfremd, periodenfremd oder außergewöhnlich sind, spricht man von neutralen Aufwendungen (Tz. 15).

7.) Definieren Sie den Begriff Leistungen und erläutern Sie, wann aus Erträgen Leistungen werden.

Leistungen entstehen durch die Produktion von Gütern bzw. die Bereitstellung von Dienstleistungen und der Bewertung der Güter bzw. Dienstleistungen mit dem entsprechenden Preis (Tz. 16).

Erträge sind nur dann gleichzeitig Leistungen, wenn sie sowohl betriebsbedingt, periodenbezogen als auch gewöhnlich sind (Tz. 17).

8.) Beschreiben Sie den Aufbau einer Ergebnistabelle (ohne kostenrechnerische Korrekturen).

Rechnungskreis I:

- *Gegenüberstellung der Salden sämtlicher Aufwands- und Ertragskonten (Finanzbuchhaltung)*
- *Ausweis des Gesamtergebnisses*

Rechnungskreis II:

- *Aufteilung in Abgrenzungsbereich (Gegenüberstellung der neutralen Aufwendungen und Erträge) und Betriebsergebnisrechnung (Gegenüberstellung der Kosten und Leistungen)*
- *Ausweis von Neutralem Ergebnis und Betriebsergebnis*

(Tz. 20)

9.) Definieren Sie den Begriff Anderskosten.

Anderskosten = aufwandsungleiche Kosten, Aufwand in Finanzbuchhaltung in anderer Höhe als Kosten in KLR (Tz. 22)

10.) Beschreiben Sie den Begriff Zusatzkosten.

Zusatzkosten = aufwandslose Kosten, kein Aufwand in Finanzbuchhaltung, aber Ansatz von Kosten in KLR (Tz. 22)

11.) Nennen Sie Gründe für den Ansatz kalkulatorischer Einzelwagnisse in der KLR.

Während in der Finanzbuchhaltung die tatsächlichen Wagnisverluste unregelmäßig und in unterschiedlicher Höhe eintreten, ermöglicht der Ansatz kalkulatorischer Einzelwagnisse eine gleichmäßige und anteilige Verteilung der Wagnisverluste ohne Schwankungen (Tz. 25).

12.) Erläutern Sie Unterschiede zwischen der bilanziellen und der kalkulatorischen Abschreibung.

Abschreibungsgegenstände:	*bilanziell – alle abnutzbaren WG des AV*
(Tz. 26)	*kalkulatorisch – nur betriebsnotwendige abnutzbare WG des AV*
Abschreibungsmethode:	*bilanziell – degressive AfA möglich (handelsrechtlich)*
(Tz. 27)	*kalkulatorisch – nur lineare oder leistungsabhängige AfA*
Abschreibungsgrundlage:	*bilanziell – Anschaffungskosten*
(Tz. 28 bzw. 30)	*kalkulatorisch – Wiederbeschaffungskosten (abzüglich Restwert)*
Nutzungsdauer:	*bilanziell – lt. amtlicher AfA-Tabelle*
(Tz. 29)	*kalkulatorisch – tatsächliche wirtschaftliche Nutzungsdauer*

13.) Begründen Sie den Ansatz einer kalkulatorischen Miete.

Ansatz von „entgangenen Mieterträgen" – Opportunitätskostenprinzip (Tz. 32)

14.) Warum kommt der Ansatz eines kalkulatorischen Unternehmerlohns nur in Einzelunternehmen bzw. Personengesellschaften, nicht aber bei Kapitalgesellschaften in Frage?

Bei Kapitalgesellschaften erhalten die Geschäftsführer ein Gehalt, welches in der Finanzbuchhaltung Aufwand und in der KLR Kosten darstellt.

Bei Einzelunternehmen bzw. Personengesellschaften führen Vorwegentnahmen auf den Gewinn als Privatentnahme zu keinem Aufwand und daher zunächst auch nicht zu Kosten. Der Ansatz eines kalkulatorischen Unternehmerlohns in der KLR entspricht dem Gegenwert der Arbeitsleistung des Inhabers bzw. Gesellschafters (Tz. 33).

15.) Wie werden kalkulatorische Zinsen berechnet?

Kalkulatorische Zinsen = Betriebsnotwendiges Kapital × Kalkulatorischer Zinssatz (Tz. 36)

16.) Grenzen Sie die Restwertmethode von der Durchschnittswertmethode ab.

Restwertmethode: Verzinsung der kalkulatorischen Restwerte; verursachungsgerechte, aber ungleiche Belastung der Rechnungsperioden mit Zinsen (Tz. 38)

Durchschnittswertmethode: Verzinsung der halben Anschaffungs- oder Herstellungskosten; gleichmäßige, aber nicht verursachungsgerechte Belastung der Rechnungsperioden mit Zinsen (Tz. 39)

17.) Definieren Sie den Begriff Abzugskapital.

Abzugskapital ist das dem Unternehmen zinslos zur Verfügung gestellte Fremdkapital. Zum Abzugskapital zählen Kundenanzahlungen, Rückstellungen und nicht skontierfähige Lieferantenkredite (Tz. 40).

18.) Was versteht man unter dem Periodenprinzip?

Periodenfremde Beträge dürfen sich nicht auf das Betriebsergebnis auswirken und werden daher aus der KLR ferngehalten (Tz. 46).

19.) Wie erfolgt die Berechnung des Beschäftigungsgrades?

$$\text{Beschäftigungsgrad} = \frac{\text{Beschäftigung}}{\text{Kapazität}} \times 100$$

(Tz. 51)

20.) Was versteht man unter einer linearen Kostenfunktion?

$$K_{(x)} = k_v \times x + K_{fix}$$

Mithilfe der linearen Kostenfunktion kann die Entwicklung der Gesamtkosten in Abhängigkeit von der Produktionsmenge dargestellt werden (Tz. 57).

21.) Erläutern Sie den Fixkostendegressionseffekt.

Die absolutfixen Stückkosten sinken bei steigender Produktionsmenge, da ein gleich bleibender Betrag auf eine größere Menge verteilt wird (Tz. 59).

22.) Was versteht man unter Nutz- bzw. Leerkosten?

Nutzkosten = Anteil der Fixkosten, der im Rahmen der genutzten Kapazität in Anspruch genommen wird

Leerkosten = Anteil der Fixkosten, der aufgrund eines niedrigeren Beschäftigungsgrades nicht genutzt wird (Tz. 61)

23.) Beschreiben Sie den Kostenverlauf der proportionalen variablen Gesamt- und Stückkosten.

- *Variable Gesamtkosten (proportional): beginnend im Nullpunkt, linear steigend*
- *Variable Stückkosten (proportional): parallel verlaufend zur x-Achse*

(Tz. 62)

24.) Nennen Sie je ein Beispiel für progressiv, degressiv und regressiv verlaufende variable Kosten.

progressiv: Überstundenzuschlag bei Fertigungslöhnen (Tz. 63)
degressiv: Mengenrabatt bei Fertigungsmaterial (Tz. 64)
regressiv: Heizkosten in einem Vorführraum (Tz. 65)

25.) Definieren Sie den Begriff Grenzkosten.

Grenzkosten sind die Kosten, die bei der Produktion einer zusätzlichen Leistungseinheit anfallen (Tz. 67).

26.) Nennen Sie je ein Beispiel für Einzelkosten, Sondereinzelkosten und Gemeinkosten.

Einzelkosten: Fertigungsmaterial (Tz. 70)
Sondereinzelkosten: Spezialwerkzeug (Tz. 71)
Gemeinkosten: Gehälter (Tz. 72)

27.) Nennen Sie die wichtigsten Betriebsfunktionen.

Beschaffung/Lagerhaltung, Fertigung, Verwaltung, Vertrieb (Tz. 75)

28.) Wie werden die Kosten nach Art der verbrauchten Produktionsfaktoren eingeteilt?

Materialkosten, Personalkosten, Betriebsmittelkosten, Kapitalkosten, Fremdleistungskosten, Kosten für Steuern, Gebühren und Abgaben (Tz. 76)

29.) Nennen Sie die Methoden zur Ermittlung des Materialverbrauchs.

- *Skontrationsmethode (Fortschreibungsmethode)*
- *Inventurmethode (Stichtagsinventur)*
- *Retrograde Methode (Rückrechnungsmethode)*

(Tz. 80)

30.) Welche Nachteile bestehen bei Anwendung der Skontrationsmethode?

Hoher Arbeitsaufwand, Lagerbuchhaltung und qualifiziertes Belegwesen notwendig (Tz. 81)

31.) Beschreiben Sie die Inventurmethode.

Materialverbrauch = Anfangsbestand lt. Inventur + Zugänge – Endbestand lt. Inventur (Tz. 82)

32.) Wie kann die Materialverbrauchsmenge bewertet werden?

Bewertung möglich mit

- *Anschaffungskosten,*
- *Verrechnungs- und Festpreis,*
- *Wiederbeschaffungspreis und -wert (Tz. 84).*

II. Verfahren zur Verrechnung der Kosten auf betriebliche Funktionsbereiche und auf Leistungen

1. Grundsätze der Kostenzurechnung

1.1 Allgemeines

Tz. 92

Kostenverrechnung: Kostenzuordnung auf Kostenträger

Der gesamte Prozess von der Kostenartenrechnung über die Kostenstellenrechnung bis hin zur Kostenträgerrechnung wird als Kostenverrechnung bezeichnet. Dabei soll eine möglichst genaue und zutreffende Zuordnung der angefallenen Kosten auf die Kostenträger vorgenommen werden.

Die Kostenverrechnung kann wie folgt optisch dargestellt werden:

Prozess der Kostenverrechnung

ABB. 19: Prozess der Kostenverrechnung

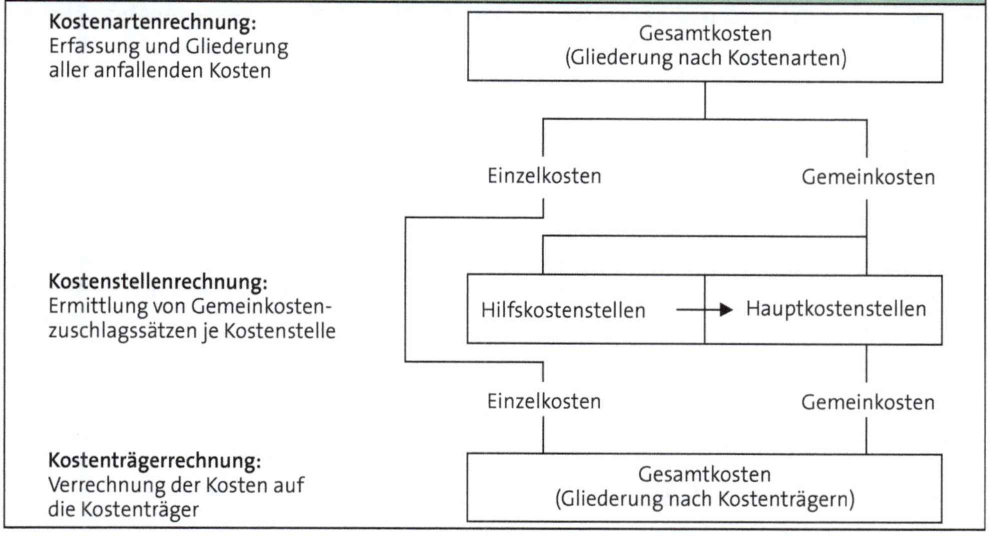

1.2 Prinzipien der Kostenverrechnung

Tz. 93

Prinzipien der Kostenverrechnung

Die Verrechnung der Kosten auf die einzelnen Kostenträger kann nach folgenden unterschiedlichen Prinzipien erfolgen:

- Verursachungsprinzip
- Tragfähigkeitsprinzip
- Durchschnittsprinzip

1.2.1 Verursachungsprinzip

Tz. 94

Verursachungsprinzip → tatsächliche Verursachung entscheidend

Bei Anwendung des Verursachungsprinzips werden einem Kostenträger nur dann Kosten zugerechnet, wenn sie von diesem tatsächlich verursacht werden. Dieser unmittelbare Zusammenhang zwischen entstandenen Kosten und der Produktion einer Leistungseinheit ist lediglich bei den variablen Kosten nachzuweisen, die fixen Kosten fallen unabhängig von der Leistungserstellung an. Aus diesem Grund ist eine Zurechnung von fixen Kosten nach dem Verursachungsprinzip nicht möglich, es können nur die variablen Kosten dem Kostenträger direkt zugeordnet werden.

1.2.2 Tragfähigkeitsprinzip

Tz. 95

Tragfähigkeitsprinzip → Belastbarkeit der Kostenträger

Bei Anwendung des Tragfähigkeitsprinzips erfolgt die Verteilung der Kosten nach der jeweiligen Belastbarkeit der unterschiedlichen Kostenträger. Dabei werden einem Kostenträger mit z. B. hohem Deckungsbeitrag, Umsatz oder Marktpreis (= Indizien für Belastbarkeit) mehr Kosten zugerechnet als einem Kostenträger mit entsprechend geringerem Deckungsbeitrag, Umsatz bzw. Marktpreis. Da ein unmittelbarer Zusammenhang zwischen den Kosten und der Höhe der Belastbarkeitskriterien wohl fraglich ist und somit eine willkürliche Verteilung der Kosten auf die Kostenträger erfolgt, ist die Anwendung des Tragfähigkeitsprinzips sehr problematisch.

1.2.3 Durchschnittsprinzip

Tz. 96

Durchschnittsprinzip → gleichmäßige Kostenverteilung

Das Durchschnittsprinzip führt mittels Division der Kosten durch die Produktionsmenge zu einer gleichmäßigen Verteilung der Kosten auf die Leistungseinheiten. Bei einem Mehrproduktunternehmen werden die Kosten dem Kostenträger mittels einer Schlüsselung zugerechnet.

2. Verrechnung der Kosten auf Kostenstellen

Tz. 97

Kostenstellenrechnung: „Wo sind die Kosten angefallen?"

Die Kostenstellenrechnung ist ein Bindeglied zwischen Kostenarten- und Kostenträgerrechnung und befasst sich mit der Verteilung der einem Kostenträger nicht unmittelbar zuordenbaren Kosten (Gemeinkosten) auf Kostenstellen. Dabei geht es um die Frage: „Wo sind die Kosten angefallen?".

Aufgaben Kostenstellenrechnung

Aufgaben der Kostenstellenrechnung:

- Verteilung der primären Gemeinkosten aus der Kostenartenrechnung auf die Kostenstellen im Betrieb (anteilig nach Verteilungsschlüsseln bzw. Belegen)
- Verrechnung von innerbetrieblichen Leistungen (Sekundärkostenverrechnung)
- Vorbereitung der Kalkulation durch Ermittlung von Gemeinkostenzuschlagssätzen und anteiliger Zurechnung der Gemeinkosten auf die Kostenträger (sofern Beanspruchung der Kostenstelle durch den Kostenträger)
- Überwachung und Kontrolle der Wirtschaftlichkeit in den einzelnen Tätigkeits- und Verantwortungsbereichen (Soll-Ist-Vergleich bzw. Zeitvergleich)

In der Kostenstellenrechnung unterscheidet man zwischen Hilfskostenstellen (= Vorkostenstellen) und Hauptkostenstellen, wobei diese Einteilung nichts über die Wichtigkeit der jeweiligen Kostenstelle aussagt.

2.1 Hilfskostenstellen

Tz. 98

Hilfskostenstellen: Leistungsabgabe an andere Kostenstellen

Kennzeichnend für Hilfskostenstellen (= Vorkostenstellen) ist ihre Leistungsabgabe an andere Kostenstellen, daher werden die in den Hilfskostenstellen entstandenen Gemeinkosten nicht unmittelbar auf die Kostenträger, sondern über die innerbetriebliche Leistungsverrechnung (Sekundärkostenverrechnung) auf die empfangenden Kostenstellen verrechnet. Sie dienen dem eigentlichen Leistungsprozess des Betriebes, sind aber an diesem nicht direkt beteiligt.

Dabei wird zwischen „Allgemeinen Hilfskostenstellen" und „Fertigungshilfsstellen" unterschieden.

- Allgemeine Hilfskostenstellen dienen dem Gesamtbetrieb, ihre Leistungen werden von allen oder fast allen übrigen Kostenstellen in Anspruch genommen. Dabei erfolgt eine Verteilung der Kosten der Hilfskostenstelle entsprechend der Inanspruchnahme auf die anderen

Kostenstellen.[2] Allgemeine Hilfskostenstellen werden abrechnungstechnisch den Hauptkostenstellen vorgeschaltet.

Beispiele: Energie- und Wasserversorgung, Haustechnik, Werkschutz, Sozialeinrichtungen (Kantine, Kindergarten), Gebäudeverwaltung

- Fertigungshilfsstellen erbringen ihre Leistungen indirekt für die Fertigung, dort anfallende Kosten werden ausschließlich auf die Fertigungshauptkostenstellen umgelegt.

  Beispiele: technische Betriebsleitung, Konstruktionsbüro, Werkzeugmacherei, Schreinerei, Reparaturwerkstätte

2.2 Hauptkostenstellen

Tz. 99

Hauptkostenstellen sind unmittelbar an dem eigentlichen Leistungsprozess des Betriebes beteiligt, die dort entstehenden Kosten werden mithilfe von Gemeinkostenzuschlagssätzen direkt auf die Kostenträger verrechnet.

Hauptkostenstellen → Beteiligung am eigentlichen Leistungsprozess

Die weit verbreitete funktionale Gliederung der Hauptkostenstellen sieht eine Aufteilung in Material-, Fertigungs-, Verwaltungs- und Vertriebsbereich vor. Zu diesen Bereichen gehören u. a. folgende Kosten:

Gliederung Hauptkostenstellen

Material:	Einkauf, Lagerung, Wareneingang, Rechnungsprüfung usw.
Fertigung:	Produktion der Kostenträger, z. B. Stanzen, Bohren, Lackieren, Montieren usw.
Verwaltung:	kaufmännische Geschäftsführung, Finanz- und Rechnungswesen, allgemeine Verwaltung, Rechtsabteilung usw.
Vertrieb:	Werbung, Verkauf, Versand, Fertigerzeugnislager usw.

Zudem ist auch eine Gliederung der Hauptkostenstellen nach räumlichen (z. B. Lagerhalle = Hauptkostenstelle) oder organisatorischen Gesichtspunkten (Kostenstellenbildung nach Verantwortungsbereichen) möglich.

Tz. 100

Wie weit die Kostenstellengliederung geht, ist u. a. von der Größe des Betriebes, der Branche, der Abgrenzung der Verantwortungsbereiche sowie den innerbetrieblich gesetzten Zielen der Kostenermittlung und -überwachung abhängig. Zu beachten ist jedoch das Prinzip der Wirtschaftlichkeit, es muss daher eine sinnvolle Grenze bei der Anzahl der Kostenstellen gezogen werden, damit dem Arbeitsaufwand für die exakte Zuordnung der Kosten auch ein entsprechend hoher Nutzen gegenübersteht.

2.3 Funktionen des Betriebsabrechnungsbogens

Tz. 101

Die Aufgaben der Kostenstellenrechnung werden im Wesentlichen durch den Betriebsabrechnungsbogen (BAB) erfüllt. Dabei werden in tabellarischer Form die Kostenarten (zeilenweise) und die Kostenstellen (spaltenweise) aufgeführt. Der Betriebsabrechnungsbogen hat folgende Funktionen:

Funktionen BAB

- Primärkostenverrechnung (Erfassung und Zuordnung der primären Gemeinkosten auf die Kostenstellen)
- Sekundärkostenverrechnung (Verrechnung des innerbetrieblichen Leistungsaustausches zwischen den Kostenstellen)
- Ermittlung von Gemeinkostenzuschlagssätzen
- Kostenkontrollrechnung (Ermittlung von Kostenstellenüber- bzw. Kostenstellenunterdeckungen durch Gegenüberstellung von Normal- und Ist-Gemeinkosten)

2 Beispiel: Je 20 Mitarbeiter der Hauptkostenstellen Material, Fertigung, Verwaltung und Vertrieb gehen in der Kantine zum Essen → Kosten der Hilfskostenstelle Kantine werden zu je $\frac{1}{4}$ auf die Hauptkostenstellen verteilt.

2.3.1 Primärkostenverrechnung – Erfassung und Zuordnung der primären Gemeinkosten auf die Kostenstellen

Tz. 102

Primärkostenverrechnung
Verteilung primärer Kosten auf Kostenstellen

Unter Primärkostenverrechnung versteht man die Verteilung der primären Kosten (= aus der Kostenartenrechnung in die Kostenstellenrechnung übernommene, von „außen" bezogene Kosten) auf die Kostenstellen. Dabei muss zwischen Kostenstelleneinzelkosten und Kostenstellengemeinkosten unterschieden werden. Als Kostenstelleneinzelkosten werden die den einzelnen Kostenstellen direkt zuordenbaren Gemeinkosten bezeichnet (z. B. Gehalt eines Kostenstellenleiters oder Kosten einer in dieser Kostenstelle stehenden Maschine), dagegen spricht man von Kostenstellengemeinkosten, wenn eine direkte Zurechnung der Gemeinkosten auf Kostenstellen nicht möglich ist, da sie für mehrere Kostenstellen gemeinsam anfallen (z. B. Gehalt des Werksleiters oder Kosten des Werksgebäudes). Die Verteilung dieser Kosten auf die Kostenstellen erfolgt nach einem bestimmten Schlüssel.

Tz. 103

Verteilungsgrundlagen

Beispiele für Verteilungsgrundlagen:

Betriebsstoffe	-	Materialentnahmescheine
Gehälter	-	Gehaltslisten
Hilfslöhne	-	Lohnlisten
Soziale Abgaben	-	Lohn- und Gehaltslisten
Miete	-	Raumgröße je Kostenstelle
Kalk. Abschreibung	-	Anlagewert laut Anlagekartei
Kalk. Zinsen	-	Vermögenswerte je Kostenstelle
Energiekosten	-	Verbrauch nach Anschlusswerten/Zwischenzählern (oder Raumfläche)

BEISPIEL

Für die Primärkostenverteilung stehen aus der Betriebsergebnisrechnung (BER) folgende Monatszahlen der AB-Industrie AG zur Verfügung:

Kostenarten			**Kostenstellen**			
	Zahlen der BER	Verteilungs-grundlage	Material-bereich	Fertigungs-bereich	Verwal-tungs-bereich	Vertriebs-bereich
Hilfsstoffe	24.000 €	MES		21.500 €		2.500 €
Betriebsstoffe	18.000 €	MES	800 €	14.600 €	250 €	2.350 €
Hilfslöhne	48.000 €	Lohnlisten	5.300 €	40.800 €	400 €	1.500 €
Gehälter	65.000 €	Gehaltslisten	6.200 €	32.500 €	15.900 €	10.400 €
Soziale Aufwendungen	77.000 €	Lohn- und Gehaltslisten	7.850 €	49.950 €	11.100 €	8.100 €
Kalk. Abschreibungen	**80.000 €**	Anlagewert lt. Anlagekartei	**100.000 €**	**450.000 €**	**120.000 €**	**130.000 €**
Kalk. Zinsen	60.000 €	Vermögenswerte	7.480 €	33.760 €	9.000 €	9.760 €
Raumkosten	**20.000 €**	Raumgröße	**650 qm**	**1.500 qm**	**190 qm**	**160 qm**
Versicherungen	6.000 €	Versicherungswerte	720 €	3.360 €	900 €	1.020 €
Div. Kosten	**14.000 €**	Schlüssel	**1:**	**3:**	**2:**	**1**

Die Verteilung der Gemeinkostenarten „Kalkulatorische Abschreibungen", „Raumkosten" und „Diverse Kosten" auf die Kostenstellen ist nach den angegebenen Verteilungsgrundlagen wie folgt zu ermitteln:[3]

3 Die übrigen Gemeinkostenarten wurden bereits auf die Kostenstellen verteilt.

Kalkulatorische Abschreibungen:

$$\frac{\text{Kalk. AfA}}{\text{Anlagewert insgesamt}} = \frac{80.000\,€}{800.000\,€} = 0{,}10\,€ \text{ kalk. AfA je } 1{,}00\,€ \text{ Anlagewert}$$

Materialbereich:	0,10 € × 100.000	=	10.000 €
Fertigungsbereich:	0,10 € × 450.000	=	45.000 €
Verwaltungsbereich:	0,10 € × 120.000	=	12.000 €
Vertriebsbereich:	0,10 € × 130.000	=	13.000 €
Σ kalk. Abschreibungen:			80.000 €

Raumkosten:

$$\frac{\text{Raumkosten}}{\text{Raumgröße gesamt}} = \frac{20.000\,€}{2.500\text{ qm}} = 8{,}00\,€ \text{ Raumkosten je qm}$$

Materialbereich:	8,00 €/qm × 650 qm	=	5.200 €
Fertigungsbereich:	8,00 €/qm × 1.500 qm	=	12.000 €
Verwaltungsbereich:	8,00 €/qm × 190 qm	=	1.520 €
Vertriebsbereich:	8,00 €/qm × 160 qm	=	1.280 €
Σ Raumkosten:			20.000 €

Diverse Kosten:

$$\frac{\text{Diverse Kosten}}{\text{Anzahl Verteilungseinheiten}} = \frac{14.000\,€}{7} = 2.000\,€ \text{ diverse Kosten je Verteilungseinheit}$$

Materialbereich:	2.000 € × 1	=	2.000 €
Fertigungsbereich:	2.000 € × 3	=	6.000 €
Verwaltungsbereich:	2.000 € × 2	=	4.000 €
Vertriebsbereich:	2.000 € × 1	=	2.000 €
Σ Diverse Kosten:			14.000 €

Der Betriebsabrechnungsbogen sieht nach der Primärkostenverteilung wie folgt aus:

Kostenarten			**Kostenstellen**			
	Zahlen der BER	Verteilungs-grundlage	Material-bereich	Fertigungs-bereich	Verwal-tungs-bereich	Vertriebs-bereich
Hilfsstoffe	24.000 €	MES		21.500 €		2.500 €
Betriebsstoffe	18.000 €	MES	800 €	14.600 €	250 €	2.350 €
Hilfslöhne	48.000 €	Lohnlisten	5.300 €	40.800 €	400 €	1.500 €
Gehälter	65.000 €	Gehaltslisten	6.200 €	32.500 €	15.900 €	10.400 €
Soziale Auf-wendungen	77.000 €	Lohn- und Gehaltslisten	7.850 €	49.950 €	11.100 €	8.100 €
Kalk. Abschrei-bungen	80.000 €	Anlagewert lt. Anlagekartei	10.000 €	45.000 €	12.000 €	13.000 €
Kalk. Zinsen	60.000 €	Vermögens-werte	7.480 €	33.760 €	9.000 €	9.760 €
Raumkosten	20.000 €	Raumgröße	5.200 €	12.000 €	1.520 €	1.280 €
Versiche-rungen	6.000 €	Versiche-rungswerte	720 €	3.360 €	900 €	1.020 €
Div. Kosten	14.000 €	Schlüssel	2.000 €	6.000 €	4.000 €	2.000 €
Σ primäre GK	**412.000 €**		**45.550 €**	**259.470 €**	**55.070 €**	**51.910 €**

2.3.2 Sekundärkostenverrechnung – Verfahren der innerbetriebliche Leistungsverrechnung

Tz. 104

Sekundärkostenverrechnung nur bei Vorliegen von Hilfskostenstellen

Erbringt ein Betrieb Leistungen zur Verwendung bzw. zum Verbrauch innerhalb des Betriebes, ist also keine Veräußerung dieser Leistungen an Dritte vorgesehen, so spricht man von innerbetrieblichen Leistungen (z. B. Leistungen der Energie- und Wasserversorgung, Haustechnik, Kantine usw.). In diesem Fall ist der Betriebsabrechnungsbogen um Hilfskostenstellen zu erweitern (mehrstufiger Betriebsabrechnungsbogen).

Die Kosten für die von den Hilfskostenstellen erbrachten Leistungen werden über die innerbetriebliche Leistungsverrechnung auf die die Leistungen empfangenden Kostenstellen umgelegt.

Tz. 105

Umlage: Kostenverlagerung von Hilfskostenstellen auf Hauptkostenstellen

Die Umlage der primären Kosten der Hilfskostenstellen führt bei den empfangenden Kostenstellen zu sekundären Kosten (= Kosten für den Verbrauch von innerbetrieblichen Leistungen), die Gesamtkosten einer empfangenden Kostenstelle setzen sich daher aus primären und sekundären Kosten zusammen. Ziel der Umlage ist es, die Kosten der Hilfskostenstellen auf die Hauptkostenstellen zu verlagern, sodass nach Durchführung der innerbetrieblichen Leistungsverrechnung die Hilfskostenstellen keine Kosten mehr tragen und die Hauptkostenstellen entsprechend der Inanspruchnahme der innerbetrieblichen Leistungen mit den Kosten belastet werden.

Verfahren der innerbetrieblichen Leistungsverrechnung

Die innerbetriebliche Leistungsverrechnung erfolgt insbesondere nach den folgenden Verfahren:

- Anbauverfahren
- Stufenleiterverfahren
- Mathematisches Gleichungsverfahren
- Iterationsverfahren

2.3.2.1 Anbauverfahren

Tz. 106

Anbauverfahren: Kostenumlage nur auf Hauptkostenstellen

Das Anbauverfahren (Blockverfahren) ist das einfachste, jedoch gleichzeitig auch das ungenaueste Verfahren der innerbetrieblichen Leistungsverrechnung, da jeglicher Leistungsaustausch zwischen den Hilfskostenstellen vollkommen vernachlässigt wird. Die primären Kosten der Hilfskostenstellen werden unmittelbar im Verhältnis der an die Hauptkostenstellen gelieferten Leistungen an diese weiterverrechnet. Die Ermittlung der Verrechnungssätze für die innerbetrieblichen Leistungen erfolgt demnach durch Division der primären Gemeinkosten der Hilfskostenstellen durch die an die Hauptkostenstellen abgegebenen Leistungen.

Tz. 107

Die Anwendung des Anbauverfahrens ist nur sinnvoll, wenn die Leistungsbeziehungen zwischen den Hilfskostenstellen gering sind. Sofern ein bedeutender Leistungsaustausch stattfindet, ist das Anbauverfahren eine ungeeignete Methode der innerbetrieblichen Leistungsverrechnung, da die Verrechnungssätze von Hilfskostenstellen, die viele Leistungen von anderen Hilfskostenstellen empfangen und wenig Leistungen an diese abgeben, künstlich reduziert und im umgekehrten Fall künstlich in die Höhe getrieben werden.

BEISPIEL

Die Maschinenbau A GmbH stellt am Ende einer Abrechnungsperiode folgende Daten zur Verfügung:

	Hilfskostenstellen		
	Energie	Wasser	Haustechnik
Σ primäre Kosten	4.000 €	8.000 €	10.000 €
Insgesamt abgegebene Leistungseinheiten	20.000 kWh	6.000 cbm	400 Std.
Davon an Hauptkostenstellen abgegebene Leistungseinheiten	16.000 kWh	5.000 cbm	320 Std.
Empfangene Leistungseinheiten von Kostenstelle:			
Energie	-	1.500 kWh	2.500 kWh
Wasser	400 cbm	-	600 cbm
Haustechnik	20 Std.	10 Std.	50 Std.

Die Verrechnungssätze der drei Hilfskostenstellen werden für die innerbetriebliche Leistungsverrechnung nach dem Anbauverfahren wie folgt ermittelt:

Energie: $\frac{4.000\,€}{16.000\text{ kWh}} = 0{,}25\,€/\text{kWh}$

Wasser: $\frac{8.000\,€}{5.000\text{ cbm}} = 1{,}60\,€/\text{cbm}$

Haustechnik: $\frac{10.000\,€}{320\text{ Std.}} = 31{,}25\,€/\text{Std.}$

Bei Berechnung der Verrechnungssätze nach dem Anbauverfahren werden nur die an die Hauptkostenstellen abgegebenen Leistungseinheiten berücksichtigt, die an andere Hilfskostenstellen abgegebenen bzw. die empfangenen Leistungseinheiten von Hilfskostenstellen werden vernachlässigt.

2.3.2.2 Stufenleiterverfahren

Tz. 108

Stufenleiterverfahren: Kostenumlage nur an nachfolgende Kostenstellen

Das Stufenleiterverfahren gehört ebenso wie das Anbauverfahren zu den nicht exakten Verfahren der innerbetrieblichen Leistungsverrechnung. Dabei bleiben zwar nicht wie beim Anbauverfahren sämtliche Leistungsbeziehungen zwischen den Hilfskostenstellen außen vor, es ermöglicht jedoch lediglich eine einseitige Kostenumlage, der in der Praxis übliche gegenseitige Leistungsaustausch wird bei Anwendung des Stufenleiterverfahrens nicht berücksichtigt. Aus diesem Grund sollten bei innerbetrieblicher Leistungsverrechnung nach dem Stufenleiterverfahren die Hilfskostenstellen so nacheinander angeordnet werden, dass am Anfang die Hilfskostenstellen stehen, die nur geringe Leistungen von anderen Hilfskostenstellen empfangen, aber viele Leistungen an andere abgeben. Im Umkehrschluss stehen am Ende die Hilfskostenstellen, die kaum Leistungen an andere Hilfskostenstellen abgeben, sondern vorwiegend Leistungen von diesen empfangen. Die Genauigkeit des Stufenleiterverfahrens erhöht sich demnach, wenn der Umfang der Leistungsrückflüsse möglichst gering ist.

Tz. 109

Die Verrechnungssätze der Hilfskostenstellen werden wie folgt ermittelt:

- Verrechnungssatz Hilfskostenstelle 1:

$$\frac{\text{primäre Kosten Hilfskostenstelle 1}}{\text{insgesamt an alle Kostenstellen abgegebene Leistungseinheiten der Hilfskostenstelle 1}}$$

- Verrechnungssatz Hilfskostenstelle 2:

$$\frac{\text{primäre Kosten Hilfskostenstelle 2 + sekundäre Kosten der Hilfskostenstelle 1}}{\text{insgesamt an alle nachfolgenden Kostenstellen abgegebene Leistungseinheiten der Hilfskostenstelle 2}}$$

- Verrechnungssatz Hilfskostenstelle n:

$$\frac{\text{primäre Kosten Hilfskostenstelle n + sekundäre Kosten der Hilfskostenstellen 1 - (n - 1)}}{\text{insgesamt an alle nachfolgenden Kostenstellen abgegebene Leistungseinheiten der Hilfskostenstelle n}}$$

BEISPIEL

Die AB-Industrie AG ermittelt die Verrechnungssätze für die innerbetriebliche Leistungsverrechnung nach dem Stufenleiterverfahren und stellt für die Abrechnungsperiode Juni folgende Daten zur Verfügung:

	Hilfskostenstellen		
	Energie	Wasser	Haustechnik
Σ primäre Kosten	7.000 €	4.800 €	5.000 €
Insgesamt abgegebene Leistungseinheiten	18.000 kWh	3.000 cbm	200 Std.
Davon an Hauptkostenstellen abgegebene Leistungseinheiten	17.100 kWh	2.760 cbm	180 Std.
Empfangene Leistungseinheiten von Kostenstelle:			
Energie	-	180 kWh	720 kWh
Wasser	60 cbm	-	180 cbm
Haustechnik	15 Std.	5 Std.	-

Schritt 1: Bestimmung der Anordnung der abzurechnenden Hilfskostenstellen

Dabei gilt: Empfang von Leistungen zu Primärkosten bewertet gering → Abrechnung vor Hilfskostenstelle, deren Empfang von Leistungen zu Primärkosten bewertet höher

	Hilfskostenstellen		
	Energie	Wasser	Haustechnik
Σ primäre Kosten	7.000 €	4.800 €	5.000 €
Insgesamt abgegebene Leistungseinheiten	18.000 kWh	3.000 cbm	200 Std.
Davon an Hauptkostenstellen abgegebene Leistungen (zu Primärkosten bewertet)	6.650 €	4.416 €	4.500 €
Empfangene Leistungen von Kostenstelle (zu Primärkosten bewertet):			
Energie	-	70 €	280 €
Wasser	96 €	-	288 €
Haustechnik	375 €	125 €	-
Σ empfangene Leistungen der Hilfskostenstellen (zu Primärkosten bewertet)	471 € (96 € + 375 €)	195 € (70 € + 125 €)	568 € (280 € + 288 €)
Anordnung der Hilfskostenstellen für die innerbetriebliche Leistungsverrechnung:	**2**	**1**	**3**

Schritt 2: Ermittlung der Verrechnungssätze der drei Hilfskostenstellen

	Hilfskostenstellen		
	Wasser	Energie	Haustechnik
Σ primäre Kosten	4.800 €	7.000 €	5.000 €
Insgesamt abgegebene Leistungseinheiten	3.000 cbm	18.000 kWh	200 Std.
Davon an nachfolgende Kostenstellen abgegebene Leistungseinheiten	3.000 cbm	17.820 kWh	180 Std.

$$\text{Wasser:} \quad \frac{4.800\,€}{3.000\text{ cbm}} = 1{,}60\,€/\text{cbm}$$

$$\text{Energie:} \quad \frac{7.000\,€ + 60\text{ cbm} \times 1{,}60\,€/\text{cbm}}{17.820\text{ kWh}} = 0{,}40\,€/\text{kWh}$$

$$\text{Haustechnik:} \quad \frac{5.000\,€ + 180\text{ cbm} \times 1{,}60\,€/\text{cbm} + 720\text{ kWh} \times 0{,}40\,€/\text{kWh}}{180\text{ Std.}} = 30{,}98\,€/\text{Std.}$$

2.3.2.3 Mathematisches Gleichungsverfahren

Tz. 110

mathematisches Gleichungsverfahren:
- Berücksichtigung sämtlicher Leistungsbeziehungen
- exakte Kostenumlage

Während das Anbauverfahren den gegenseitigen Leistungsaustausch zwischen Hilfskostenstellen gar nicht und das Stufenleiterverfahren diesen nur teilweise berücksichtigt, gehen beim mathematischen Gleichungsverfahren (Simultanverfahren) sämtliche gegenseitigen Leistungsbeziehungen in die Berechnung der Verrechnungssätze ein, es ist daher das exakteste Verfahren der innerbetrieblichen Leistungsverrechnung.

Das mathematische Gleichungsverfahren beruht auf dem „Input = Output"-Prinzip, es muss daher bei jeder Kostenstelle der Wert der an andere Kostenstellen abgegebenen Leistungen und der selbst verbrauchten eigenen Leistungen der Summe aus primären und sekundären Kosten dieser Kostenstelle entsprechen.

Für die Berechnung der Verrechnungssätze wird für jede am Leistungsaustausch beteiligte Kostenstelle eine Gleichung aufgestellt (Wert Input = Wert Output), wobei die jeweiligen Verrechnungssätze gesucht und die jeweiligen Mengenleistungen bekannt sind (Anzahl der unbekannten Verrechnungssätze = Anzahl der aufzustellenden Gleichungen).

BEISPIEL

Die AB-Industrie AG stellt zur Berechnung der Verrechungssätze nach dem mathematischen Verfahren am Ende einer Abrechnungsperiode folgende Daten zur Verfügung:

	Hilfskostenstellen	
	Energie	Haustechnik
Σ primäre Kosten	6.000 €	12.000 €
Insgesamt abgegebene Leistungseinheiten	25.000 kWh	400 Std.
Davon an Hauptkostenstellen abgegebene Leistungseinheiten	22.000 kWh	360 Std.
Empfangene Leistungseinheiten von Kostenstelle:		
Energie	-	3.000 kWh
Haustechnik	40 Std.	-

Die Leistungsbeziehungen können optisch wie folgt dargestellt werden:

ABB. 20: „Input = Output"-Prinzip

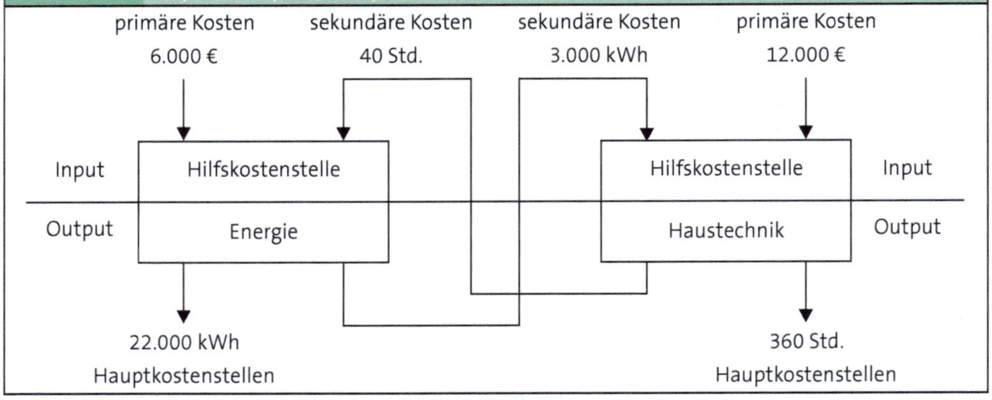

Es ergeben sich daraus folgende Gleichungen:

Gleichung I (Energie): $25.000\ k_{Energie} = 6.000\,€ + 40\ k_{Haustechnik}$

Gleichung II (Haustechnik): $400\ k_{Haustechnik} = 12.000\,€ + 3.000\ k_{Energie}$

Zur Ermittlung der Verrechnungssätze müssen beide Gleichungen nach der gleichen Unbekannten (also entweder $k_{Energie}$ oder $k_{Haustechnik}$) aufgelöst und gleichgesetzt werden:

Gleichung I: $k_{Energie} = \frac{40\ k_{Haustechnik} + 6.000\,€}{25.000}$

Gleichung II: $k_{Energie} = \frac{400\ k_{Haustechnik} - 12.000\,€}{3.000}$

Gleichung I = Gleichung II

$$\frac{40\ k_{Haustechnik} + 6.000\,€}{25.000} = \frac{400\ k_{Haustechnik} - 12.000\,€}{3.000} \quad | \times 3.000$$

$$\frac{(40\ k_{Haustechnik} + 6.000\,€) \times 3.000}{25.000} = 400\ k_{Haustechnik} - 12.000\,€$$

$$(40\ k_{Haustechnik} + 6.000\,€) \times 0{,}12^{4} = 400\ k_{Haustechnik} - 12.000\,€$$

$$4{,}8\ k_{Haustechnik} + 720\,€ = 400\ k_{Haustechnik} - 12.000\,€ \quad | - 4{,}8\ k_{Haustechnik}$$

$$720\,€ = 395{,}2\ k_{Haustechnik} - 12.000\,€ \quad | + 12.000\,€$$

$$12.720\,€ = 395{,}2\ k_{Haustechnik} \quad | : 395{,}2$$

$$k_{Haustechnik} = 32{,}1862\,€$$

Der ermittelte Verrechnungssatz $k_{Haustechnik} = 32{,}1862\,€$ muss zur Berechnung des Verrechnungssatzes für die Hilfskostenstelle Energie entweder in die nach $k_{Energie}$ aufgelöste Gleichung I oder Gleichung II eingesetzt werden:

4 $\frac{3.000}{25.000} = 0{,}12$

$$k_{Energie} = \frac{40 \times 32{,}1862\,€ + 6.000\,€}{25.000}$$

$$k_{Energie} = 0{,}2915\,€$$

2.3.2.4 Iterationsverfahren

Tz. 111

Beim Iterationsverfahren werden die Verrechnungssätze der innerbetrieblichen Leistungen durch mehrmalige Wiederholung (Iteration) eines mathematischen Rechenvorgangs ermittelt. Ebenso wie das mathematische Gleichungsverfahren berücksichtigt das Iterationsverfahren sämtliche Leistungsbeziehungen zwischen den Hilfskostenstellen, es ist daher auch ein exaktes Verfahren der innerbetrieblichen Leistungsverrechnung.

Iterationsverfahren:
- Berücksichtigung sämtlicher Leistungsbeziehungen
- exakte Kostenumlage

Tz. 112

Das Iterationsverfahren wird wie folgt durchgeführt:

- Ermittlung des Verrechnungssatzes der Hilfskostenstelle 1 durch Division der primären Kosten durch die abgegebenen Leistungseinheiten
- Ermittlung des Verrechnungssatzes der Hilfskostenstelle 2 durch Division der primären Kosten zuzüglich der sekundären Kosten der Hilfskostenstelle 1 (empfangene Leistungseinheiten × vorläufig ermittelter Verrechnungssatz der Hilfskostenstelle 1) durch die abgegebenen Leistungseinheiten
- Ermittlung des Verrechnungssatzes der Hilfskostenstelle n durch Division der primären Kosten zuzüglich der sekundären Kosten der bislang abgerechneten Hilfskostenstellen (empfangene Leistungseinheiten × vorläufig ermittelte Verrechnungssätze der Hilfskostenstellen 1 - (n-1)) durch die abgegebenen Leistungseinheiten
- Da die Verrechnungssätze der zuerst abgerechneten Hilfskostenstellen unter Vernachlässigung der sekundären Kosten der nachgelagerten Hilfskostenstellen ermittelt wurden (Berücksichtigung der Leistungsbeziehungen also nur in eine Richtung), muss eine erneute Berechnung der Verrechnungssätze erfolgen. Dabei werden bei der Hilfskostenstelle 1 die primären Kosten und die sekundären Kosten der nachgelagerten Hilfskostenstellen durch die abgegebenen Leistungseinheiten dividiert. Da sich nun der Verrechnungssatz der Hilfskostenstelle 1 verändert, müssen auch die Verrechnungssätze der nachfolgenden Hilfskostenstellen neu berechnet werden.
- Dieser Vorgang wird so oft wiederholt, bis die Veränderung der Verrechnungssätze so minimal wird, dass das Ergebnis gerundet werden kann.

BEISPIEL

Die Maschinenbau A GmbH bittet um Berechnung der Verrechnungssätze nach dem Iterationsverfahren aufgrund folgender Daten der Abrechnungsperiode Januar:

	Hilfskostenstellen		
	Energie	Wasser	Haustechnik
Σ primäre Kosten	3.000 €	6.000 €	10.000 €
Insgesamt abgegebene Leistungseinheiten	20.000 kWh	6.000 cbm	300 Std.
Davon an Hauptkostenstellen abgegebene Leistungseinheiten	15.000 kWh	5.700 cbm	250 Std.
Empfangene Leistungseinheiten von Kostenstelle:			
Energie	-	2.000 kWh	3.000 kWh
Wasser	150 cbm	-	150 cbm
Haustechnik	20 Std.	30 Std.	-

LÖSUNG

Ermittlung der Verrechnungssätze:

1. Runde:

Energie: $$\frac{3.000\,€}{20.000\text{ kWh}} = 0{,}15\,€/\text{kWh}$$

Wasser: $$\frac{6.000\,€ + 2.000\text{ kWh} \times 0{,}15\,€/\text{kWh}}{6.000\text{ cbm}} = 1{,}05\,€/\text{cbm}$$

Haustechnik: $$\frac{10.000\,€ + 3.000\text{ kWh} \times 0{,}15\,€/\text{kWh} + 150\text{ cbm} \times 1{,}05\,€/\text{cbm}}{300\text{ Std.}} = 35{,}3583\,€/\text{Std.}$$

2. Runde:

Energie: $$\frac{3.000\,€ + 150\text{ cbm} \times 1{,}05\,€/\text{cbm} + 20\text{ Std.} \times 35{,}3583\,€/\text{Std.}}{20.000\text{ kWh}} = 0{,}1932\,€/\text{kWh}$$

Wasser: $$\frac{6.000\,€ + 2.000\text{ kWh} \times 0{,}1932\,€/\text{kWh} + 30\text{ Std.} \times 35{,}3583\,€/\text{Std.}}{6.000\text{ cbm}} = 1{,}2412\,€/\text{cbm}$$

Haustechnik: $$\frac{10.000\,€ + 3.000\text{ kWh} \times 0{,}1932\,€/\text{kWh} + 150\text{ cbm} \times 1{,}2412\,€/\text{cbm}}{300\text{ Std.}} = 35{,}8859\,€/\text{Std.}$$

3. Runde:

Energie: $$\frac{3.000\,€ + 150\text{ cbm} \times 1{,}2412\,€/\text{cbm} + 20\text{ Std.} \times 35{,}8859\,€/\text{Std.}}{20.000\text{ kWh}} = 0{,}1952\,€/\text{kWh}$$

Wasser: $$\frac{6.000\,€ + 2.000\text{ kWh} \times 0{,}1952\,€/\text{kWh} + 30\text{ Std.} \times 35{,}8859\,€/\text{Std.}}{6.000\text{ cbm}} = 1{,}2445\,€/\text{cbm}$$

Haustechnik: $$\frac{10.000\,€ + 3.000\text{ kWh} \times 0{,}1952\,€/\text{kWh} + 150\text{ cbm} \times 1{,}2445\,€/\text{cbm}}{300\text{ Std.}} = 35{,}9076\,€/\text{Std.}$$

4. Runde:

Energie: $$\frac{3.000\,€ + 150\text{ cbm} \times 1{,}2445\,€/\text{cbm} + 20\text{ Std.} \times 35{,}9076\,€/\text{Std.}}{20.000\text{ kWh}} = 0{,}1952\,€/\text{kWh}$$

Wasser: $$\frac{6.000\,€ + 2.000\text{ kWh} \times 0{,}1952\,€/\text{kWh} + 30\text{ Std.} \times 35{,}9076\,€/\text{Std.}}{6.000\text{ cbm}} = 1{,}2446\,€/\text{cbm}$$

Haustechnik: $$\frac{10.000\,€ + 3.000\text{ kWh} \times 0{,}1952\,€/\text{kWh} + 150\text{ cbm} \times 1{,}2446\,€/\text{cbm}}{300\text{ Std.}} = 35{,}9076\,€/\text{Std.}$$

Nach der 4. Iteration kann mit der wiederholten Berechnung der Verrechnungssätze aufgehört werden, da keine Veränderungen mehr zu verzeichnen sind.

BEISPIEL

Für die Verrechnung von Sekundärkosten liegen folgende Angaben vor:

	Hilfskostenstellen		Hauptkostenstellen			
	Energie	Haustechnik	Material	Fertigung	Verwaltung	Vertrieb
Σ primäre Kosten	2.000 €	22.000 €	50.000 €	125.000 €	8.000 €	15.000 €
Insgesamt abgegebene Leistungseinheiten	20.000 kWh	500 Std.				
Empfangene Leistungseinheiten von Kostenstelle:						
Energie	-	4.000 kWh	3.000 kWh	11.000 kWh	1.000 kWh	1.000 kWh
Haustechnik	60 Std.	-	30 Std.	330 Std.	60 Std.	20 Std.

Die innerbetriebliche Leistungsverrechnung soll erfolgen nach dem:

- Anbauverfahren,
- Stufenleiterverfahren,
- mathematischen Gleichungsverfahren,
- Iterationsverfahren.

LÖSUNG

Anbauverfahren:

1. Ermittlung der Verrechnungssätze:

Energie: $\frac{2.000\,€}{16.000\text{ kWh}} = 0{,}125\,€/\text{kWh}$

Haustechnik: $\frac{22.000\,€}{440\text{ Std.}} = 50{,}00\,€/\text{Std.}$

Die Berechnung der Verrechnungssätze erfolgt durch Division der primären Kosten der Hilfskostenstellen (Energie: 2.000 €, Haustechnik: 22.000 €) durch die Summe der an die Hauptkostenstellen abgegebenen Leistungseinheiten (Energie: 3.000 kWh + 11.000 kWh + 1.000 kWh + 1.000 kWh = 16.000 kWh, Haustechnik: 30 Std. + 330 Std. + 60 Std. + 20 Std. = 440 Std.).

2. Umlage der primären Kosten der Hilfskostenstellen auf die Hauptkostenstellen:

	Hilfskostenstellen		Hauptkostenstellen			
	Energie	Haustechnik	Material	Fertigung	Verwaltung	Vertrieb
Σ primäre Kosten	2.000 €	22.000 €	50.000 €	125.000 €	8.000 €	15.000 €
Umlage „Energie“	- 2.000 €		375 €	1.375 €	125 €	125 €
Umlage „Haustechnik“		- 22.000 €	1.500 €	16.500 €	3.000 €	1.000 €
Σ primäre + sekundäre Kosten	**0 €**	**0 €**	**51.875 €**	**142.875 €**	**11.125 €**	**16.125 €**

Die Höhe der Umlage auf die Hauptkostenstellen wird durch Multiplikation des Verrechnungssatzes der Hilfskostenstelle mit den an die jeweiligen Hauptkostenstellen abgegebenen Leistungseinheiten dieser Hilfskostenstelle ermittelt (z. B. Umlage „Energie“ auf Hauptkostenstelle Material: 0,125 €/kWh × 3.000 kWh = 375 €). Dabei muss die Summe der auf die Hauptkostenstellen umgelegten Beträge einer Hilfskostenstelle den ursprünglichen primären Kosten dieser Hilfskostenstelle entsprechen (Energie: 375 € + 1.375 € + 125 € + 125 € = 2.000 €).

Stufenleiterverfahren:

1. Ermittlung der Verrechnungssätze:

Die Hilfskostenstelle Haustechnik wird vor der Hilfskostenstelle Energie abgerechnet, da sie zu Primärkosten bewertet weniger Leistung empfängt (Empfang „Haustechnik" von „Energie" = 20 % (4.000 kWh von 20.000 kWh) von 2.000 € = 400 €; Empfang „Energie" von „Haustechnik" = 12 % (60 Std. von 500 Std.) von 22.000 € = 2.640 €).

Haustechnik: $\frac{22.000\,€}{500\text{ Std.}} = 44\,€/\text{Std.}$

Energie: $\frac{2.000\,€ + 60\text{ Std.} \times 44\,€/\text{Std.}}{16.000\text{ kWh}} = 0{,}29\,€/\text{kWh}$

Bei Berechnung des Verrechnungssatzes für die Hilfskostenstelle Haustechnik werden die primären Kosten in Höhe von 22.000 € durch alle abgegebenen Leistungseinheiten, also 500 Std. dividiert. Der Verrechnungssatz für die Hilfskostenstelle Energie wird durch Division der primären Kosten in Höhe von 2.000 € zuzüglich der sekundären Kosten der Hilfskostenstelle Haustechnik in Höhe von 2.640 € (Leistungsempfang 60 Std. × Verrechnungssatz 44 €/Std.) durch die an die Hauptkostenstellen (= nachfolgende Kostenstellen) abgegebenen Leistungseinheiten (16.000 kWh) ermittelt.

2. Umlage der primären Kosten der Hilfskostenstellen auf die Hauptkostenstellen:

	Hilfskostenstellen		**Hauptkostenstellen**			
	Haustechnik	Energie	Material	Fertigung	Verwaltung	Vertrieb
Σ primäre Kosten	22.000 €	2.000 €	50.000 €	125.000 €	8.000 €	15.000 €
Umlage „Haustechnik"	-22.000 €	2.640 €	1.320 €	14.520 €	2.640 €	880 €
Zwischensumme nach Verteilung „Haustechnik"	**0 €**	**4.640 €**	**51.320 €**	**139.520 €**	**10.640 €**	**15.880 €**
Umlage „Energie"		-4.640 €	870 €	3.190 €	290 €	290 €
Σ primäre + sekundäre Kosten		**0 €**	**52.190 €**	**142.710 €**	**10.930 €**	**16.170 €**

Die Höhe der Umlage wird wie bereits beim Anbauverfahren dargestellt durch Multiplikation des Verrechnungssatzes mit den Leistungseinheiten berechnet. Zu beachten ist, dass von der Hilfskostenstelle Energie die Summe aus den primären Kosten in Höhe von 2.000 € und den sekundären Kosten der Hilfskostenstelle Haustechnik in Höhe von 2.640 €, also 4.640 € umgelegt werden müssen (dies wurde bereits bei der Berechnung des Verrechnungssatzes für die Hilfskostenstelle Haustechnik berücksichtigt).

Mathematisches Gleichungsverfahren:

1. Ermittlung der Verrechnungssätze:

Aufstellen der Gleichungen:

Gleichung I (Energie): $20.000\ k_{Energie} = 2.000\,€ + 60\ k_{Haustechnik}$

Gleichung II (Haustechnik): $500\ k_{Haustechnik} = 22.000\,€ + 4.000\ k_{Energie}$

Auflösen der Gleichungen I und II nach $k_{Energie}$:

Gleichung I: $k_{Energie} = \frac{60\ k_{Haustechnik} + 2.000\,€}{20.000}$

Gleichung II: $k_{Energie} = \frac{500\ k_{Haustechnik} - 22.000\,€}{4.000}$

$$\text{Gleichung I} = \text{Gleichung II}$$

$$\frac{60\ k_{\mathbf{Haustechnik}} + 2.000\,€}{20.000} = \frac{500\ k_{Haustechnik} - 22.000\,€}{4.000} \quad | \times 4.000$$

$$\frac{(60\ k_{Haustechnik} + 2.000\,€) \times 4.000}{20.000} = 500\ k_{Haustechnik} - 22.000\,€$$

$$(60\ k_{Haustechnik} + 2.000\,€) \times 0{,}2^{5} = 500\ k_{Haustechnik} - 22.000\,€$$

$$12\ k_{Haustechnik} + 400\,€ = 500\ k_{Haustechnik} - 22.000\,€ \quad | - 12\ k_{\mathbf{Haustechnik}}$$

$$400\,€ = 488\ k_{Haustechnik} - 22.000\,€ \quad | + 22.000\,€$$

$$22.400\,€ = 488\ k_{Haustechnik} \quad | : 488$$

$$k_{Haustechnik} = \mathbf{45{,}9016\,€/Std.}$$

Einsetzen des Verrechnungssatzes $k_{Haustechnik}$ = 45,9016 € in die nach $k_{Energie}$ aufgelöste Gleichung I oder Gleichung II:

$$k_{Energie} = \frac{60 \times 45{,}9016\,€ + 2.000\,€}{20.000}$$

$$\mathbf{k_{Energie}} = \mathbf{0{,}2377\,€/kWh}$$

2. Umlage der primären Kosten der Hilfskostenstellen auf die Hauptkostenstellen:

	Hilfskostenstellen		Hauptkostenstellen			
	Energie	Haustechnik	Material	Fertigung	Verwaltung	Vertrieb
Σ primäre Kosten	2.000 €	22.000 €	50.000 €	125.000 €	8.000 €	15.000 €
gegenseitige Verrechnung	2.754 €	951 €				
	- 951 €	- 2.754 €				
Zwischensumme nach gegenseitiger Verrechnung	**3.803 €**	**20.197 €**				
Umlage „Energie"	- 3.803 €		713 €	2.615 €	238 €	238 €[6]
Umlage „Haustechnik"		- 20.197 €	1.377 €	15.148 €	2.754 €	918 €
Σ primäre + sekundäre Kosten	**0 €**	**0 €**	**52.090 €**	**142.763 €**	**10.992 €**	**16.156 €**

Zunächst findet eine gegenseitige Verrechnung der zwischen den Hilfskostenstellen ausgetauschten Leistungsbeziehungen statt (Energie: Belastung mit Kosten für empfangene Leistungen der Kostenstelle Haustechnik in Höhe von 2.754 € = 60 Std. × 45,9016 €/Std., Entlastung von Kosten für abgegebene Leistungen an die Kostenstelle Haustechnik in Höhe von 951 € = 4.000 kWh × 0,2377 €/kWh; Haustechnik analog). Anschließend erfolgt die Umlage der verbleibenden Kosten der Hilfskostenstellen auf die Hauptkostenstellen (jeweiliger Verrechnungssatz × Leistungsabgabe der Hilfskostenstelle an die Hauptkostenstelle).

5 $\frac{4.000}{20.000} = 0{,}2$

6 Die Differenz in Höhe von 1 € bei Umlage der Hilfskostenstelle Energie (713 € + 2.615 € + 238 € + 238 € = 3.804 € ≠ 3.803 €) beruht auf Rundungsdifferenzen.

Iterationsverfahren:

1. Ermittlung der Verrechnungssätze:

	Energie	**Haustechnik**
Σ primäre Kosten	2.000 €	22.000 €
Insgesamt abgegebene Leistungseinheiten	20.000 kWh	500 Std.
Empfangene Leistungseinheiten von Kostenstelle:		
Energie	-	4.000 kWh
Haustechnik	60 Std.	-

1. Runde:

Energie: $\frac{2.000\,€}{20.000\text{ kWh}}$ = 0,10 €/kWh

Haustechnik: $\frac{22.000\,€ + 4.000\text{ kWh} \times 0{,}10\,€/\text{kWh}}{500\text{ Std.}}$ = 44,80 €/Std.

2. Runde:

Energie: $\frac{2.000\,€ + 60\text{ Std.} \times 44{,}80\,€/\text{Std.}}{20.000\text{ kWh}}$ = 0,2344 €/kWh

Haustechnik: $\frac{22.000\,€ + 4.000\text{ kWh} \times 0{,}2344\,€/\text{kWh}}{500\text{ Std.}}$ = 45,8752 €/Std.

3. Runde:

Energie: $\frac{2.000\,€ + 60\text{ Std.} \times 45{,}8752\,€/\text{Std.}}{20.000\text{ kWh}}$ = 0,2376 €/kWh

Haustechnik: $\frac{22.000\,€ + 4.000\text{ kWh} \times 0{,}2376\,€/\text{kWh}}{500\text{ Std.}}$ = 45,9008 €/Std.

4. Runde:

Energie: $\frac{2.000\,€ + 60\text{ Std.} \times 45{,}9008\,€/\text{Std.}}{20.000\text{ kWh}}$ = 0,2377 €/kWh

Haustechnik: $\frac{22.000\,€ + 4.000\text{ kWh} \times 0{,}2377\,€/\text{kWh}}{500\text{ Std.}}$ = 45,9016 €/Std.

Nach der 4. Iteration sind keine Änderungen mehr bei den Verrechnungssätzen zu verzeichnen.

Die Ermittlung der Verrechnungssätze nach dem Iterationsverfahren führt zu dem gleichen Ergebnis wie nach dem mathematischen Gleichungsverfahren, die Umlage der Kosten der Hilfskostenstellen auf die Hauptkostenstellen ist daher auch identisch.

2. Gegenüberstellung der Ergebnisse bei Umlage nach den verschiedenen Verfahren der innerbetrieblichen Leistungsverrechnung:

Σ primäre + sekundäre Kosten bei Umlage nach dem	**Hauptkostenstellen**			
	Material	Fertigung	Verwaltung	Vertrieb
- Anbauverfahren	51.875 €	142.875 €	11.125 €	16.125 €
- Stufenleiterverfahren	52.190 €	142.710 €	10.930 €	16.170 €
- mathematischen Gleichungsverfahren	52.090 €	142.763 €	10.992 €	16.156 €
- Iterationsverfahren	52.090 €	142.763 €	10.992 €	16.156 €

2.3.3 Ermittlung Gemeinkostenzuschlagssätze

Tz. 113

Eine weitere Aufgabe des Betriebsabrechnungsbogens ist die Ermittlung von Gemeinkostenzuschlagssätzen, welche im Rahmen der Vor- oder Nachkalkulation die prozentuale Verteilung der Gemeinkosten auf die Kostenträger ermöglichen sollen. Für die Berechnung der Gemeinkostenzuschlagssätze werden die Gemeinkosten der Hauptkostenstellen in Beziehung gesetzt zu der jeweiligen Zuschlagsbasis.

Gemeinkostenzuschlagssätze → prozentuale Verteilung der Gemeinkosten

Tz. 114

Im Einzelnen werden die Gemeinkostenzuschlagssätze wie folgt ermittelt:

Ermittlung Gemeinkostenzuschlagssätze

$$\text{Materialgemeinkostenzuschlagssatz} = \frac{\text{Materialgemeinkosten}}{\text{Fertigungsmaterial}} \times 100$$

$$\text{Fertigungsgemeinkostenzuschlagssatz} = \frac{\text{Fertigungsgemeinkosten}}{\text{Fertigungslöhne}} \times 100$$

$$\text{Verwaltungsgemeinkostenzuschlagssatz} = \frac{\text{Verwaltungsgemeinkosten}}{\text{Herstellkosten des Umsatzes}} \times 100$$

$$\text{Vertriebsgemeinkostenzuschlagssatz} = \frac{\text{Vertriebsgemeinkosten}}{\text{Herstellkosten des Umsatzes}} \times 100$$

Da in den Kostenstellen Verwaltung und Vertrieb keine bzw. nur geringfügige Einzelkosten (Sondereinzelkosten des Vertriebs wie z. B. Verpackungs- oder Transportkosten) anfallen, wählt man als Zuschlagsbasis in diesen beiden Kostenstellen die Herstellkosten des Umsatzes, also die für die verkauften Produkte angefallenen Kosten der Herstellung.

Tz. 115

Ermittlung Herstellkosten des Umsatzes:[7]

Ermittlung HKdU

	Fertigungsmaterial (FM)		
+	Materialgemeinkosten (MGK)		
=	Materialkosten (MK)	→	
	Fertigungslöhne (FL)		
+	Fertigungsgemeinkosten (FGK)		
=	Fertigungskosten (FK)	→	
	Herstellkosten der Erzeugung (HKdE)		
-	Bestandserhöhung unfertige/fertige Erzeugnisse		
+	Bestandsminderung unfertige/fertige Erzeugnisse		
=	Herstellkosten des Umsatzes (HKdU)		

7 Die Zwischensummen Materialkosten und Fertigungskosten müssen nicht gebildet werden und sollten vor allem in Prüfungen weggelassen werden, um doppelte Additionen zu vermeiden.

BEISPIEL

Der Betriebsabrechnungsbogen der AB-Industrie AG weist für die Abrechnungsperiode 01 in den Hauptkostenstellen Material, Fertigung, Verwaltung und Vertrieb nach der bereits durchgeführten Primär- und Sekundärkostenverrechnung Gemeinkosten in folgender Höhe auf:

Kosten-arten		Hilfskostenstellen		Hauptkostenstellen			
	Zahlen der BER	Energie	Haus-technik	Material	Fertigung	Verwaltung	Vertrieb
...	...	...	...	...	...	...	...
...	...	...	...	...	...	...	...
...	...	...	...	...	...	...	...
Σ Gemein-kosten	**412.000 €**	**0 €**	**0 €**	**47.550 €**	**256.470 €**	**55.670 €**	**52.310 €**

Fertigungsmaterial:	398.000 €
Fertigungslöhne:	135.000 €
Bestandserhöhung unfertige Erzeugnisse:	4.500 €
Bestandsminderung fertige Erzeugnisse:	9.700 €

Die Gemeinkostenzuschlagssätze werden wie folgt ermittelt:

$$\text{MGK-Zuschlagssatz} = \frac{\text{Materialgemeinkosten}}{\text{Fertigungsmaterial}} \times 100 = \frac{47.550\,€}{398.000\,€} \times 100 = 11{,}95\,\%$$

$$\text{FGK- Zuschlagssatz} = \frac{\text{Fertigungsgemeinkosten}}{\text{Fertigungslöhne}} \times 100 = \frac{256.470\,€}{135.000\,€} \times 100 = 189{,}98\,\%$$

$$\text{VerwGK- Zuschlagssatz} = \frac{\text{Verwaltungsgemeinkosten}}{\text{Herstellkosten des Umsatzes}} \times 100 = \frac{55.670\,€}{842.220\,€} \times 100 = 6{,}61\,\%$$

$$\text{VertrGK- Zuschlagssatz} = \frac{\text{Vertriebsgemeinkosten}}{\text{Herstellkosten des Umsatzes}} \times 100 = \frac{52.310\,€}{842.220\,€} \times 100 = 6{,}21\,\%$$

Herstellkosten des Umsatzes:

	Fertigungsmaterial (FM)	398.000 €	
+	Materialgemeinkosten (MGK)	47.550 €	
=	Materialkosten (MK)		445.550 €
	Fertigungslöhne (FL)	135.000 €	
+	Fertigungsgemeinkosten (FGK)	256.470 €	
=	Fertigungskosten (FK)		391.470 €
	Herstellkosten der Erzeugung (HKdE)		837.020 €
-	Bestandserhöhung unfertige Erzeugnisse		4.500 €
+	Bestandsminderung fertige Erzeugnisse		9.700 €
=	Herstellkosten des Umsatzes (HKdU)		842.220 €

Der Betriebsabrechnungsbogen sieht nach Ermittlung der Gemeinkostenzuschlagssätze folgendermaßen aus:

Kostenarten		**Hilfskostenstellen**		**Hauptkostenstellen**			
	Zahlen der BER	Energie	Haus-technik	Material	Fertigung	Verwal-tung	Vertrieb
...	...	...	...	...	...	...	...
...	...	...	...	...	...	...	...
...	...	...	...	...	...	...	...
Σ Gemein-kosten	412.000 €	0 €	0 €	47.550 €	256.470 €	55.670 €	52.310 €
Zuschlagsbasis				398.000 € (FM)	135.000 € (FL)	842.220 € (HKdU)	842.220 € (HKdU)
GK-Zuschlags-satz				**11,95 %**	**189,98 %**	**6,61 %**	**6,21 %**

2.3.4 Kostenkontrollrechnung

Tz. 116

Kostenkontrollrechnung: Vergleich Normalkosten – Istkosten

Im Rahmen der Vorkalkulation verwendet man zur Ermittlung der verbindlichen Angebotspreise Normalkosten, welche sich aus dem Durchschnittswert der Istkosten für mehrere vergangene Abrechnungsperioden ergeben. Ebenso lassen sich aus dem Mittelwert der Ist-Gemeinkosten-Zuschlagssätze mehrerer vergangener Perioden Normal-Gemeinkosten-Zuschlagssätze herleiten.

Am Ende einer Abrechnungsperiode muss eine Kostenkontrollrechnung durchgeführt werden, in welcher festgestellt wird, ob die vorab veranschlagten, im Angebotspreis enthaltenen Normalkosten ausreichen, um die tatsächlich entstandenen Istkosten zu decken.

Tz. 117

Kostenüberdeckung
Kostenunterdeckung

Dabei gilt:

Normalkosten > Istkosten = Kostenüberdeckung

Normalkosten < Istkosten = Kostenunterdeckung

Bei einer Kostenüberdeckung wurden mehr Kosten verrechnet als tatsächlich angefallen sind, dagegen spricht man von einer Kostenunterdeckung, wenn die tatsächlich angefallenen Istkosten die verrechneten Normalkosten übersteigen.

BEISPIEL

Folgende Daten stehen für die Berechnung der Kostenüber- bzw. Kostenunterdeckungen zur Verfügung:

Kostenarten		**Kostenstellen**			
	Zahlen der BER	Material	Fertigung	Verwaltung	Vertrieb
Gemeinkosten z. B. Aufwendungen für Hilfs- und Betriebsstoffe, Hilfslöhne, Gehälter usw.					
Σ Gemeinkosten	262.300 €	9.700 €	164.300 €	55.800 €	32.500 €

Zuschlagsbasis:	69.000 €	132.000 €			
	FM	FL	HKdU	HKdU	HKdU (Normal)
Ist-Zuschlagssätze in %:					
Normal-Zuschlagssätze in %:	**13,50 %**	**126,00 %**	**14,80 %**	**8,30 %**	
Normal-Gemeinkosten:					
Überdeckung +/Unterdeckung -					

Bestandsveränderungen:	Anfangsbestand:	Endbestand:
Unfertige Erzeugnisse	4.000 €	7.000 €
Fertigerzeugnisse	13.500 €	10.000 €

Die Ist-Zuschlagssätze werden wie folgt ermittelt:

$$\text{Ist-Zuschlagssatz} = \frac{\text{Istgemeinkosten}}{\text{Zuschlagsbasis}} \times 100$$

	Material	Fertigung	Verwaltung	Vertrieb
Ist-Gemeinkosten	9.700 €	164.300 €	55.800 €	32.500 €
Zuschlagsbasis	69.000 €	132.000 €	375.500 €	375.500 €
Ist-Zuschlagssatz	14,06 %	124,47 %	14,86 %	8,66 %

Herstellkosten des Umsatzes:

	Fertigungsmaterial (FM)	69.000 €	
+	Materialgemeinkosten (MGK)	9.700 €	
=	Materialkosten (MK)		78.700 €
	Fertigungslöhne (FL)	132.000 €	
+	Fertigungsgemeinkosten (FGK)	164.300 €	
=	Fertigungskosten (FK)		296.300 €
	Herstellkosten der Erzeugung (HKdE)		375.000 €
-	Bestandserhöhung unfertige Erzeugnisse		3.000 €
+	Bestandsminderung fertige Erzeugnisse		3.500 €
=	Herstellkosten des Umsatzes (HKdU)		375.500 €

Die Normal-Gemeinkosten werden durch Multiplikation der gegebenen Normal-Zuschlagssätze mit der jeweiligen Zuschlagsbasis ermittelt. Die Herstellkosten des Umsatzes müssen für diese Zwecke unter Berücksichtigung der Material- und Fertigungsnormalgemeinkosten neu berechnet werden, da in die bisherige Berechnung der Herstellkosten des Umsatzes Ist-Gemeinkosten einbezogen wurden.

	Material	Fertigung	Verwaltung	Vertrieb
Normal-Zuschlagssatz	13,50 %	126,00 %	14,80 %	8,30 %
Zuschlagsbasis	69.000 €	132.000 €	377.135 €	377.135 €
Normal-Gemeinkosten	9.315 €	166.320 €	55.816 €	31.302 €

Herstellkosten des Umsatzes auf Normalgemeinkostenbasis:

	Fertigungsmaterial (FM)	69.000 €	
+	Materialgemeinkosten (MGK)	9.315 €	
=	Materialkosten (MK)		78.315 €
	Fertigungslöhne (FL)	132.000 €	
+	Fertigungsgemeinkosten (FGK)	166.320 €	
=	Fertigungskosten (FK)		298.320 €
	Herstellkosten der Erzeugung (HKdE)		376.635 €
-	Bestandserhöhung unfertige Erzeugnisse		3.000 €
+	Bestandsminderung fertige Erzeugnisse		3.500 €
=	Herstellkosten des Umsatzes (HKdU)		377.135 €

Die Berechnung der Kostenüber- bzw. Kostenunterdeckungen erfolgt durch Subtraktion der Ist-Gemeinkosten von den Normal-Gemeinkosten. Sind die Normal-Gemeinkosten größer als die Ist-Gemeinkosten, spricht man von einer Kostenüberdeckung, sonst von einer Kostenunterdeckung.

	Material	Fertigung	Verwaltung	Vertrieb	Insgesamt
Normal-Gemeinkosten	9.315 €	166.320 €	55.816 €	31.302 €	262.753 €
Ist-Gemeinkosten	9.700 €	164.300 €	55.800 €	32.500 €	262.300 €
Überdeckung +/Unterdeckung -	- 385 €	2.020 €	16 €	- 1.198 €	453 €

Der Betriebsabrechnungsbogen mit Ist- und Normal-Gemeinkosten sieht nach Ermittlung der Kostenüber- und -unterdeckungen wie folgt aus:

Kostenarten		**Kostenstellen**				
	Zahlen der BER	Material	Fertigung	Verwaltung	Vertrieb	
Gemeinkosten z. B. Aufwendungen für Hilfs- und Betriebsstoffe, Hilfslöhne, Gehälter usw.						
Σ Gemeinkosten	262.300 €	9.700 €	164.300 €	55.800 €	32.500 €	
Zuschlagsbasis:		69.000 €	132.000 €	375.500 €	375.500 €	377.135 €
		FM	FL	HKdU	HKdU	HKdU (Normal)
Ist-Zuschlagssätze in %:		**14,06 %**	**124,47 %**	**14,86 %**	**8,66 %**	
Normal-Zuschlagssätze in %:		**13,50 %**	**126,00 %**	**14,80 %**	**8,30 %**	
Normal-Gemeinkosten:		9.315 €	166.320 €	55.816 €	31.302 €	
Überdeckung +/Unterdeckung -		- 385 €	2.020 €	16 €	- 1.198 €	

3. Kostenträgerstückrechnung – Selbstkosten, Stückerfolg, Angebotspreis

Tz. 118

Kostenträgerrechnung: „Wofür sind wie viele Kosten angefallen?"

Die Kostenträgerrechnung baut auf der Kostenarten- und der Kostenstellenrechnung auf und befasst sich mit der Ermittlung der Kosten aller betrieblichen Leistungen. Dabei geht es um die Frage: „Wofür sind wie viele Kosten angefallen?".

Kostenträger

Je nachdem, welches Ziel mit der Kostenauswertung verfolgt wird, kann als Kostenträger z. B. eine Produkteinheit, ein Auftrag, eine Charge, ein Produkt oder eine Produktgruppe bestimmt werden.

Die Kostenträgerrechnung erfolgt als Kostenträgerzeitrechnung (siehe Tz. 158 ff.) und als Kostenträgerstückrechnung, auch Kalkulation genannt. Während bei der Kostenträgerzeitrechnung den Kostenträgern die insgesamt in einer Abrechnungsperiode angefallenen Kosten zugerechnet werden, sollen bei der Kostenträgerstückrechnung die Herstellkosten bzw. Selbstkosten einer Kostenträgereinheit ermittelt werden. Die Kostenträgerstückrechnung dient damit der Angebotspreisermittlung, der kurzfristigen Kostenträgererfolgsrechnung (Gegenüberstellung von Selbstkosten und Verkaufserlösen) sowie der Bilanzbewertung von Halb- und Fertigfabrikaten mit den Herstellungskosten.

Tz. 119

Die Kostenträgerstückrechnung kann nach dem Kalkulationszeitpunkt in Vorkalkulation, Zwischenkalkulation und Nachkalkulation unterschieden werden.

Vorkalkulation

Die Vorkalkulation erfolgt vor der Leistungserstellung. Sie dient in Betrieben mit Einzelfertigung der Ermittlung des Angebotspreises bzw. der Überprüfung, ob bei einem vorgegebenen Preis die Auftragsannahme unter Kostengesichtspunkten sinnvoll ist. Betriebe mit Serienfertigung ermitteln mithilfe der Vorkalkulation während der Einführungsphase neuer Produkte die Selbstkosten und den Verkaufspreis des Produktes. Berechnungsgrundlage für die Vorkalkulation bilden die geplanten Einzelkosten sowie die Normal-Gemeinkosten-Zuschlagssätze (= Mittelwert der Ist-Gemeinkosten-Zuschlagssätze mehrerer vergangener Perioden).

Zwischenkalkulation

Nimmt die Produktion eines Erzeugnisses längere Zeit in Anspruch (z. B. Hoch- und Tiefbau, Schiffbau), ist zur Überwachung der Vorkalkulation eine Zwischenkalkulation erforderlich. Dabei werden die bis zum Kalkulationszeitpunkt tatsächlich angefallenen Kosten für bereits fertig gestellte Teilabschnitte der Produktion mit den Kosten laut Vorkalkulation verglichen, die Zwischenkalkulation kann demnach auch als Nachkalkulation für fertig gestellte Teilabschnitte bezeichnet werden.

Nachkalkulation

Die Nachkalkulation ist ein Kontrollinstrument und dient der Überprüfung bereits abgeschlossener Aufträge. Ihr liegen die tatsächlich angefallenen Istkosten (tatsächliche Einzelkosten, Ist-Gemeinkosten-Zuschlagssätze) zugrunde. Mithilfe der Nachkalkulation sollen Abweichungen gegenüber der Vorkalkulation festgestellt und analysiert sowie gegebenenfalls deren Ursachen eliminiert werden. Die Nachkalkulation ermöglicht auch die Ermittlung des tatsächlich entstandenen Gewinnes.

Des Weiteren kann die Kostenträgerstückrechnung in Abhängigkeit vom Fertigungsverfahren untergliedert werden in Zuschlagskalkulation, Divisionskalkulation und Äquivalenzziffernkalkulation. Diese Kalkulationsverfahren werden nachfolgend genauer erläutert.

3.1 Zuschlagskalkulation

Tz. 120

Zuschlagskalkulation: Einzel- oder Serienfertigung

Erfolgt in Mehrproduktbetrieben (Herstellung verschiedener Produkte) die Produktion als Einzelfertigung (z. B. Schiffbau, Brückenbau usw.) oder Serienfertigung (z. B. Elektrogeräte, Möbel, Autos usw.), werden die Herstellkosten bzw. Selbstkosten einer Leistungseinheit mittels der Zuschlagskalkulation ermittelt, wobei die Einzelkosten dem Kostenträger unmittelbar und die Gemeinkosten anhand von Gemeinkostenzuschlagssätzen anteilig zugerechnet werden.

3.1.1 Kumulative und summarische Zuschlagskalkulation

Tz. 121

summarische Zuschlagskalkulation: einheitlicher GK-Zuschlagssatz

Bei der summarischen Zuschlagskalkulation werden die gesamten (= kumulierten) Gemeinkosten auf eine Zuschlagsbasis, in der Regel die Gesamtsumme der Einzelkosten, bezogen und somit über einen einzigen Zuschlagssatz auf die Kostenträger verrechnet. Dieser Zuschlagssatz wird dabei folgendermaßen berechnet:

$$\text{Gemeinkostenzuschlagssatz} = \frac{\Sigma\ \text{Gemeinkosten}}{\Sigma\ \text{Einzelkosten}} \times 100$$

Die Selbstkosten je Leistungseinheit werden demnach wie folgt ermittelt:

	Einzelkosten je Leistungseinheit
+	Gemeinkosten in % (bezogen auf die Einzelkosten)
=	Selbstkosten je Leistungseinheit

BEISPIEL

In der Abrechnungsperiode 01 der Schreinerei U (Einzelunternehmen) sind folgende Kosten angefallen:

Fertigungsmaterial	30.000 €
Fertigungslöhne	15.000 €
Σ Gemeinkosten	72.000 €

Wie hoch sind die Selbstkosten je Stück des Produktes A, wenn bei der Produktion Fertigungsmaterial in Höhe von 22,00 € und Fertigungslöhne in Höhe von 12,00 € anfallen?

LÖSUNG

$$\text{Gemeinkostenzuschlagssatz} = \frac{\Sigma\ \text{Gemeinkosten}}{\Sigma\ \text{Einzelkosten}} \times 100 = \frac{72.000\ €}{45.000\ €} \times 100 = 160\ \%$$

	Fertigungsmaterial (FM)		22,00 €
+	Fertigungslöhne (FL)		12,00 €
=	Σ Einzelkosten (EK)		34,00 €
+	Gemeinkosten (GK)	160 %	54,40 €
=	Selbstkosten (SK)		88,40 €

Tz. 122

Die summarische Zuschlagskalkulation, vor allem angewandt in Kleinbetrieben, ist die einfachste, aber auch ungenaueste Form der Zuschlagskalkulation, da jedem Kostenträger pauschal der gleiche Prozentsatz an Gemeinkosten zugerechnet wird und dies dem Kostenverursachungsprinzip nicht bzw. nur bedingt genügt. Da aufgrund der kumulativen Gemeinkostenverrechnung die Ermittlung von Herstellkosten, insbesondere notwendig für die Bewertung von Halb- und Fertigfabrikaten, nicht möglich ist, kommt die Anwendung der summarischen Zuschlagskalkulation für Industriebetriebe nicht in Betracht.

3.1.2 Differenzierende Zuschlagskalkulation

Tz. 123

differenzierende Zuschlagskalkulation: differenzierte GK-Zuschlagssätze

Um eine möglichst genaue und verursachungsgerechte Zurechnung der Gemeinkosten auf die Kostenträger zu erreichen, erfolgt bei der differenzierenden Zuschlagskalkulation eine Verteilung der Gemeinkosten auf die funktional gegliederten Kostenstellen Material, Fertigung, Verwaltung und Vertrieb und somit eine differenzierte Ermittlung von Gemeinkostenzuschlagssätzen. Für die Anwendung der differenzierenden Zuschlagskalkulation ist demnach eine Kostenstellenrechnung erforderlich.

Zuschlagskalkulationsschema (Ermittlung Selbstkosten)

Tz. 124

Die Selbstkosten je Leistungseinheit werden wie folgt berechnet:[8]

	Fertigungsmaterial (FM)		
+	Materialgemeinkosten (MGK)	in % von FM	
=	Materialkosten (MK)		→
	Fertigungslöhne (FL)		
+	Fertigungsgemeinkosten (FGK)	in % von FL	
+	Sondereinzelkosten der Fertigung (SEKF)		
=	Fertigungskosten (FK)		→
	Herstellkosten (HK)		
+	Verwaltungsgemeinkosten (VerwGK)	in % von HK	
+	Vertriebsgemeinkosten (VertrGK)	in % von HK	
+	Sondereinzelkosten des Vertriebs (SEKV)		
=	Selbstkosten (SK)		

Tz. 125

Erfolgt im Fertigungsbereich eine Untergliederung in mehrere Fertigungshauptkostenstellen, muss das Kalkulationsschema im Teilbereich der Fertigungskosten wie folgt erweitert werden:

	Fertigungslöhne I (FL I)	
+	Fertigungsgemeinkosten I (FGK I)	in % von FL I
+	Fertigungslöhne II (FL II)	
+	Fertigungsgemeinkosten II (FGK II)	in % von FL II
+	Fertigungslöhne n (FL n)	
+	Fertigungsgemeinkosten n (FGK n)	in % von FL n
+	Sondereinzelkosten der Fertigung (SEKF)	
=	Fertigungskosten (FK)	

Zuschlagskalkulationsschema insgesamt (Ermittlung Listenverkaufspreis)

Tz. 126

Das Kalkulationsschema zur Ermittlung des Listenverkaufspreises mithilfe der differenzierenden Zuschlagskalkulation hat insgesamt folgendes Aussehen:

	Fertigungsmaterial (FM)	
+	Materialgemeinkosten (MGK)	in % von FM
+	Fertigungslöhne (FL)	
+	Fertigungsgemeinkosten (FGK)	in % von FL
+	Sondereinzelkosten der Fertigung (SEKF)	
=	Herstellkosten (HK)	
+	Verwaltungsgemeinkosten (VerwGK)	in % von HK
+	Vertriebsgemeinkosten (VertrGK)	in % von HK
+	Sondereinzelkosten des Vertriebs (SEKV)	
=	Selbstkosten (SK)	
+	Gewinn	in % von SK
=	Barverkaufspreis (BVP)	

8 Die Zwischensummen Materialkosten und Fertigungskosten müssen nicht gebildet werden.

+	Kundenskonto	im Hundert (ZVP = 100 %)	
+	Vertreterprovision	im Hundert (ZVP = 100 %)	
=	Zielverkaufspreis (ZVP)		
+	Kundenrabatt	im Hundert (LVP = 100 %)	
=	Listenverkaufspreis (LVP)		

Tz. 127

Dabei sind folgende Punkte zu berücksichtigen:

- Gewinn: Gewinndimensionierung muss am Markt durchsetzbar sein
- Kundenskonto/Vertreterprovision (Rechnung im Hundert):
  Basis für die Berechnung von Kundenskonto und Vertreterprovision ist der Zielverkaufspreis (= 100 %), der Barverkaufspreis entspricht lediglich einem verminderten Prozentsatz.
- Kundenrabatt (Rechnung im Hundert):
  Basis für die Berechnung des Kundenrabatts ist der Listenverkaufspreis (= 100 %), der Zielverkaufspreis entspricht lediglich einem verminderten Prozentsatz.
- Umsatzsteuer: erfolgsneutraler durchlaufender Posten, daher wird netto kalkuliert

Rechnung im Hundert:

Die Maschinenbau A GmbH hat für das Produkt A einen Barverkaufspreis in Höhe von 1.069,50 € ermittelt. Wie hoch ist der Listenverkaufspreis, wenn folgende Konditionen gelten:

Kundenskonto 3 %, Vertreterprovision 4 %, Kundenrabatt 8 %

	Barverkaufspreis	1.069,50 €		93 %		
+	Kundenskonto	34,50 €	+	3 %		
+	Vertreterprovision	46,00 €	+	4 %		
=	Zielverkaufspreis	1.150,00 €	=	**100 %**		92 %
+	Kundenrabatt	100,00 €			+	8 %
=	Listenverkaufspreis	1.250,00 €			=	**100 %**

Erläuterung:

Kundenskonto 3 % + Vertreterprovision 4 % = 7 % → Barverkaufspreis = 93 %

Berechnung Kundenskonto: $\frac{1.069{,}50\ €}{93\ \%} \times 3\ \% = 34{,}50\ €$

Berechnung Vertreterprovision: $\frac{1.069{,}50\ €}{93\ \%} \times 4\ \% = 46{,}00\ €$

Kundenrabatt 8 % → Zielverkaufspreis = 92 %

Berechnung Kundenrabatt: $\frac{1.150{,}00\ €}{92\ \%} \times 8\ \% = 100{,}00\ €$

Die AB-Industrie AG produziert u. a. auch einen Personenwagen in der Ausführung „Standard“. Zur Ermittlung der Selbstkosten eines Personenwagens „Standard“ stehen für die Abrechnungsperiode 01 folgende Angaben zur Verfügung:

Fertigungsmaterial	8.000 €
Fertigungslöhne I	2.200 €
Fertigungslöhne II	1.500 €
Lizenzgebühr	130 €
Sondereinzelkosten des Vertriebs	180 €
Materialgemeinkostenzuschlagssatz	6 %
Fertigungsgemeinkostenzuschlagssatz I	150 %
Fertigungsgemeinkostenzuschlagssatz II	120 %
Verwaltungsgemeinkostenzuschlagssatz	5 %
Vertriebsgemeinkostenzuschlagssatz	4 %

Die AB-Industrie AG kalkuliert im Rahmen der Vorkalkulation mit einem Gewinnzuschlag von 9 %.

Wird dieses Ziel in der Abrechnungsperiode 01 erreicht, wenn der Personenwagen in der Preisliste mit einem Listenverkaufspreis von 25.600 € (netto) steht, den Kunden ein Rabatt von 14 % sowie ein Skonto von 2 % gewährt wird und eine Vertreterprovision in Höhe von 4 % zu berücksichtigen ist?

LÖSUNG

	Fertigungsmaterial (FM)		8.000,00 €
+	Materialgemeinkosten (MGK)	6 %	480,00 €
+	Fertigungslöhne I (FL I)		2.200,00 €
+	Fertigungsgemeinkosten I (FGK I)	150 %	3.300,00 €
+	Fertigungslöhne II (FL II)		1.500,00 €
+	Fertigungsgemeinkosten II (FGK II)	120 %	1.800,00 €
+	Sondereinzelkosten der Fertigung (SEKF)		130,00 €
=	Herstellkosten (HK)		17.410,00 €
+	Verwaltungsgemeinkosten (VerwGK)	5 %	870,50 €
+	Vertriebsgemeinkosten (VertrGK)	4 %	696,40 €
+	Sondereinzelkosten des Vertriebs (SEKV)		180,00 €
=	Selbstkosten (SK)		19.156,90 €
+	Gewinn	8 %	1.538,14 €
=	Barverkaufspreis (BVP)		20.695,04 €
+	Kundenskonto	2 %	440,32 €
+	Vertreterprovision	4 %	880,64 €
=	Zielverkaufspreis (ZVP)		22.016,00 €
+	Kundenrabatt	14 %	3.584,00 €
=	Listenverkaufspreis (LVP)		25.600,00 €

$$\text{Gewinn absolut} = \text{BVP} - \text{SK} = 20.695{,}04\,€ - 19.156{,}90\,€ = 1.538{,}14\,€$$

$$\text{Gewinn in \%} = \frac{\text{Gewinn absolut}}{\text{Selbstkosten}} \times 100 = \frac{1.538{,}14\,€}{19.156{,}90\,€} \times 100 = 8{,}03\,\%$$

- Der geplante Gewinn in Höhe von 9 % wird nicht erreicht.
- Selbstkosten lt. Vorkalkulation < Selbstkosten lt. Nachkalkulation
  Sind die Selbstkosten lt. Nachkalkulation (Basis: tatsächliche Einzelkosten, Ist-Zuschlagssätze) höher als die Selbstkosten lt. Vorkalkulation (Basis: geplante Einzelkosten, Normal-Zuschlagssätze), führt dies zu einer Gewinnminderung, da die erhöhten Selbstkosten aufgrund des verbindlich festgelegten Listenverkaufspreises (Preisliste) und der vereinbarten Erlösschmälerungen nicht an die Kunden weitergegeben werden können.
- Um einen Gewinn von 9 % zu erreichen, hätten die Selbstkosten lt. Nachkalkulation maximal 18.986,28 € (BVP 20.695,04 €/1,09) betragen dürfen.

3.1.3 Maschinenstundensatz

Tz. 128

In Industriebetrieben mit hohem Automatisierungsgrad wird ein sehr großer Anteil der Fertigungsgemeinkosten durch den Einsatz von Maschinen verursacht. Leistungsfähige Maschinen ersetzen die menschliche Arbeitskraft, die Fertigungsgemeinkosten sind daher zum großen Teil maschinenabhängig. Setzt man zur Ermittlung des Fertigungsgemeinkostenzuschlagssatzes die Fertigungsgemeinkosten wie bisher ins Verhältnis zu den Fertigungslöhnen, können dabei Zuschlagssätze von mehreren 1.000 % entstehen, da die Zuschlagsbasis „Fertigungslöhne" nur einen geringen Teil der gesamten Fertigungskosten ausmacht.

Zuschlagssätze in solchen Dimensionen sind nicht mehr sinnvoll. Aus diesem Grund werden für kostenintensive Maschinen eigene Kostenstellen, sog. Maschinenplätze, eingerichtet. Die Fertigungsgemeinkosten werden dann in maschinenabhängige Kosten (z. B. kalkulatorische Abschreibungen, kalkulatorische Zinsen, Kosten für Energie, Werkzeug, Instandhaltung, Miete usw.) und nicht maschinenabhängige Kosten, sog. Restgemeinkosten (z. B. Gehälter, Hilfslöhne (jeweils einschließlich Lohnnebenkosten), betriebliche Steuern, Verwaltungskosten des Fertigungsbereichs usw.) unterteilt.

Tz. 129

Ermittlung Maschinenstundensatz

Der Maschinenstundensatz wird wie folgt ermittelt:

$$\text{Maschinenstundensatz} = \frac{\text{maschinenabhängige Fertigungsgemeinkosten}}{\text{Maschinenlaufzeit}}$$

Um eine Anpassung des Maschinenstundensatzes an unterschiedliche Beschäftigungsgrade vornehmen zu können, werden die maschinenabhängigen Fertigungsgemeinkosten in fixe und variable Kosten unterteilt.

Tz. 130

Ermittlung Restgemeinkostenzuschlagssatz

Für die Berechnung des Restgemeinkostenzuschlagssatzes gilt:

$$\text{Restgemeinkostenzuschlagssatz} = \frac{\text{Restgemeinkosten}}{\text{Fertigungslöhne}} \times 100$$

Tz. 131

Bei Ermittlung des Maschinenstundensatzes müssen folgende Punkte berücksichtigt werden:

- Maschinenlaufzeit = maximal mögliche Arbeitsstunden abzgl. Störungs-/Wartungs- und sonstigen Ausfallzeiten
- $\text{Kalkulatorische Abschreibungen} = \dfrac{\text{Wiederbeschaffungskosten - Restwert}}{\text{tatsächliche Nutzungsdauer}}$
- $\text{Kalkulatorische Zinsen (Durchschnittswertmethode)} = \dfrac{\text{Anschaffungs-/Herstellungskosten + Restwert}}{2} \times p$
- Instandhaltungskosten, Raumkosten, Werkzeugkosten, Stromkosten, Wartungskosten, Wasserverbrauch, sonstige Betriebsmittelkosten usw.
- Erfolgt die Angabe der Kosten für unterschiedliche Zeiträume (z. B. Raumkosten/Monat, Wartungskosten/Quartal), müssen für die Berechnung des Maschinenstundensatzes die Kosten auf einen einheitlichen Zeitraum bezogen umgerechnet werden.

BAB mit Maschinenplatz

Tz. 132

Im Betriebsabrechnungsbogen wird ein Maschinenplatz als Fertigungshauptkostenstelle wie folgt integriert:

Kostenarten		Kostenstellen							
			Fertigungshauptkostenstellen						
				II „Lackierautomat"					
				maschinenabhängige GK		Restgemeinkosten			
	Zahlen der BER	Material	I	fix	variabel		III	Verwaltung	Vertrieb
Gemeinkosten z. B. Aufwendungen für Hilfs- und Betriebsstoffe, Hilfslöhne, Gehälter usw.	... ...	... ...	... ...	... ...	... ...	... ...	... ...	... ...	... ...
Σ Gemeinkosten	...	...	...	...	...	...	...	...	...

Zuschlagsbasis:	FM	FL	Maschinenstunden		FL	FL	HKdU	HKdU
Zuschlagssätze bzw. Maschinenstundensatz:	...	...	...	...	...	...	...	...

BEISPIEL

Folgende Daten sind für die Ermittlung des Maschinenstundensatzes einer Spezialmaschine bekannt:

► Anschaffungskosten:	220.000 €
► Index Anschaffungsjahr:	110 %
► Index Wiederbeschaffungsjahr:	125 %
► Restwert am Ende der Nutzungsdauer:	10.000 €
► Nutzungsdauer:	
lt. amtlicher AfA-Tabelle:	10 Jahre
nach betrieblicher Erfahrung mit gleichartigen Maschinen:	12 Jahre
► kalkulatorischer Zinssatz: (kalkulatorische Verzinsung der halben Anschaffungskosten unter Berücksichtigung des Restwertes)	8 % p. a.
► Instandhaltungskosten:	7.500 €/Jahr
► Standfläche der Maschine:	40 qm
► kalkulatorische Monatsmiete:	25 €/qm
► Werkzeugkosten:	2 €/Stunde
► elektrischer Anschlusswert:	50 kW
► durchschnittliche Auslastung der Nennleistung:	80 %
► Grundgebühr Strom:	125 €/Monat
► Arbeitspreis Strom:	0,20 €/kWh
► Produktionsstillstandversicherung:	500 €/Quartal
► Einsatz der Maschine:	50 Wochen/Jahr 76 Stunden/Woche (Zweischichtbetrieb)
► davon durchschnittliche Rüstzeit:	4 Stunden/Woche

LÖSUNG

Ermittlung jährliche Maschinenlaufzeit:

50 Wochen × (76 Stunden/Woche - 4 Stunden/Woche) = 3.600 Std./Jahr

Ermittlung der Wiederbeschaffungskosten:

$$\frac{\text{Anschaffungskosten} \times \text{Index Wiederbeschaffungsjahr}}{\text{Index Anschaffungsjahr}} = \frac{220.00\,€ \times 125\,\%}{110\,\%} = 250.000\,€$$

Ermittlung der kalkulatorischen Abschreibung:

$$\frac{\text{Wiederbeschaffungskosten - Restwert}}{\text{tatsächliche Nutzungsdauer}} = \frac{250.000\,€ - 10.000\,€}{12\ \text{Jahre}} = 20.000\,€/\text{Jahr}$$

Ermittlung der kalkulatorischen Zinsen:

$$\frac{\text{Anschaffungskosten + Restwert}}{2} \times p = \frac{220.000\,€ + 10.000\,€}{2} \times 8\,\% = 9.200\,€/\text{Jahr}$$

Instandhaltungskosten: = 7.500 €/Jahr

Ermittlung der Raumkosten:

40 qm × 25 €/qm × 12 = 12.000 €/Jahr

Ermittlung der Werkzeugkosten:

2 €/Stunde × 3.600 Stunden = 7.200 €/Jahr

Ermittlung der Energiekosten:

Grundgebühr:	125 €/Monat × 12	= 1.500 €/Jahr
Arbeitspreis:	50 kW × 80 % × 3.600 Stunden × 0,20 €/kWh	= 28.800 €/Jahr

Ermittlung der Versicherungskosten:

500 €/Quartal × 4	= 2.000 €/Jahr
maschinenabhängige Fertigungsgemeinkosten	88.200 €/Jahr

Ermittlung Maschinenstundensatz:

$$\frac{\text{maschinenabhängige Fertigungsgemeinkosten}}{\text{Maschinenlaufzeit}} = \frac{88.200\,€}{3.600\ \text{Std.}} = 24{,}50\,€/\text{Std.}$$

BEISPIEL

Alternative:

Wie hoch wäre der Maschinenstundensatz, wenn die Maschinenlaufzeit aufgrund von Ausfallzeiten lediglich 3.200 Stunden beträgt?

Annahme: Die Instandhaltungskosten von 7.500 €/Jahr bei einer Laufzeit von 3.600 Stunden/Jahr sind zu 60 % variabel und zu 40 % fix.

LÖSUNG

Zur Anpassung an unterschiedliche Maschinenlaufzeiten werden die maschinenabhängigen Fertigungsgemeinkosten in fixe und variable Kostenbestandteile aufgeteilt:

Ermittlung der fixen maschinenabhängigen Kosten:

kalkulatorische Abschreibung	=	20.000 €/Jahr
kalkulatorische Zinsen	=	9.200 €/Jahr
Instandhaltungskosten 7.500 €/Jahr × 40 %	=	3.000 €/Jahr
Raumkosten	=	12.000 €/Jahr
Energiekosten - Grundgebühr	=	1.500 €/Jahr
Versicherungskosten	=	2.000 €/Jahr
		47.700 €/Jahr

Ermittlung der variablen maschinenabhängigen Kosten:

Instandhaltungskosten (7.500 €/Jahr × 60 %) : 3.600 Std./Jahr	=	1,25 €/Stunde
Werkzeugkosten	=	2,00 €/Stunde
Energiekosten - Arbeitspreis: 50 kW × 80 % × 0,20 €/kWh	=	8,00 €/Stunde
		11,25 €/Stunde

Der variable Kostenbestandteil eines Maschinenstundensatzes ändert sich bei Veränderung der Beschäftigung nicht, lediglich die fixen maschinenabhängigen Fertigungsgemeinkosten müssen auf die geänderte Maschinenlaufzeit verteilt werden.

Ermittlung Maschinenstundensatz (3.200 Stunden):

$$\frac{\text{fixe maschinenabh. Fertigungsgemeinkosten}}{\text{Maschinenlaufzeit}} + \text{var. maschinenabh. Fertigungsgemeinkosten/Std.} =$$

$$\frac{47.700\,€}{3.200\,\text{Stunden}} + 11{,}25\,€/\text{Stunde} = 26{,}16\,€/\text{Stunde}$$

Bei einer niedrigeren Maschinenlaufzeit erhöht sich der Maschinenstundensatz, da der fixe Kostenbestandteil je Maschinenstunde zunimmt, dementsprechend sinkt der Maschinenstundensatz mit steigender Maschinenlaufzeit, da die fixen maschinenabhängigen Fertigungsgemeinkosten auf eine größere Anzahl von Maschinenstunden verteilt werden (Fixkostendegressionseffekt).

BEISPIEL

An einem Maschinenplatz fallen folgende maschinenunabhängige Fertigungsgemeinkosten (= Restgemeinkosten) an:

Gehälter:	24.000 €
AG-Anteil SV:	6.000 €
betriebliche Steuern:	3.500 €
Unternehmerlohn (anteilig):	4.500 €
Gesamt:	38.000 €

Fertigungslöhne sind in Höhe von 95.000 € angefallen.
Wie hoch ist der Restgemeinkostenzuschlagssatz an diesem Maschinenplatz?

LÖSUNG

$$\text{Restgemeinkosten-Zuschlagssatz} = \frac{\text{Restgemeinkosten}}{\text{Fertigungslöhne}} \times 100 = \frac{38.000\,€}{95.000\,€} \times 100 = 40{,}00\,\%$$

3.1.4 Zuschlagskalkulation mit Maschinenstundensatzrechnung

Tz. 133

Zuschlagskalkulation mit Maschinenstundensatzrechnung

Werden in der Kostenstellenrechnung für kostenintensive Maschinen eigene Kostenstellen eingerichtet, müssen auch in der Zuschlagskalkulation die durch die zeitliche Inanspruchnahme der jeweiligen Maschine durch den Kostenträger entstehenden Kosten entsprechend berücksichtigt werden. Die Anwendung der Zuschlagskalkulation mit Maschinenstundensatzrechnung führt zu einer wesentlich verursachungsgerechteren Verteilung der maschinenabhängigen Gemeinkosten auf die Kostenträger.

Tz. 134

Zuschlagskalkulationsschema mit Maschinenplätzen

Zur Ermittlung der Selbstkosten je Leistungseinheit muss das Kalkulationsschema wie folgt erweitert werden (Annahme: 2 Maschinenplätze):

	Fertigungsmaterial (FM)	
+	Materialgemeinkosten (MGK)	in % von FM
=	Materialkosten (MK)	
	Fertigungslöhne I (FL I)	
+	Restfertigungsgemeinkosten I (Rest-FGK I)	in % von FL I
+	maschinenabhängige Fertigungsgemeinkosten I (masch.abh. FGK I)	Bearbeitungszeit × Maschinenstundensatz I
+	Fertigungslöhne II (FL II)	
+	Restfertigungsgemeinkosten II (Rest-FGK II)	in % von FL II
+	maschinenabhängige Fertigungsgemeinkosten II (masch.abh. FKG II)	Bearbeitungszeit × Maschinenstundensatz II
+	Sondereinzelkosten der Fertigung (SEKF)	
=	Fertigungskosten (FK)	
	Herstellkosten (HK)	
+	Verwaltungsgemeinkosten (VerwGK)	in % von HK
+	Vertriebsgemeinkosten (VertrGK)	in % von HK
+	Sondereinzelkosten des Vertriebs (SEKV)	
=	Selbstkosten (SK)	

BEISPIEL

Die Maschinenbau A GmbH bittet um Kalkulation der Selbstkosten je Stück des Produktes A unter Berücksichtigung folgender Daten:

Fertigungsmaterial	3.400 €
Fertigungslöhne I	250 €
Fertigungslöhne II	130 €
Maschinenstunden I	4 h
Maschinenstunden II	3 h
Spezialwerkzeug	50 €
Materialgemeinkostenzuschlagssatz	10 %
Rest-Fertigungsgemeinkostenzuschlagssatz I	22 %
Rest-Fertigungsgemeinkostenzuschlagssatz II	35 %
Verwaltungsgemeinkostenzuschlagssatz	8 %
Vertriebsgemeinkostenzuschlagssatz	6 %
Maschinenstundensatz I	180 €
Maschinenstundensatz II	90 €

LÖSUNG

	Fertigungsmaterial (FM)		3.400,00 €
+	Materialgemeinkosten (MGK)	10 %	340,00 €
+	Fertigungslöhne I (FL I)		250,00 €
+	Restfertigungsgemeinkosten I (Rest-FGK I)	22 %	55,00 €
+	maschinenabhängige Fertigungsgemeinkosten I (masch.abh. FGK I)	4 h × 180 €/h	720,00 €
+	Fertigungslöhne II (FL II)		130,00 €
+	Restfertigungsgemeinkosten II (Rest-FGK II)	35 %	45,50 €
+	maschinenabhängige Fertigungsgemeinkosten II (masch.abh. FKG II)	3 h × 90 €/h	270,00 €
+	Sondereinzelkosten der Fertigung (SEKF)		50,00 €
=	Herstellkosten (HK)		5.260,50 €
+	Verwaltungsgemeinkosten (VerwGK)	8 %	420,84 €
+	Vertriebsgemeinkosten (VertrGK)	6 %	315,63 €
=	Selbstkosten (SK)		5.996,97 €

3.2 Divisionskalkulation

Tz. 135

Divisionskalkulation: Massenfertigung eines einzigen Produktes (Einproduktbetrieb)

Stellt ein Unternehmen lediglich ein einziges Produkt (Einproduktbetrieb) in Massenfertigung her (z. B. Elektrizitätswerk, Wasserwerk, Zementfabrik usw.), findet zur Ermittlung der Herstellkosten bzw. Selbstkosten einer Leistungseinheit (= Kostenträger) die Divisionskalkulation Anwendung. Dabei entfällt eine Aufteilung der Kosten in Einzel- und Gemeinkosten sowie die Verteilung der Gemeinkosten auf Kostenstellen.

3.2.1 Einstufige Divisionskalkulation

Tz. 136

einstufige Divisionskalkulation: Absatzmenge = Produktionsmenge

Die einstufige Divisionskalkulation kann nur angewandt werden, wenn in einer Abrechnungsperiode eines Einproduktbetriebes die abgesetzte Menge genauso groß wie die produzierte Menge ist, also keine Bestandsveränderungen an Halb- und Fertigfabrikaten auftreten. In diesem Fall werden die Selbstkosten je Leistungseinheit (z. B. Stück, Gewicht, Volumen) durch Division der gesamten in der Abrechnungsperiode angefallenen Kosten durch die in dieser Periode produzierte Menge ermittelt.

$$\text{Selbstkosten je Leistungseinheit} = \frac{\text{Gesamtkosten der Abrechnungsperiode}}{\text{Produktionsmenge (= Absatzmenge) der Abrechnungsperiode}}$$

BEISPIEL

Die Z GmbH (Einproduktbetrieb) fördert und verkauft in der Abrechnungsperiode 01 3.400 t Kies. Es fallen folgende Kosten an:

Lohnkosten	46.000 €
Fertigungsgemeinkosten	33.800 €
Verwaltungskosten	10.200 €
Vertriebskosten	6.900 €
Gesamt	96.900 €

Die Selbstkosten je Tonne Kies werden wie folgt ermittelt:

$$\text{Selbstkosten/Tonne} = \frac{96.900\,€}{3.400\,t} = 28{,}50\,€/t$$

3.2.2 Mehrstufige Divisionskalkulation

Tz. 137

In der Regel entspricht die Produktionsmenge einer Abrechnungsperiode nicht der Absatzmenge, es treten also Bestandsveränderungen (Bestandsmehrung = Produktionsmenge > Absatzmenge, Bestandsminderung = Produktionsmenge < Absatzmenge) auf. In diesem Fall müssen die Gesamtkosten in Herstellkosten, Verwaltungs- und Vertriebsgemeinkosten unterteilt und verursachungsgerecht der Produktions- bzw. Absatzmenge zugerechnet werden.

Dabei gilt:

Die Herstellkosten fallen ausschließlich bei der Produktion an, sie werden daher nur auf die produzierte Menge verteilt. Dagegen beziehen sich die Verwaltungs- und Vertriebsgemeinkosten auf die abgesetzte Menge, eine Zurechnung erfolgt daher nur auf die Absatzmenge.

mehrstufige Divisionskalkulation:
- ► Absatzmenge ≠ Produktionsmenge
- ► Herstellkosten → Produktionsmenge
- ► Verwaltungs-/Vertriebsgemeinkosten → Absatzmenge

Tz. 138

Die Selbstkosten je Leistungseinheit werden bei der mehrstufigen Divisionskalkulation wie folgt ermittelt:

$$\text{Selbstkosten je Leistungseinheit} = \frac{\text{Herstellkosten}}{\text{Produktionsmenge}} + \frac{\text{Verwaltungs-/Vertriebsgemeinkosten}}{\text{Absatzmenge}}$$

Dabei wird die Absatzmenge wie nachstehend bestimmt:

Absatzmenge = Produktionsmenge + Bestandsminderungen – Bestandsmehrungen

BEISPIEL

Die Y GmbH (Einproduktbetrieb) produziert in der Abrechnungsperiode Januar 280.000 Stück des Produktes A. Dabei entstehen folgende Kosten:

Fertigungsmaterial	230.000 €
Materialgemeinkosten	135.000 €
Fertigungslöhne	328.000 €
Fertigungsgemeinkosten	529.000 €
Verwaltungsgemeinkosten	150.000 €
Vertriebsgemeinkosten	168.000 €

Wie hoch sind die Selbstkosten/Stück, wenn
a) die gesamte Produktionsmenge verkauft wird?
b) eine Bestandserhöhung von 20.000 Stück vorliegt?
c) eine Bestandsminderung von 40.000 Stück vorliegt?

LÖSUNG

a) Gesamtkosten = 1.540.000 €

$$\text{Selbstkosten/Stück} = \frac{1.540.000\,€}{280.000\ \text{Stück}} = 5{,}50\ €/\text{Stück}$$

b) Herstellkosten = 1.222.000 € (230.000 € + 135.000 € + 328.000 € + 529.000 €)

Verwaltungs-/Vertriebsgemeinkosten = 318.000 € (150.000 € + 168.000 €)

Absatzmenge = 260.000 Stück (280.000 Stück - 20.000 Stück)

$$\text{Selbstkosten/Stück} = \frac{1.222.000\,€}{280.000\ \text{Stück}} + \frac{318.000\,€}{260.000\ \text{Stück}} = 5{,}59\ €/\text{Stück}$$

c) Herstellkosten = 1.222.000 €
(230.000 € + 135.000 € + 328.000 € + 529.000 €)

Verwaltungs-/Vertriebsgemeinkosten = 318.000 € (150.000 € + 168.000 €)

Absatzmenge = 320.000 Stück (280.000 Stück + 40.000 Stück)

$$\text{Selbstkosten/Stück} = \frac{1.222.000\ €}{280.000\ \text{Stück}} + \frac{318.000\ €}{320.000\ \text{Stück}} = 5{,}36\ €/\text{Stück}$$

Tz. 139

Die mehrstufige Divisionskalkulation wird ebenfalls angewandt, wenn die Fertigung eines Produktes in mehreren Produktionsstufen (PS) erfolgt und Bestandsveränderungen bei Halbfabrikaten auftreten (→ Produktionsmenge der Produktionsstufe 1 ≠ Produktionsmenge, die in Produktionsstufe 2 einfließt).

Die Selbstkosten je Leistungseinheit werden durch Division der Herstellkosten der jeweiligen Produktionsstufe durch die Produktionsmenge dieser Produktionsstufe und anschließende Addition der Teilergebnisse ermittelt. Die Verwaltungs- und Vertriebsgemeinkosten dürfen nur auf die abgesetzte Menge verteilt werden.

Selbstkosten je Leistungseinheit =

$$\frac{\text{Herstellkosten PS 1}}{\text{Produktionsmenge PS 1}} + \frac{\text{Herstellkosten PS 2}}{\text{Produktionsmenge PS 2}} + \frac{\text{Herstellkosten PS n}}{\text{Produktionsmenge PS n}} + \frac{\text{Verwaltungs-/Vertriebsgemeinkosten}}{\text{Absatzmenge}}$$

BEISPIEL

Die ABC GmbH (Einproduktbetrieb) fertigt das Produkt X in 2 Produktionsstufen. Folgende Informationen liegen für die Abrechnungsperiode Februar vor:

Produktionsstufe 1:		
produzierte Menge an Halbfabrikaten	=	120.000 Stück
Herstellkosten	=	38.400 €
Produktionsstufe 2:		
Fertigstellung der Halbfabrikate	=	100.000 Stück
Herstellkosten	=	59.000 €
Absatzmenge	=	98.000 Stück
Verwaltungsgemeinkosten	=	8.200 €
Vertriebsgemeinkosten	=	6.500 €

a) Wie hoch sind die Selbstkosten/verkauftem Stück?
b) Mit welchem Wert werden die Bestandsveränderungen der Halbfabrikate bzw. Fertigfabrikate in der Betriebsergebnisrechnung angesetzt?

LÖSUNG

a) $$\text{Selbstkosten/Stück} = \frac{38.400\ €}{120.000\ \text{St.}} + \frac{59.000\ €}{100.000\ \text{St.}} + \frac{8.200\ € + 6.500\ €}{98.000\ \text{St.}}$$

= 0,32 €/Stück + 0,59 €/Stück + 0,15 €/Stück = 1,06 €/Stück

b) *Bewertung Bestandsveränderung Halbfabrikate:*

Menge × Herstellkosten/Stück der Produktionsstufe 1

20.000 Stück × 0,32 €/Stück = 6.400 €

Bewertung Bestandsveränderung Fertigfabrikate:

Menge × (Σ Herstellkosten/Stück der Produktionsstufe 1 und der Produktionsstufe 2)

2.000 Stück × (0,32 €/Stück + 0,59 €/Stück) = 1.820 €

3.3 Äquivalenzziffernkalkulation

Tz. 140

Sortenfertigung liegt vor, wenn ein Unternehmen gleichartige Produkte zumeist in Massenfertigung herstellt (z. B. Schokolade, Bier [jeweils mit unterschiedlicher Geschmacksrichtung], Stahlbleche, Kabel, Drähte [jeweils mit verschiedenen Stärken]). Kennzeichnend für gleichartige Produkte ist die artverwandte Herstellung sowie die Verwendung des gleichen oder eines ähnlichen Rohstoffes, lediglich bei sekundären Produktmerkmalen (z. B. Abmessungen, Qualität oder Format) treten Unterschiede auf. Die Fertigung der unterschiedlichen Sorten kann gleichzeitig oder nacheinander erfolgen, alle Sorten können die gleiche Produktionsanlage durchlaufen. Die Herstellkosten bzw. Selbstkosten einer Leistungseinheit je Sorte werden in Betrieben mit Sortenfertigung mithilfe der Äquivalenzziffernkalkulation ermittelt, wobei diese auf der Divisionskalkulation aufbaut, jedoch für Mehrproduktbetriebe weiterentwickelt wurde.

Äquivalenzziffernkalkulation: Sortenfertigung (Massenfertigung gleichartiger Produkte)

3.3.1 Einstufige Äquivalenzziffernkalkulation

Tz. 141

Da bei der Sortenfertigung die Produkte in der Art der Herstellung und ihrer stofflichen Zusammensetzung sehr ähnlich sind, kann auch bei der Kostenverursachung von einer gewissen Ähnlichkeit ausgegangen werden, die Kosten der einzelnen Sorten müssten sich daher in einem bestimmten Verhältnis zueinander verhalten. Die Äquivalenzziffernkalkulation gleicht die Kostenunterschiede der verschiedenen Sorten, welche sich z. B. durch unterschiedliche Bearbeitungszeiten, Qualität, Gewicht oder des Rohstoffverbrauchs ergeben, durch Einbeziehung von Verhältniszahlen, den so genannten Äquivalenzziffern, aus. Die Kosten der dadurch rechnerisch gleichwertigen Produkte können dann durch Anwendung der Divisionskalkulation ermittelt werden.

Ausgleich Kostenunterschiede durch Äquivalenzziffern

Tz. 142

Im Einzelnen erfolgt die Ermittlung der Selbstkosten je Leistungseinheit und insgesamt von jeder Sorte in folgenden Schritten:

Schritte der Äquivalenzziffernkalkulation

1. Bestimmung der Äquivalenzziffern:[9]

   Festlegung einer Sorte als Standardsorte → Äquivalenzziffer 1, Berechnung der Äquivalenzziffern der anderen Sorten je nach Grad der Kostenbeanspruchung in Relation zur Standardsorte (z. B. Kosten Sorte X = 20 % höher als Kosten der Standardsorte A → Äquivalenzziffer Sorte X = 1,2)
2. Umrechnung in gleichwertige Recheneinheiten:

   Multiplikation der Produktionsmenge jeder Sorte mit der jeweiligen Äquivalenzziffer
3. Ermittlung der Kosten je Recheneinheit:

   Division der Gesamtkosten der Abrechnungsperiode durch die Summe der Recheneinheiten
4. Berechnung der Stückkosten je Sorte:

   Multiplikation der Kosten je Recheneinheit mit der Äquivalenzziffer jeder Sorte (→ Stückkosten der Standardsorte = Kosten je Recheneinheit)
5. Ermittlung der Gesamtkosten je Sorte:

   Multiplikation der Stückkosten je Sorte mit der jeweiligen Produktionsmenge je Sorte (Σ Gesamtkosten je Sorte = Gesamtkosten der Abrechnungsperiode)

9 Einmal ermittelte Äquivalenzziffern bleiben in Unternehmen so lange gültig, bis durch Änderung, z. B. der Betriebsstruktur oder der technischen Fertigungsverfahren, eine Neubestimmung notwendig wird.

Wie bei der einstufigen Divisionskalkulation setzt auch die einstufige Äquivalenzziffernkalkulation voraus, dass keine Bestandsveränderungen an Halb- und Fertigfabrikaten auftreten.

BEISPIEL

Die B Brauerei AG stellt die Sorten Helles, Weißbier und Pils her. Die Herstellung der Sorte Weißbier verursacht 25 % mehr Kosten als die Herstellung von Helles, Pils dagegen löst bei der Brauung 20 % mehr Kosten aus als Weißbier.

Folgende Mengen wurden in der Abrechnungsperiode hergestellt:

Helles:	10.000 hl
Weißbier:	15.000 hl
Pils:	8.000 hl

Dabei entstanden Gesamtkosten in Höhe von 1.956.000 €.

Wie hoch sind die Selbstkosten/hl und insgesamt der einzelnen Biersorten?

LÖSUNG

Bestimmung der Äquivalenzziffern:

Helles:	Standardsorte → Äquivalenzziffer 1
Weißbier:	Kostenverursachung 25 % höher als Standardsorte Helles → Äquivalenzziffer 1,25 (= 125 % von 1)
Pils:	Kostenverursachung 20 % höher als Weißbier (ÄZ 1,25) → Äquivalenzziffer 1,5 (= 120 % von 1,25)

Umrechnung in gleichwertige Recheneinheiten:

Helles:	10.000 × 1	= 10.000 RE
Weißbier:	15.000 × 1,25	= 18.750 RE
Pils:	8.000 × 1,5	= 12.000 RE
Σ		= 40.750 RE

Ermittlung der Kosten je Recheneinheit:

$$\frac{\text{Gesamtkosten der Abrechnungsperiode}}{\Sigma\ \text{Recheneinheiten}} = \frac{1.956.000\ €}{40.750\ \text{RE}} = 48{,}00\ €/\text{RE}$$

Berechnung der Stückkosten je Sorte:

Helles:	48,00 €/RE × 1	= 48,00 €/hl
Weißbier:	48,00 €/RE × 1,25	= 60,00 €/hl
Pils:	48,00 €/RE × 1,5	= 72,00 €/hl

Ermittlung der Gesamtkosten je Sorte:

Helles:	48,00 €/hl × 10.000 hl	= 480.000 €
Weißbier:	60,00 €/hl × 15.000 hl	= 900.000 €
Pils:	72,00 €/hl × 8.000 hl	= 576.000 €
Σ		= 1.956.000 €

Tabellarische Darstellung:

Sorte:	ÄZ	Menge in hl	Rechen-einheiten	Kosten/hl je Sorte	Gesamtkosten je Sorte
Helles	1	10.000	10.000	48,00 €	480.000 €
Weißbier	1,25	15.000	18.750	60,00 €	900.000 €
Pils	1,5	8.000	12.000	72,00 €	576.000 €
			40.750		1.956.000 €

Gesamtkosten:	1.956.000 €
Gesamtkosten je Recheneinheit:	48,00 €

Die Belegung der Sorte Helles mit der Äquivalenzziffer 1 ist nicht zwingend, es kann auch eine andere Sorte als Standardsorte gewählt werden.

Alternativer Lösungsvorschlag: Weißbier = Standardsorte

Bestimmung der Äquivalenzziffern:

Helles: Kostenverursachung in Höhe von 80 % (= 4/5) der Standardsorte Weißbier
→ Äquivalenzziffer 0,8 (= 80 % von 1)

Weißbier: Standardsorte → Äquivalenzziffer 1

Pils: Kostenverursachung 20 % höher als Standardsorte Weißbier
→ Äquivalenzziffer 1,2 (= 120 % von 1)

Die weiteren Schritte zur Ermittlung der Selbstkosten/hl und insgesamt jeder Sorte sind folgender Tabelle zu entnehmen:

Sorte:	ÄZ	Menge in hl	Rechen-einheiten	Kosten/hl je Sorte	Gesamtkosten je Sorte
Helles	0,8	10.000	8.000	48,00 €	480.000 €
Weißbier	1	15.000	15.000	60,00 €	900.000 €
Pils	1,2	8.000	9.600	72,00 €	576.000 €
			32.600		1.956.000 €

Gesamtkosten:	1.956.000 €
Gesamtkosten je Recheneinheit:	60,00 €

Zu beachten ist dabei, dass aus der unterschiedlichen Wahl der Standardsorte eine andere Summe der Recheneinheiten (40.750 RE ↔ 32.600 RE) und der Gesamtkosten je Recheneinheit (48,00 €/RE ↔ 60,00 €/RE) folgt, das Ergebnis der Selbstkosten/hl und insgesamt jeder Sorte muss jedoch unabhängig von der Standardsortenauswahl immer gleich sein.

3.3.2 Mehrstufige Äquivalenzziffernkalkulation

Tz. 143

Entspricht die Produktionsmenge nicht der Absatzmenge (= Bestandsveränderung an Fertigfabrikaten) oder erfolgt die Fertigung der Produkte in mehreren Produktionsstufen mit Auf- bzw. Abbau von Zwischenlagern (= Bestandsveränderung an Halbfabrikaten), werden die Selbstkosten je Leistungseinheit und insgesamt von jeder Sorte analog der mehrstufigen Divisionskalkulation mithilfe der mehrstufigen Äquivalenzziffernkalkulation ermittelt.

mehrstufige Äquivalenzziffernrechnung: Produktionsmenge ≠ Absatzmenge

Dabei wird für jede Fertigungsstufe eine eigene Reihe von Äquivalenzziffern gebildet, die Kosten dieser Stufe werden entsprechend der einstufigen Äquivalenzziffernkalkulation ermittelt. Durch anschließende Addition der Teilergebnisse ergeben sich die Selbstkosten je Leistungseinheit und insgesamt jeder Sorte.

3.3.3 Kombinierte Äquivalenzziffernkalkulation

Tz. 144

kombinierte Äquivalenzziffernkalkulation

Gibt es innerhalb der einzelnen Sorten Unterschiede durch diverse Merkmale (z. B. Farbton, Qualität usw.), müssen mehrere Kosteneinflußgrößen berücksichtigt werden. Die Ermittlung der Selbstkosten je Leistungseinheit und insgesamt von jeder Sorte erfolgt dann mithilfe der kombinierten Äquivalenzziffernkalkulation, wobei die einzelnen Gewichtungsfaktoren durch Multiplikation verknüpft und zu einer Äquivalenzziffernreihe zusammengefasst werden.

BEISPIEL

Die ABC GmbH stellt Dachziegel in drei unterschiedlichen Größen (D-8, D-10 und D-12) her, wobei Ziegel der Größe D-8 20 % weniger Kosten verursachen als Ziegel der Größe D-10, die Herstellung der D-12-Ziegel löst 20 % mehr Kosten aus als die der D-10-Ziegel. Alle Größen sind in der Standard- und der Edelversion erhältlich, wobei die Edelversion der Ziegel durch das angewandte Engobierungsverfahren 50 % mehr Kosten verursacht als die Standardversion.

Folgende Mengen wurden in der Abrechnungsperiode 01 hergestellt:

	Standardversion:	Edelversion:
D-8:	30.000 Stück	20.000 Stück
D-10:	75.000 Stück	50.000 Stück
D-12:	42.500 Stück	25.000 Stück

Dabei sind Gesamtkosten in Höhe von 352.800 € angefallen, Bestandsveränderungen wurden nicht verzeichnet.

Wie hoch sind die Selbstkosten/Stück und insgesamt jeder Sorte in den unterschiedlichen Ausführungen?

LÖSUNG

Bestimmung der Äquivalenzziffern:

nach Sorte:

D-8:	Äquivalenzziffer 0,8 (Kostenverursachung 20 % geringer als bei Standardsorte D-10)
D-10:	Standardsorte → Äquivalenzziffer 1
D-12:	Äquivalenzziffer 1,2 (Kostenverursachung 20 % höher als bei Standardsorte D-10)

nach Ausführung:

Standardversion:	Äquivalenzziffer 1
Edelversion:	Äquivalenzziffer 1,5 (Kostenverursachung 50 % höher als Standardversion)

Die Äquivalenzziffern der sechs möglichen Produktvarianten werden durch Multiplikation der Äquivalenzziffer nach Sorte mit der Äquivalenzziffer nach Ausführung ermittelt:

D-8 Standardversion:	Äquivalenzziffer 0,8	(= 0,8 × 1)
D-8 Edelversion:	Äquivalenzziffer 1,2	(= 0,8 × 1,5)
D-10 Standardversion:	Äquivalenzziffer 1,0	(= 1 × 1)
D-10 Edelversion:	Äquivalenzziffer 1,5	(= 1 × 1,5)
D-12 Standardversion:	Äquivalenzziffer 1,2	(= 1,2 × 1)
D-12 Edelversion:	Äquivalenzziffer 1,8	(= 1,2 × 1,5)

Die weiteren Schritte zur Ermittlung der Selbstkosten/Stück und insgesamt jeder Sorte in ihren Ausführungen sind folgender Tabelle zu entnehmen:

Sorte:	Ausführung	ÄZ	Menge in Stück	Rechen-einheiten	Stückkosten je Sorte	Gesamtkosten je Sorte
D-8	Standard	0,8	30.000	24.000	0,96 €	28.800 €
D-8	Edel	1,2	20.000	24.000	1,44 €	28.800 €
D-10	Standard	1,0	75.000	75.000	1,20 €	90.000 €
D-10	Edel	1,5	50.000	75.000	1,80 €	90.000 €
D-12	Standard	1,2	42.500	51.000	1,44 €	61.200 €
D-12	Edel	1,8	25.000	45.000	2,16 €	54.000 €
				294.000		352.800 €

Gesamtkosten:	352.800 €
Gesamtkosten je Recheneinheit:	1,20 €

3.4 Kuppelkalkulation

Tz. 145

Kuppelkalkulation: Kuppelproduktion → technologisch bedingtes Entstehen eines weiteren Produktes

Fällt bei der Herstellung eines Produktes technologisch bedingt mindestens ein weiteres Produkt an, handelt es sich um eine Kuppelproduktion. Dabei wird unterschieden zwischen der primären Verbundenheit (naturgesetzlich) wie z. B. der Verkokung von Kohle, wo neben Koks auch Gas entsteht oder dem Raffinieren von Erdöl, wo neben Benzin auch Gase und Teerprodukte anfallen, und der sekundären Verbundenheit (wirtschaftliche Verwertung) wie z. B. der Stromproduktion, bei der auch Abwärme anfällt. Eine verursachungsgerechte Zurechnung der Herstellkosten auf die einzelnen Kuppelprodukte ist aufgrund der gemeinsam anfallenden Kosten des Kuppelproduktionsprozesses nicht möglich, daher erfolgt die Kostenverteilung nach dem Tragfähigkeitsprinzip, wobei eine gewisse Willkür in Kauf genommen werden muss.

Die Kostenverteilung kann nach folgenden Methoden durchgeführt werden:

- Restwertmethode (Subtraktionsmethode)
- Verteilungsmethode (Marktpreisäquivalenzziffernmethode)

Tz. 146

Restwertmethode:

Restwertmethode: 1 Hauptprodukt und 1 oder mehrere Nebenprodukte

Entsteht bei der Kuppelproduktion ein Hauptprodukt und ein oder mehrere Nebenprodukte, werden die Stückkosten des Hauptproduktes mithilfe der Restwertmethode ermittelt. Dabei wird unterstellt, dass der Verkauf der Nebenprodukte lediglich kostendeckend erfolgt, die Herstellkosten der Nebenprodukte sollen also genauso hoch sein wie die zu erzielenden Nettoerlöse (Verkaufspreis abzüglich Weiterverarbeitungskosten). Verursachen Nebenprodukte, die am Markt nicht abgesetzt werden können (= Abfallprodukte), Vernichtungskosten, so erhöhen diese Kosten die Kuppelproduktionskosten. Die Herstellkosten des Hauptproduktes erhält man, indem man die Nettoerlöse der Nebenprodukte von den Gesamtkosten subtrahiert.

BEISPIEL

Die gesamten Herstellkosten eines Kuppelproduktionsprozesses, aus dem ein Hauptprodukt und drei Nebenprodukte hervorgehen, betragen 175.500 €. Folgende Informationen stehen zur Verfügung:

Kuppelprodukte	Produktions-menge (Liter)	Marktpreis je Liter	Weiterverarbeitungs-/ Vernichtungskosten je Liter
Hauptprodukt	10.000	22,00 €	
Nebenprodukt 1	800	3,75 €	1,00 €
Nebenprodukt 2	420	2,50 €	0,50 €
Nebenprodukt 3	160		0,25 €

Wie hoch sind die Herstellkosten/Liter des Hauptproduktes?

LÖSUNG

Nettoerlöse der Nebenprodukte

((Marktpreis je Liter - Weiterverarbeitungs-/Vernichtungskosten je Liter) × Produktionsmenge):

Nebenprodukt 1:	(3,75 € - 1,00 €) × 800	=	2.200 €
Nebenprodukt 2:	(2,50 € - 0,50 €) × 420	=	840 €
Nebenprodukt 3:	(0,00 € - 0,25 €) × 160	=	- 40 €
Σ Nettoerlöse der Nebenprodukte		=	3.000 €

Ermittlung der Herstellkosten/Liter des Hauptproduktes:

Gesamte Herstellkosten des Kuppelproduktionsprozesses	175.500 €
- Nettoerlöse der Nebenprodukte	3.000 €
Herstellkosten des Hauptproduktes insgesamt	172.500 €

$$\text{Herstellkosten/Liter} = \frac{\text{Herstellkosten Hauptprodukt insgesamt}}{\text{Produktionsmenge}} = \frac{172.500\ €}{10.000\ \text{Liter}} = 17{,}25\ €/\text{l}$$

Anmerkung: Zur Berechnung der Selbstkosten/Liter müssen die Verwaltungs- und Vertriebsgemeinkosten gemäß den jeweiligen Zuschlagssätzen bezogen auf die Herstellkosten zu den Herstellkosten/Liter addiert werden.

Tz. 147

Verteilungsmethode:

Verteilungsmethode: mehrere Hauptprodukte

Gehen aus einem Kuppelproduktionsprozess mehrere Hauptprodukte hervor, erfolgt die Ermittlung der Herstellkosten eines jeden Hauptproduktes anhand der Verteilungsmethode, wobei unterstellt wird, dass sich die Herstellkosten proportional zu den erzielbaren Marktpreisen der Kuppelprodukte verhalten. Man wählt daher die Marktpreise als Äquivalenzziffern, die Verteilung der Herstellkosten erfolgt anschließend analog der einstufigen Äquivalenzziffernkalkulation.

BEISPIEL

Aus einem Kuppelproduktionsprozess gehen drei Hauptprodukte hervor. Die dabei entstehenden Herstellkosten betragen 616.000 €. Zur Ermittlung der Herstellkosten jedes Hauptproduktes liegen folgende Daten vor:

Kuppelprodukte	**Produktionsmenge (kg)**	**Marktpreis je kg**
Hauptprodukt 1	16.250	20,00 €
Hauptprodukt 2	12.500	18,00 €
Hauptprodukt 3	10.000	15,00 €

Kuppelprodukte	**ÄZ**	**Menge in kg**	**Recheneinheiten**	**Stückkosten**	**Gesamtkosten**
Hauptprodukt 1	20	16.250	325.000	17,60 €	286.000 €
Hauptprodukt 2	18	12.500	225.000	15,84 €	198.000 €
Hauptprodukt 3	15	10.000	150.000	13,20 €	132.000 €
			700.000		616.000 €

Herstellkosten:	616.000 €
Herstellkosten je Recheneinheit:	0,88 €

Erläuterung:

ÄZ	=	Marktpreis je kg
Recheneinheiten	=	ÄZ × Menge
Herstellkosten je Recheneinheit	=	$\frac{\text{Herstellkosten des Kuppelproduktionsprozesses}}{\Sigma \text{ Recheneinheiten}}$
Stückkosten	=	Herstellkosten je Recheneinheit × ÄZ
Gesamtkosten	=	Stückkosten × Menge

Tz. 148

Problematisch ist bei beiden Methoden der Kuppelkalkulation die unmittelbare Abhängigkeit der Herstellkosten eines Hauptproduktes von den erzielbaren Marktpreisen (Restwertmethode: Marktpreise der Nebenprodukte höher → Herstellkosten des Hauptproduktes niedriger; Verteilungsmethode: Marktpreis Hauptprodukt A höher → Herstellkosten Hauptprodukt A höher), ein direkter Zusammenhang zwischen Erlösen und Kosten dürfte aber wohl fraglich sein.

3.5 Handelskalkulation

Tz. 149

Handelskalkulation

Die Handelskalkulation findet Anwendung in Handelsbetrieben (Dienstleistungsbetriebe), deren wirtschaftliche Tätigkeit im Wesentlichen darin besteht, Waren zu beschaffen und diese anschließend unverändert oder ohne wesentliche Bearbeitung wieder zu verkaufen. Bezogen auf die Abnehmerkreise erfolgt eine Unterteilung in Einzelhandelsbetriebe (→ Letztverbraucher) und Großhandelsbetriebe (→ andere Unternehmen), in Abhängigkeit von dem räumlichen Betätigungsfeld wird zwischen Binnenhandelsbetrieben (Beschaffung und Absatz vorwiegend im Inland) und Außenhandelsbetrieben (Beschaffung und/oder Absatz vorwiegend grenzüberschreitend) unterschieden.

3.5.1 Schema zur Handelskalkulation

Tz. 150

Das Handelskalkulationsschema führt vom Listeneinkaufspreis über die Ermittlung des Bezugspreises zur Berechnung des Listenverkaufspreises und sieht insgesamt wie folgt aus:

Handelskalkulationsschema

	Listeneinkaufspreis (LEP)	...
-	Liefererrabatt	...
=	Zieleinkaufspreis (ZEP)	...
-	Liefererskonto	...
=	Bareinkaufspreis (BEP)	...
+	Bezugskosten	...
=	Bezugspreis (BZP)[10]	...
+	Handlungskosten	...
=	Selbstkosten (SK)	...
+	Gewinn	...
=	Barverkaufspreis (BVP)	...
+	Kundenskonto (Rechnung im Hundert!)	...
+	Vertreterprovision (Rechnung im Hundert!)	...
=	Zielverkaufspreis (ZVP)	...
+	Kundenrabatt (Rechnung im Hundert!)	...
=	Listenverkaufspreis (LVP)	...

10 Oder Einstandspreis

Tz. 151

Dabei sind folgende Punkte zu berücksichtigen:

- Kalkulation vom Listeneinkaufspreis zum Bezugspreis = Beschaffungs- bzw. Bezugskalkulation: Ermittlung des Bezugspreises bei gegebenem Listeneinkaufspreis und gegebenen Zahlungs- und Lieferkonditionen
- Kalkulation vom Bezugspreis zum Listenverkaufspreis = Absatz- bzw. Verkaufskalkulation: Ermittlung des Listenverkaufspreises bei gegebenem Bezugspreis, gegebenen Kosten und Verkaufskonditionen
- Bezugskosten: z. B. Fracht- oder Versicherungskosten
- Handlungskosten: Alle im Handelsbetrieb anfallenden, den Kostenträgern nicht direkt zuordenbaren Gemeinkosten wie z. B. Personalkosten, Raumkosten, Abschreibungen, Zinsen usw., Ermittlung über Zuschlagssatz (Zuschlagsbasis: Wareneinsatz)
- Gewinn: Gewinndimensionierung muss am Markt durchsetzbar sein
- Barverkaufspreis: Einzelhandelsbetrieb → Barverkaufspreis zzgl. USt = Ladenpreis bzw. Auszeichnungspreis
- Kundenskonto/Vertreterprovision (Rechnung im Hundert): Basis für die Berechnung von Kundenskonto und Vertreterprovision ist der Zielverkaufspreis (= 100 %), der Barverkaufspreis entspricht lediglich einem verminderten Prozentsatz.
- Kundenrabatt (Rechnung im Hundert): Basis für die Berechnung des Kundenrabatts ist der Listenverkaufspreis (= 100 %), der Zielverkaufspreis entspricht lediglich einem verminderten Prozentsatz.
- Umsatzsteuer: erfolgsneutraler durchlaufender Posten, daher wird netto kalkuliert

3.5.2 Vorwärts-, Rückwärts- und Differenzkalkulation

Tz. 152

Vorwärtskalkulation: Ermittlung Listenverkaufspreis

Bei der Vorwärtskalkulation geht man davon aus, dass alle Größen des Kalkulationsschemas abgesehen vom Listenverkaufspreis nicht beeinflussbar sind, somit erfolgt ausgehend vom Listeneinkaufspreis (→ vorwärts von oben nach unten) die Ermittlung des mindestens zu fordernden Listenverkaufspreises.

BEISPIEL

Die H GmbH (Handelsbetrieb) stellt Ihnen für die Ermittlung des Listenverkaufspreises folgende Daten zur Verfügung:

Listeneinkaufspreis:	1.200,00 €
Liefererrabatt:	15 %
Liefererskonto:	3 %
Bezugskosten:	20,60 €
Handlungskosten:	40 %
Gewinn:	8 %
Kundenskonto:	2 %
Vertreterprovision:	4 %
Kundenrabatt:	10 %

	Listeneinkaufspreis (LEP)		1.200,00 €		**100 %**		
-	Liefererrabatt	15 %	180,00 €	-	15 %		
=	Zieleinkaufspreis (ZEP)		1.020,00 €	=	85 %		**100 %**
-	Liefererskonto	3 %	30,60 €			-	3 %
=	Bareinkaufspreis (BEP)		989,40 €			=	97 %
+	Bezugskosten		20,60 €				
=	Bezugspreis (BZP)		1.010,00 €		**100 %**		
+	Handlungskosten	40 %	404,00 €	+	40 %		
=	Selbstkosten (SK)		1.414,00 €	=	140 %		**100 %**
+	Gewinn	8 %	113,12 €			+	8 %
=	Barverkaufspreis (BVP)		1.527,12 €		94 %	=	108 %
+	Kundenskonto	2 %	32,49 €	+	2 %		
+	Vertreterprovision	4 %	64,98 €	+	4 %		
=	Zielverkaufspreis (ZVP)		1.624,59 €	=	**100 %**		90 %
+	Kundenrabatt	10 %	180,51 €			+	10 %
=	Listenverkaufspreis (LVP)		1.805,10 €			=	**100 %**

Tz. 153

Rückwärtskalkulation: Ermittlung Listeneinkaufspreis

Ist der Listenverkaufspreis konkurrenzbedingt oder nachfragebedingt vorgegeben und sind auch die anderen Größen des Kalkulationsschemas nicht beeinflussbar, wird anhand der Rückwärtskalkulation (→ von unten nach oben) der maximal zu akzeptierende Listeneinkaufspreis ermittelt.

BEISPIEL

Die H GmbH (Handelsbetrieb) will das Produkt A in ihr Sortiment aufnehmen. Aus Konkurrenzgründen ist der Listenverkaufspreis mit 3.980 € vorgegeben. Folgende Informationen stehen für die Ermittlung des maximalen Listeneinkaufspreises zur Verfügung:

Liefererrabatt:	10 %	Liefererskonto:	2 %
Bezugskosten:	86,00 €	Handlungskosten:	45 %
Gewinn:	6 %	Kundenskonto:	3 %
Vertreterprovision:	5 %	Kundenrabatt:	12 %

	Listeneinkaufspreis (LEP)		2.279,40 €	=	**100 %**		
-	Liefererrabatt	10 %	227,94 €	+	10 %		
=	Zieleinkaufspreis (ZEP)		2.051,46 €		90 %	=	**100 %**
-	Liefererskonto	2 %	41,03 €			+	2 %
=	Bareinkaufspreis (BEP)		2.010,43 €				98 %
+	Bezugskosten		86,00 €				
=	Bezugspreis (BZP)		2.096,43 €	=	**100 %**		
+	Handlungskosten	45 %	943,39 €	-	45 %		
=	Selbstkosten (SK)		3.039,82 €		145 %	=	**100 %**
+	Gewinn	6 %	182,39 €			-	6 %
=	Barverkaufspreis (BVP)		3.222,21 €	=	92 %		106 %
+	Kundenskonto	3 %	105,07 €	-	3 %		
+	Vertreterprovision	5 %	175,12 €	-	5 %		
=	Zielverkaufspreis (ZVP)		3.502,40 €		**100 %**	=	88 %
+	Kundenrabatt	12 %	477,60 €			-	12 %
=	Listenverkaufspreis (LVP)		3.980,00 €				**100 %**

Bei der Rückwärtskalkulation wird das Kalkulationsschema nicht verändert, die Teilergebnisse werden lediglich von unten beginnend eingetragen.

Differenzkalkulation: Ermittlung Gewinn

Tz. 154

Kann weder der Listeneinkaufspreis noch der Listenverkaufspreis beeinflusst werden, erfolgt die Ermittlung des Gewinns mittels der Differenzkalkulation. Dabei werden die Selbstkosten gemäß der Vorwärtskalkulation (→ von oben nach unten) und der Barverkaufspreis anhand der Rückwärtskalkulation (→ von unten nach oben) berechnet, die Differenz aus Selbstkosten und Barverkaufspreis ist der Gewinn.

BEISPIEL

Wie hoch ist der Gewinn (absolut und in %), wenn folgende Daten gegeben sind?

Listeneinkaufspreis:	240,00 €	Liefererrabatt:	10 %
Liefererskonto:	2 %	Bezugskosten:	10,80 €
Handlungskosten:	50 %	Kundenskonto:	3 %
Vertreterprovision:	4 %	Kundenrabatt:	8 %
Listenverkaufspreis:	417,35 €		

LÖSUNG

	Listeneinkaufspreis (LEP)		240,00 €		**100 %**		
-	Liefererrabatt	10 %	24,00 €	-	10 %		
=	Zieleinkaufspreis (ZEP)		216,00 €	=	90 %		**100 %**
-	Liefererskonto	2 %	4,32 €			-	2 %
=	Bareinkaufspreis (BEP)		211,68 €			=	98 %
+	Bezugskosten		10,80 €				
=	Bezugspreis (BZP)		222,48 €		**100 %**		
+	Handlungskosten	50 %	111,24 €	+	50 %		
=	Selbstkosten (SK)		333,72 €	=	150 %		
+	Gewinn	7 %	23,36 €				
=	Barverkaufspreis (BVP)		357,08 €			=	93 %
+	Kundenskonto	3 %	11,52 €			-	3 %
+	Vertreterprovision	4 %	15,36 €			-	4 %
=	Zielverkaufspreis (ZVP)		383,96 €	=	92 %		**100 %**
+	Kundenrabatt	8 %	33,39 €	-	8 %		
=	Listenverkaufspreis (LVP)		417,35 €		**100 %**		

$$\text{Gewinn absolut} = \text{BVP - SK} = 357{,}08\,€ - 333{,}72\,€ = 23{,}36\,€$$

$$\text{Gewinn in \%} = \frac{\text{Gewinn absolut}}{\text{Selbstkosten}} \times 100 = \frac{23{,}36\,€}{333{,}72\,€} \times 100 = 7\,\%$$

3.5.3 Kalkulationszuschlag, Kalkulationsfaktor, Handelsspanne

Da die Preisermittlung anhand des Handelskalkulationsschemas relativ zeitaufwändig ist, werden insbesondere in der Praxis zur Vereinfachung der Kalkulation folgende Kennzahlen angewandt:

Tz. 155

Kalkulationszuschlag

► **Kalkulationszuschlag**

Der Kalkulationszuschlag gibt an, um wie viel Prozent der Listenverkaufspreis über dem Bezugspreis liegt (Bezugspreis entspricht 100 %). Er dient der Bestimmung der Preisuntergrenze des Listenverkaufspreises.

$$\text{Kalkulationszuschlag} = \frac{\text{Listenverkaufspreis - Bezugspreis}}{\text{Bezugspreis}} \times 100$$

Tz. 156

Kalkulationsfaktor

► Kalkulationsfaktor

Die Multiplikation des Bezugspreises mit dem Kalkulationsfaktor ermöglicht in einem Schritt die Ermittlung des Listenverkaufspreises.

$$\text{Kalkulationsfaktor} = \frac{\text{Listenverkaufspreis}}{\text{Bezugspreis}}$$

oder

$$\text{Kalkulationsfaktor} = 1 + \frac{\text{Kalkulationszuschlag}}{100}$$

Tz. 157

Handelsspanne

► Handelsspanne

Die Handelsspanne sagt aus, um wie viel Prozent der Bezugspreis unter dem Listenverkaufspreis liegt (Listenverkaufspreis entspricht 100 %). Sie wird zur Berechnung von Preisobergrenzen beim Wareneinkauf bei gegebenem Listenverkaufspreis herangezogen.

$$\text{Handelsspanne} = \frac{\text{Listenverkaufspreis - Bezugspreis}}{\text{Listenverkaufspreis}} \times 100$$

Bei Anwendung dieser Kennzahlen muss jedoch gewährleistet sein, dass die Prozentsätze bezüglich Handlungskosten und Gewinn sowie die Verkaufskonditionen über einen längeren Zeitraum konstant bleiben.

BEISPIEL

Die H GmbH (Handelsbetrieb) stellt für die Ermittlung des Kalkulationszuschlages, des Kalkulationsfaktors und der Handelsspanne folgende Daten zur Verfügung:

Handlungskosten:	38 %	Gewinn:	9 %
Kundenskonto:	2 %	Vertreterprovision:	3 %
Kundenrabatt:	10 %		

Ermittlung der gesuchten Kennzahlen durch beispielhafte Kalkulation vom Bezugspreis 100 € zum Listenverkaufspreis unter Berücksichtigung der gegebenen Konditionen:

	Bezugspreis (BZP)		100,00 €
+	Handlungskosten	38 %	38,00 €
=	Selbstkosten (SK)		138,00 €
+	Gewinn	9 %	12,42 €
=	Barverkaufspreis (BVP)		150,42 €
+	Kundenskonto	2 %	3,17 €
+	Vertreterprovision	3 %	4,75 €
=	Zielverkaufspreis (ZVP)		158,34 €
+	Kundenrabatt	10 %	17,59 €
=	Listenverkaufspreis (LVP)		175,93 €

$$\text{Kalkulationszuschlag} = \frac{\text{LVP - BZP}}{\text{BZP}} \times 100 = \frac{175{,}93\,€ - 100{,}00\,€}{100{,}00\,€} \times 100 = 75{,}93\,\%$$

$$\text{Kalkulationsfaktor} = \frac{\text{LVP}}{\text{BZP}} = \frac{175{,}93\,€}{100{,}00\,€} = 1{,}7593 \text{ oder}$$

$$1 + \frac{\text{Kalkulationszuschlag}}{100} = 1 + \frac{75{,}93}{100} = 1{,}7593$$

$$\text{Handelsspanne} = \frac{\text{LVP - BZP}}{\text{LVP}} \times 100 = \frac{175{,}93\,€ - 100{,}00\,€}{175{,}93\,€} \times 100 = 43{,}16\,\%$$

BEISPIEL

Die H GmbH (Handelsbetrieb) möchte die oben ermittelten Kennzahlen zur Berechnung der jeweiligen Preise in folgenden Fällen anwenden:

a) Welcher Listenverkaufspreis muss mindestens angesetzt werden, wenn das Produkt A einen Bezugspreis von 294,50 € hat?

b) Wie hoch darf der Bezugspreis von Produkt B maximal sein, wenn nachfragebedingt der Listenverkaufspreis 1.020,40 € beträgt?

LÖSUNG

a)	Kalkulationszuschlag		= 75,93 % von 294,50 €	=	223,61 €
	LVP =	BZP + Kalkulationszuschlag	= 294,50 € + 223,61 €	=	518,11 €
	oder				
	LVP =	BZP × Kalkulationsfaktor	= 294,50 € × 1,7593	=	518,11 €

Probe:

	Bezugspreis (BZP)		294,50 €
+	Handlungskosten	38 %	111,91 €
=	Selbstkosten (SK)		406,41 €
+	Gewinn	9 %	36,58 €
=	Barverkaufspreis (BVP)		442,99 €
+	Kundenskonto	2 %	9,33 €
+	Vertreterprovision	3 %	13,99 €
=	Zielverkaufspreis (ZVP)		466,31 €
+	Kundenrabatt	10 %	51,81 €
=	Listenverkaufspreis (LVP)		518,12 €

b)	Handelsspanne		= 43,16 % von 1.020,40 €	=	440,40 €
	BZP =	LVP - Handelsspanne	= 1.020,40 € - 440,40 €	=	580,00 €
	oder				

$$\text{BZP} = \frac{\text{LVP}}{\text{Kalkulationsfaktor}} = \frac{1.020{,}40\,€}{1{,}7593} = 580{,}00\,€$$

Probe:

	Bezugspreis (BZP)		580,00 €
+	Handlungskosten	38 %	220,40 €
=	Selbstkosten (SK)		800,40 €
+	Gewinn	9 %	72,04 €
=	Barverkaufspreis (BVP)		872,44 €
+	Kundenskonto	2 %	18,37 €
+	Vertreterprovision	3 %	27,55 €
=	Zielverkaufspreis (ZVP)		918,36 €
+	Kundenrabatt	10 %	102,04 €
=	Listenverkaufspreis (LVP)		1.020,40 €

1.) Was versteht man unter dem Begriff Kostenverrechnung?

Unter Kostenverrechnung versteht man den gesamten Prozess von der Kostenartenrechnung über die Kostenstellenrechnung bis hin zur Kostenträgerrechnung (Tz. 92).

2.) Nennen Sie die einzelnen Grundsätze der Kostenverrechnung und beschreiben Sie diese kurz.

- *Verursachungsprinzip – tatsächliche Verursachung entscheidend (Tz. 94)*
- *Tragfähigkeitsprinzip – Belastbarkeit der Kostenträger (Tz. 95)*
- *Durchschnittsprinzip – gleichmäßige Kostenverteilung (Tz. 96)*

3.) Nennen Sie die Aufgaben der Kostenstellenrechnung.

- *Primärkostenverrechnung*
- *Sekundärkostenverrechnung*
- *Ermittlung von Gemeinkostenzuschlagssätzen*
- *Kostenkontrollrechnung*

(Tz. 97)

4.) Wodurch unterscheiden sich die Hilfskostenstellen von den Hauptkostenstellen?

Hilfskostenstellen dienen dem eigentlichen Leistungsprozess, sind aber nicht direkt an diesem beteiligt (Tz. 98).

Hauptkostenstellen sind unmittelbar an dem eigentlichen Leistungsprozess des Betriebs beteiligt (Tz. 99).

5.) Nach welchen Verfahren kann die innerbetriebliche Leistungsverrechnung erfolgen?

- *Anbauverfahren*
- *Stufenleiterverfahren*
- *Mathematisches Gleichungsverfahren*
- *Iterationsverfahren*

(Tz. 105)

6.) Grenzen Sie das Anbauverfahren von dem Stufenleiterverfahren ab.

Anbauverfahren: Jeglicher Leistungsaustausch zwischen Hilfskostenstellen wird vernachlässigt (Tz. 106).

Stufenleiterverfahren: Ermöglicht eine einseitige Kostenumlage, ein gegenseitiger Leistungsaustausch zwischen Hilfskostenstellen kann nicht berücksichtigt werden (Tz. 108).

7.) Wie werden die Gemeinkostenzuschlagssätze ermittelt?

$$\text{Materialgemeinkostenzuschlagssatz} = \frac{\text{Materialgemeinkosten}}{\text{Fertigungsmaterial}} \times 100$$

$$\text{Fertigungsgemeinkostenzuschlagssatz} = \frac{\text{Fertigungsgemeinkosten}}{\text{Fertigungslöhne}} \times 100$$

$$\text{Verwaltungsgemeinkostenzuschlagssatz} = \frac{\text{Verwaltungsgemeinkosten}}{\text{Herstellkosten des Umsatzes}} \times 100$$

$$\text{Vertriebsgemeinkostenzuschlagssatz} = \frac{\text{Vertriebsgemeinkosten}}{\text{Herstellkosten des Umsatzes}} \times 100$$

(Tz. 114)

8.) Wodurch unterscheiden sich die Herstellkosten der Erzeugung von den Herstellkosten des Umsatzes?

Herstellkosten der Erzeugung
abzgl. Bestandserhöhung unfertige/fertige Erzeugnisse
zzgl. Bestandsminderung unfertige/fertige Erzeugnisse
= Herstellkosten des Umsatzes

(Tz. 115)

9.) Was versteht man unter Normalkosten?

Normalkosten ergeben sich aus dem Durchschnittswert der Istkosten für mehrere vergangene Abrechnungsperioden (Tz. 116).

10.) Erläutern Sie, wann eine Kostenüber- bzw. eine Kostenunterdeckung entsteht.

Normalkosten > Istkosten → Kostenüberdeckung

Normalkosten < Istkosten → Kostenunterdeckung

(Tz. 117)

11.) Definieren Sie den Begriff Kostenträger.

Als Kostenträger kann eine Produkteinheit, ein Auftrag, eine Charge, ein Produkt oder eine Produktgruppe bestimmt werden (Tz. 118).

12.) Grenzen Sie die kumulative von der differenzierenden Zuschlagskalkulation ab.

kumulativ: Verrechnung der gesamten Gemeinkosten über einen einzigen Zuschlagssatz auf die Kostenträger (Tz. 121)

differenzierend: Verteilung der Gemeinkosten auf die funktional gegliederten Kostenstellen über differenzierte Ermittlung von Gemeinkostenzuschlagssätzen (Tz. 123)

13.) Nennen Sie je drei Beispiele für maschinenabhängige Fertigungsgemeinkosten und Restgemeinkosten.

Maschinenabhängige Fertigungsgemeinkosten: kalk. AfA, Zinsen bzgl. der Maschine, Energiekosten

Restgemeinkosten: Gehälter, Hilfslöhne, betriebliche Steuern

(Tz. 128)

14.) Wie wird der Maschinenstundensatz bzw. der Restgemeinkostenzuschlagssatz ermittelt?

$$\text{Maschinenstundensatz} = \frac{\text{maschinenabhängige Fertigungsgemeinkosten}}{\text{Maschinenlaufzeit}} \quad \text{(Tz. 129)}$$

$$\text{Restgemeinkostenzuschlagssatz} = \frac{\text{Restgemeinkosten}}{\text{Fertigungslöhne}} \times 100 \quad \text{(Tz. 130)}$$

15.) Welchen Vorteil hat die Zuschlagskalkulation mit Maschinenstundensatzrechnung?

Die Zuschlagskalkulation mit Maschinenstundensatzrechnung führt zu einer wesentlich verursachungsgerechteren Verteilung der maschinenabhängigen Gemeinkosten auf die Kostenträger (Tz. 133).

16.) Wodurch unterscheiden sich die einstufige und die mehrstufige Divisionskalkulation?

einstufig: Einproduktbetrieb ohne Bestandsveränderungen (Produktionsmenge = Absatzmenge)

mehrstufig: Einproduktbetrieb mit Bestandsveränderungen (Produktionsmenge ≠ Absatzmenge)

(Tz. 136-138)

17.) Was versteht man unter Sortenfertigung?

Sortenfertigung liegt bei Unternehmen vor, die mehrere, jedoch gleichartige Produkte herstellen (Tz. 140).

18.) Beschreiben Sie die Ermittlung der Selbstkosten mithilfe der Äquivalenzziffernkalkulation.

- *Bestimmung der Äquivalenzziffern (Bezug auf Standardsorte mit ÄZ = 1)*
- *Umrechnung in gleichwertige Recheneinheiten (Produktionsmenge × ÄZ)*
- *Ermittlung der Kosten je Recheneinheit (Gesamtkosten : Summe Recheneinheiten)*
- *Berechnung der Stückkosten je Sorte (Kosten je Recheneinheit × ÄZ)*
- *Ermittlung der Gesamtkosten je Sorte (Stückkosten × Produktionsmenge)*

(Tz. 142)

19.) Wann wird im Rahmen der Kuppelproduktion die Restwertmethode und wann die Verteilungsmethode angewandt?

Restwertmethode: Kuppelproduktion → 1 Hauptprodukt, 1 oder mehrere Nebenprodukte

Verteilungsmethode: Kuppelproduktion → mehrere Hauptprodukte

(Tz. 145 f.)

20.) Nennen Sie drei Punkte, die beim Handelskalkulationsschema beachtet werden müssen.

- *Gewinndimensionierung muss am Markt durchsetzbar sein*
- *Kundenskonto/Vertreterprovision/Kundenrabatt: Rechnung im Hundert*
- *Umsatzsteuer bleibt außen vor, da erfolgsneutraler Posten*

(Tz. 151)

21.) Wann wird in Handelsbetrieben die Vorwärts-, die Rückwärts- bzw. die Differenzkalkulation angewandt?

Vorwärtskalkulation: Ermittlung des Listenverkaufspreises – von oben nach unten (Tz. 152)

Rückwärtskalkulation: Ermittlung des Listeneinkaufspreises – von unten nach oben (Tz. 153)

Differenzkalkulation: Ermittlung des Gewinns – Differenz zwischen SK und BVP (Tz. 154)

22.) Welche Voraussetzung muss erfüllt sein, damit die Kennzahlen Kalkulationszuschlag, Kalkulationsfaktor und Handelsspanne sinnvoll angewandt werden können?

Die Prozentsätze bezüglich Handlungskosten und Gewinn sowie die Verkaufskonditionen müssen über einen längeren Zeitraum konstant bleiben (Tz. 157).

III. Methoden der kurzfristigen Erfolgsrechnung für betriebliche Analyse- und Steuerungszwecke

1. Kurzfristige Erfolgsrechnung als Kostenträgerzeitrechnung

Tz. 158

Abgrenzung externe – interne Erfolgsrechnung

Während die externe Erfolgsrechnung primär für Personen und Institutionen außerhalb des Unternehmens (z. B. Finanzbehörden, Banken usw.) bestimmt ist, wendet sich die betriebliche Erfolgsrechnung[11] insbesondere an Entscheidungsträger des Unternehmens wie z. B. die Geschäftsleitung. Dabei muss beachtet werden, dass der externen Erfolgsrechnung das Gesamtergebnis (= Erträge abzgl. Aufwendungen) zugrunde liegt, die betriebliche Erfolgsrechnung jedoch auf Basis der Kosten und Leistungen durchgeführt wird[12].

Tz. 159

Aufgaben der betrieblichen Erfolgsrechnung

Die betriebliche Erfolgsrechnung erfolgt in der Regel in verhältnismäßig kurzen Zeitabständen (z. B. monatliche Abrechnungsperioden) und hat folgende Aufgaben:

- Ermittlung der in einer Abrechnungsperiode angefallenen Selbstkosten
- Darstellung von Struktur und Entwicklung der Kosten
- Betriebsergebnisermittlung durch Gegenüberstellung von Leistungen und Kosten
- Bestimmung des Produktanteils an den Gesamtkosten bzw. dem gesamten Betriebsergebnis einer Periode durch Zuordnung von Kosten und Umsatzerlösen auf die einzelnen Produkte
- Wirtschaftlichkeitskontrolle der einzelnen Produkte

Die kurzfristige Erfolgsrechnung kann mithilfe des Gesamtkosten- bzw. des Umsatzkostenverfahrens durchgeführt werden, beide Verfahren werden nachfolgend vorgestellt.

1.1 Gesamtkostenverfahren

Tz. 160

Gesamtkostenverfahren: Gesamtleistung – Gesamtkosten

Bei Ermittlung des Betriebsergebnisses mithilfe des Gesamtkostenverfahrens werden den gesamten Leistungen einer Abrechnungsperiode sämtliche Kosten dieser Abrechnungsperiode gegenübergestellt (entspricht der Betriebsergebnisrechnung in der Ergebnistabelle im Rechnungskreis II, siehe Tz. 20). Da die Kosten lediglich nach Kostenarten und nicht nach Kostenträgern aufgeteilt werden, lässt sich bezüglich des Betriebsergebnisses keine Aussage treffen, inwieweit einzelne Produkte oder Produktgruppen mehr oder weniger zum Erfolg beitragen. Die Anwendung des Gesamtkostenverfahrens empfiehlt sich daher nur bei Einproduktbetrieben bzw. zur schnellen Ermittlung des Betriebsergebnisses im Ganzen.

Das Gesamtkostenverfahren kann sowohl in Staffelform wie auch in Kontenform dargestellt werden:

Tz. 161

Ermittlung des Betriebsergebnisses nach dem Gesamtkostenverfahren in Staffelform:

	Umsatzerlöse für eigene Erzeugnisse und Waren
+	aktivierte Eigenleistungen
+	Bestandserhöhungen Fertigerzeugnisse/unfertige Erzeugnisse (Ermittlung durch Inventur)
-	Bestandsminderungen Fertigerzeugnisse/unfertige Erzeugnisse (Ermittlung durch Inventur)
=	Gesamtleistung der Abrechnungsperiode
-	Gesamtkosten der Abrechnungsperiode
=	Betriebsergebnis

11 Synonyme: Betriebsergebnisrechnung, kurzfristige Erfolgsrechnung, Kostenträgerzeitrechnung.

12 Überleitung Gesamtergebnis zum Betriebsergebnis mithilfe der Abgrenzungsrechnung.

Tz. 162

Ermittlung des Betriebsergebnisses nach dem Gesamtkostenverfahren in Kontenform:

Soll – Betriebsergebniskonto	Haben
Gesamtkosten der Abrechnungsperiode	Umsatzerlöse für eigene Erzeugnisse und Waren
Bestandsminderungen Fertigerzeugnisse/ unfertige Erzeugnisse (Bewertung mit HK)	Bestandserhöhungen Fertigerzeugnisse/ unfertige Erzeugnisse (Bewertung mit HK)
	aktivierte Eigenleistungen
Gewinn der Abrechnungsperiode *oder*	Verlust der Abrechnungsperiode

Dabei können sich die Gesamtkosten der Abrechnungsperiode zusammensetzen aus z. B. Roh-, Hilfs-, und Betriebsstoffkosten, Personalkosten, kalkulatorischen Zinsen, kalkulatorischen Abschreibungen, kalkulatorischer Miete, kalkulatorischem Unternehmerlohn usw.

1.2 Umsatzkostenverfahren

Tz. 163

Umsatzkostenverfahren:
► Vollkostenbasis
► Teilkostenbasis

Das Umsatzkostenverfahren kann sowohl auf Vollkosten- wie auch auf Teilkostenbasis durchgeführt werden, wobei die Ermittlung des Betriebsergebnisses durch Gegenüberstellung der nach Kostenträgern (z. B. Produktart oder Produktgruppe) gegliederten Umsatzerlöse einer Abrechnungsperiode und der ebenso gegliederten Selbstkosten (→ Vollkostenbasis) bzw. variablen Kosten (→ Teilkostenbasis) der abgesetzten Menge dieser Abrechnungsperiode erfolgt. Da sich die Kosten lediglich auf die Absatzmenge beziehen, entfällt bei Anwendung des Umsatzkostenverfahrens die Ermittlung von Bestandsveränderungen durch Inventur. Die Aufteilung der Erlöse und Kosten auf die Kostenträger ermöglicht eine produktbezogene Erfolgsanalyse, Voraussetzung für die Anwendung des Umsatzkostenverfahrens ist jedoch eine Kostenstellenrechnung.

Tz. 164

Vollkostenbasis:
Umsatzerlöse –
Selbstkosten Absatzmenge

Umsatzkostenverfahren auf Vollkostenbasis – Betriebsergebnisermittlung in Staffelform:

	Umsatzerlöse Produktart A
-	Selbstkosten Produktart A (Absatzmenge)
=	Ergebnis Produktart A
+	Ergebnis der Produktarten B, C, ..., n
=	Betriebsergebnis

Tz. 165

Umsatzkostenverfahren auf Vollkostenbasis – Betriebsergebnisermittlung in Kontenform:

Soll – Betriebsergebniskonto	Haben
Selbstkosten der abgesetzten Produkte, gegliedert nach Produktarten	Umsatzerlöse für eigene Erzeugnisse und Waren, gegliedert nach Produktarten
Gewinn der Abrechnungsperiode *oder*	Verlust der Abrechnungsperiode

Tz. 166

Umsatzkostenverfahren auf Teilkostenbasis – Betriebsergebnisermittlung in Staffelform:

Teilkostenbasis: Umsatzerlöse – var. Kosten (Absatzmenge)

	Umsatzerlöse Produktart A
-	variable Kosten Produktart A (Absatzmenge)
=	Deckungsbeitrag Produktart A
+	Deckungsbeiträge der Produktarten B, C, ..., n
=	Gesamtdeckungsbeitrag
-	fixe Kosten der Abrechnungsperiode
=	Betriebsergebnis

Tz. 167

Umsatzkostenverfahren auf Teilkostenbasis – Betriebsergebnisermittlung in Kontenform:

Soll	Betriebsergebniskonto	Haben
variable Kosten der abgesetzten Produkte, gegliedert nach Produktarten		Umsatzerlöse für eigene Erzeugnisse und Waren, gegliedert nach Produktarten
fixe Kosten der Abrechnungsperiode		
Gewinn der Abrechnungsperiode	oder	Verlust der Abrechnungsperiode

Tz. 168

Beim Umsatzkostenverfahren auf Teilkostenbasis werden den Umsatzerlösen der Abrechnungsperiode zunächst lediglich die variablen Kosten der abgesetzten Produkte gegenübergestellt. Von dem so ermittelten Deckungsbeitrag der Produkte werden die gesamten fixen Kosten der Abrechnungsperiode abgezogen, um das Betriebsergebnis zu erhalten.

BEISPIEL

Die AB-Industrie AG schließt die Abrechnungsperiode 01 mit folgenden Daten ab:

- Produzierte Menge — 20.000 Stück
- Bestandserhöhung Fertigerzeugnisse — 3.800 Stück
- Verkaufserlös je Stück — 7 €

		davon variabel:	davon fix:
Herstellkosten gesamt	90.000 €	55.000 €	35.000 €
Verwaltungsgemeinkosten	19.000 €	2.000 €	17.000 €
Vertriebsgemeinkosten	16.000 €	9.000 €	7.000 €
Gesamtkosten	125.000 €	66.000 €	59.000 €

Das Betriebsergebnis soll ermittelt werden nach dem

a) Gesamtkostenverfahren

b) Umsatzkostenverfahren auf Vollkostenbasis

c) Umsatzkostenverfahren auf Teilkostenbasis

LÖSUNG

a) Gesamtkostenverfahren

	Umsatzerlöse ((20.000 Stück - 3.800 Stück) × 7 €/Stück)	113.400 €
+	Bestandserhöhung (90.000 € /20.000 Stück × 3.800 Stück)	17.100 €
=	Gesamtleistung der Abrechnungsperiode	130.500 €
-	Gesamtkosten der Abrechnungsperiode	125.000 €
=	Betriebsergebnis	5.500 €

- Produktionsmenge = 20.000 Stück, Bestandserhöhung = 3.800 Stück
  → Absatzmenge 16.200 Stück (Absatzmenge führt zu Umsatzerlösen)
- Bewertung der Bestandserhöhung erfolgt mit den Herstellkosten

b) Umsatzkostenverfahren auf Vollkostenbasis

	Umsatzerlöse ((20.000 Stück - 3.800 Stück) × 7 €/Stück)	113.400 €
-	anteilige, auf Absatzmenge entfallende Herstellkosten (90.000 € /20.000 Stück × 16.200 Stück)	72.900 €
-	Verwaltungsgemeinkosten	19.000 €
-	Vertriebsgemeinkosten	16.000 €
=	Betriebsergebnis	5.500 €

- Betriebsergebnis nach Gesamtkostenverfahren = Betriebsergebnis nach Umsatzkostenverfahren auf Vollkostenbasis
- Begründung: Das Gesamtkostenverfahren setzt auf der Kostenseite die gesamten Herstellkosten, also auch die Herstellkosten, die auf die Bestandserhöhung entfallen, an. Gleichzeitig sind Bestandserhöhungen in Höhe der auf sie entfallenden Herstellkosten ein Teil der Gesamtleistung (→ keine Gewinnauswirkung).
  Beim Umsatzkostenverfahren bleiben die anteiligen Herstellkosten der produzierten, aber nicht abgesetzten Menge (= Bestandserhöhung) sowohl bei den Kosten wie auch bei den Leistungen unberücksichtigt (Ansatz lediglich der anteiligen, auf die Absatzmenge entfallenden Herstellkosten).

c) Umsatzkostenverfahren auf Teilkostenbasis

	Umsatzerlöse ((20.000 Stück - 3.800 Stück) × 7 €/Stück)	113.400 €
-	anteilige, auf Absatzmenge entfallende variable Herstellkosten (55.000 € /20.000 Stück × 16.200 Stück)	44.550 €
-	variable Verwaltungsgemeinkosten	2.000 €
-	variable Vertriebsgemeinkosten	9.000 €
=	Deckungsbeitrag	57.850 €
-	fixe Herstellkosten	35.000 €
-	fixe Verwaltungsgemeinkosten	17.000 €
-	fixe Vertriebsgemeinkosten	7.000 €
=	Betriebsergebnis	- 1.150 €

- Betriebsergebnis nach Umsatzkostenverfahren auf Vollkostenbasis ≠ Betriebsergebnis nach Umsatzkostenverfahren auf Teilkostenbasis (Differenz = 5.500 € - (- 1.150 €) = 6.650 €)
- Begründung: Beim Umsatzkostenverfahren auf Teilkostenbasis werden die fixen Kosten in voller Höhe in der jeweiligen Entstehungsperiode (hier Abrechnungsperiode 01) gewinnmindernd angesetzt.
  Bei Betriebsergebnisermittlung nach dem Umsatzkostenverfahren auf Vollkostenbasis erfolgt lediglich ein anteiliger, auf die Absatzmenge bezogener Fixkostenansatz.

  Die Differenz in Höhe von 6.650 € lässt sich wie folgt herleiten:
  Fixkostenanteil (Herstellkosten) Mehrbestand 3.800 Stück =

$$\frac{\text{fixe Herstellkosten}}{\text{Produktionsmenge}} \times \text{Bestandserhöhung} = \frac{35.000\,€}{20.000\text{ Stück}} \times 3.800\text{ Stück} = 6.650\,€$$

- Die Verwaltungs- und Vertriebsgemeinkosten fallen nur für die Absatzmenge an, insofern ergibt sich diesbezüglich keine Differenz (voller Ansatz sowohl bei Umsatzkostenverfahren auf Vollkostenbasis wie auch auf Teilkostenbasis).
- *Fazit:* Das Betriebsergebnis bei Ermittlung nach dem Umsatzkostenverfahren auf Vollkostenbasis und Teilkostenbasis stimmt nur überein, wenn keine Bestandsveränderungen vorliegen.
  Das Umsatzkostenverfahren auf Vollkostenbasis kann aufgrund der lediglich anteiligen Berücksichtigung der Fixkosten zu betrieblichen Fehlentscheidungen führen.
  Das Umsatzkostenverfahren auf Teilkostenbasis ist aussagekräftiger, da der Gesamtdeckungsbeitrag der Produkte zur Deckung des Fixkostenblockes herangezogen wird.

2. Gegenüberstellung von Vollkosten- und Teilkostenrechnung

Tz. 169

Vollkostenrechnung ≠ verursachungsgerecht → Fehlentscheidungen

Unter Vollkostenrechnung versteht man die Kostenrechnungssysteme, bei denen sämtliche Kosten, also alle Einzelkosten und alle Gemeinkosten, auf die Kostenträger verrechnet werden.[13] Bei den jeweiligen Einzelkosten ist eine Zuordnung problemlos möglich, die Gemeinkosten, insbesondere der fixe Anteil, können jedoch nicht verursachungsgerecht auf die Kostenträger verteilt werden, da die im Betriebsabrechnungsbogen ermittelten Gemeinkostenzuschlagssätze auf dem Durchschnittsprinzip beruhen und eigentlich nur für einen bestimmten Beschäftigungsgrad gültig sind (Fixkostenverteilung ist bei Beschäftigungsänderung nicht mehr korrekt). Diese mehr oder weniger willkürliche Verteilung der Fixkosten führt aufgrund der sich ergebenden Ungenauigkeiten oft zu unternehmerischen Fehlentscheidungen.

Tz. 170

System der Teilkostenrechnung

Im Rahmen der Teilkostenrechnung wird lediglich ein Teil der angefallenen Kosten, in der Regel die Einzelkosten oder die variablen Kosten, auf die Kostenträger verrechnet, die Gemeinkosten bzw. die fixen Kosten werden als „Block" in die Betriebsergebnisrechnung übernommen.

BEISPIEL

Die AB-Industrie AG legt für die Abrechnungsperiode März folgende Ergebnisermittlung (Vollkostenrechnung) vor:

Produkt	Erlöse	-	Vollkosten	=	Ergebnis
A	18.000 €	-	16.000 €	=	2.000 €
B	13.000 €	-	12.000 €	=	1.000 €
C	6.000 €	-	8.000 €	=	- 2.000 €
					1.000 €

Die Ergebnisermittlung nach der Teilkostenrechnung ergibt folgendes Bild[14]:

Produkt	Erlöse	-	variable Kosten	=	Ergebnis
A	18.000 €	-	4.000 €	=	14.000 €
B	13.000 €	-	3.000 €	=	10.000 €
C	6.000 €	-	2.000 €	=	4.000 €
					28.000 €
				- K_{fix}	27.000 €
					1.000 €

Fazit:

- Bei Ergebnisermittlung nach der Vollkostenrechnung würde die Entscheidung nahe liegen, das Produkt C aus der Fertigung zu nehmen, da ein Verlust in Höhe von 2.000 € erwirtschaftet wird.
- Die Teilkostenrechnung zeigt jedoch, dass das Produkt C 4.000 € zur Deckung der fixen Kosten beiträgt (Erlöse > variable Kosten). Die Einstellung der Produktion von C würde zu einem negativen Betriebsergebnis in Höhe von 3.000 € führen, da die fixen Kosten unverändert in Höhe von 27.000 € anfallen:

Produkt	Erlöse	-	variable Kosten	=	Ergebnis
A	18.000 €	-	4.000 €	=	14.000 €
B	13.000 €	-	3.000 €	=	10.000 €
					24.000 €
				- K_{fix}	27.000 €
					- 3.000 €

→ Die Vollkostenrechnung würde demnach zu einer unternehmerischen Fehlentscheidung führen.

13 Formen der Vollkostenrechnung: Istkostenrechnung, Normalkostenrechnung, Plankostenrechnung.

14 Unterstellung: Gesamtkosten 36.000 € → variable Kosten 9.000 € (A 4.000 €, B 3.000 €, C 2.000 €), fixe Kosten 27.000 €.

BEISPIEL

Folgende Daten stehen bei einer Produktion von 10.000 Stück (= Auslastung 100 %) zur Verfügung:

Einzelkosten (variabel)	150.000 €	Einzelkosten je Stück	15 €
Gemeinkosten (fix)	300.000 €	Gemeinkosten 200 %	30 €
GK-Zuschlagssatz	200 %	Stückkosten gesamt	45 €

Im Falle eines konjunkturell bedingten Beschäftigungsrückganges auf z. B. 5.000 Stück (= Auslastung 50 %) würde sich folgende Kostensituation ergeben:

Einzelkosten (variabel)	75.000 €	Einzelkosten je Stück	15 €
Gemeinkosten (fix)	300.000 €	Gemeinkosten 400 %	60 €
GK-Zuschlagssatz	400 %	Stückkosten gesamt	75 €

Fazit:

- Eine Auslastung von lediglich 50 % hat eine Verdoppelung der Fixkosten je Stück zur Folge.
- Orientiert man sich bei den Preisforderungen an den vollen Stückkosten, müssen die Preise bei Beschäftigungsrückgang erhöht werden.
- Der Nachfrageschwund wird dadurch zusätzlich verstärkt.

→ Die Vollkostenrechnung würde auch hier zu einer unternehmerischen Fehlentscheidung führen.

Tz. 171

kurzfristige Entscheidungen → Teilkostenrechnung

Bei kurzfristig zu treffenden Entscheidungen sind zumeist nur die variablen Kosten relevant (→ Teilkostenrechnung), langfristig gesehen müssen auch die fixen Kosten berücksichtigt werden, da ein Unternehmen nur bei voller Deckung der gesamten Kosten bestehen kann. Die Kostenkontrolle sowie die Betriebsergebnisrechnung werden durch die Vollkostenrechnung ermöglicht.

2.1 Kostenträgerblatt auf Zuschlagskalkulationsbasis

Tz. 172

Kostenträgerblatt (BAB II)

Die Betriebsergebnisermittlung nach dem Umsatzkostenverfahren auf **Vollkostenbasis** erfolgt in der Regel in Tabellenform mithilfe des Kostenträgerblattes (BAB II). Dabei wird zwischen dem Kostenträgerblatt mit Ist-Gemeinkosten und dem Kostenträgerblatt mit Normal-Gemeinkosten unterschieden, je nachdem, welche Gemeinkosten zur Ergebnisermittlung herangezogen werden.

Verteilung Gesamtkosten auf Kostenträger

Im Kostenträgerblatt werden die gesamten Kosten auf die einzelnen Kostenträger verteilt und somit die Selbstkosten eines jeden Kostenträgers ermittelt. Durch Gegenüberstellung der Kosten mit den jeweils erzielten Nettoumsatzerlösen (Umsatzerlöse abzüglich Rücksendungen und Erlösschmälerungen) wird das Kostenträgerblatt zu einer Ergebnisrechnung erweitert und der Beitrag zum Betriebsergebnis eines jeden Kostenträgers ersichtlich.

BEISPIEL

Kostenträgerblatt mit Ist-Gemeinkosten:

Die AB-Industrie AG fertigt 3 Produkte (A, B und C). Das Betriebsergebnis für den Monat Januar soll mithilfe des Kostenträgerblattes unter Berücksichtigung folgender Zahlen ermittelt werden:

	Gesamt	A	B	C
Fertigungsmaterial	62.300 €	20.000 €	17.500 €	24.800 €
Fertigungslöhne	49.600 €	16.200 €	14.300 €	19.100 €
Sondereinzelkosten der Fertigung	5.900 €		2.500 €	3.400 €
Sondereinzelkosten des Vertriebs	5.000 €	1.700 €	1.400 €	1.900 €
Bestandsveränderungen:				
Bestandserhöhung Fertigerzeugnisse	5.000 €	3.000 €		2.000 €
Bestandsminderung unfertige Erzeugnisse	2.800 €	1.000 €	1.800 €	
Umsatzerlöse netto	270.000 €	82.400 €	95.300 €	92.300 €

Im Betriebsabrechnungsbogen für den Monat Januar wurden folgende Ist-Gemeinkosten-Zuschlagssätze ermittelt:

Material	14 %
Fertigung	155 %
Verwaltung	12 %
Vertrieb	8 %

Kostenträgerblatt mit Ist-Gemeinkosten						
	Kalkulationsschema	Zuschlags-satz	Gesamt	A	B	C
	Fertigungsmaterial (FM)		62.300 €	20.000 €	17.500 €	24.800 €
+	Materialgemeinkosten (MGK)	14 %	8.722 €	2.800 €	2.450 €	3.472 €
+	Fertigungslöhne (FL)		49.600 €	16.200 €	14.300 €	19.100 €
+	Fertigungsgemeinkosten (FGK)	155 %	76.880 €	25.110 €	22.165 €	29.605 €
+	Sondereinzelkosten der Fertigung (SEKF)		5.900 €		2.500 €	3.400 €
=	Herstellkosten der Erzeugung (HKdE)		203.402 €	64.110 €	58.915 €	80.377 €
-	Bestandserhöhung Fertigerzeugnisse		5.000 €	3.000 €		2.000 €
+	Bestandsminderung unfertige Erzeugnisse		2.800 €	1.000 €	1.800 €	
=	Herstellkosten des Umsatzes (HKdU)		201.202 €	62.110 €	60.715 €	78.377 €
+	Verwaltungsgemeinkosten (VerwGK)	12 %	24.144 €	7.453 €	7.286 €	9.405 €
+	Vertriebsgemeinkosten (VertrGK)	8 %	16.096 €	4.969 €	4.857 €	6.270 €
+	Sondereinzelkosten des Vertriebs (SEKV)		5.000 €	1.700 €	1.400 €	1.900 €
=	Selbstkosten des Umsatzes (SKdU)		246.442 €	76.232 €	74.258 €	95.952 €
	Umsatzerlöse		270.000 €	82.400 €	95.300 €	92.300 €
	Betriebsergebnis (Umsatzerlöse - Selbstkosten)		23.558 €	6.168 €	21.042 €	-3.652 €

Tz. 173

Die Aufstellung des Kostenträgerblattes mit Normal-Gemeinkosten ist formal bis zu der Zeile „Selbstkosten des Umsatzes“ mit dem Ist-Gemeinkosten-Kostenträgerblatt identisch, es werden jedoch Normal-Gemeinkosten-Zuschlagssätze zur Ermittlung der jeweiligen Gemeinkosten herangezogen. Die Differenz aus Umsatzerlösen und Selbstkosten des Umsatzes auf Normalkostenbasis ergibt das Umsatzergebnis, welches vor Ablauf der Abrechnungsperiode eine Abschätzung des Betriebsergebnisses erlaubt.

Kostenträgerblatt mit Normal-Gemeinkosten → Umsatzergebnis

Tz. 174

Die Abweichung zwischen Betriebsergebnis und Umsatzergebnis beruht auf den unterschiedlichen Normal- und Ist-Gemeinkosten und entspricht dem Gesamtbetrag der Kostenunter- und Kostenüberdeckungen (siehe Tz. 117).

Differenz Umsatzergebnis – Betriebsergebnis → Kosten-über-/-unterdeckungen

Dabei gilt:

Kostenüberdeckung: Normal-Gemeinkosten > Ist-Gemeinkosten

	Umsatzergebnis
+	Kostenüberdeckung
=	Betriebsergebnis

Kostenunterdeckung: Normal-Gemeinkosten < Ist-Gemeinkosten

	Umsatzergebnis
-	Kostenunterdeckung
=	Betriebsergebnis

BEISPIEL

Kostenträgerblatt mit Normal-Gemeinkosten:

Die AB-Industrie AG plant für die Abrechnungsperiode 01 mit folgenden Werten:

	Gesamt	A	B
Fertigungsmaterial	85.000 €	48.000 €	37.000 €
Fertigungslöhne I	95.000 €	54.000 €	41.000 €
Fertigungslöhne II	37.000 €	17.000 €	20.000 €
Sondereinzelkosten der Fertigung	3.000 €	2.000 €	1.000 €
Sondereinzelkosten des Vertriebs	2.000 €	1.200 €	800 €
Bestandsveränderungen:			
Bestandserhöhung unfertige Erzeugnisse	3.000 €	1.600 €	1.400 €
Bestandsminderung Fertigerzeugnisse	1.500 €	1.000 €	500 €
Umsatzerlöse netto	540.000 €	308.000 €	232.000 €

Normal-Gemeinkosten-Zuschlagssätze:

Material	9 %
Fertigung I	140 %
Fertigung II	85 %
Verwaltung	13 %
Vertrieb	7 %

Am Ende der Abrechnungsperiode 01 weisen die Kostenbereiche folgende Ist-Gemeinkosten aus:

Material	7.220 €
Fertigung I	136.450 €
Fertigung II	33.200 €
Verwaltung	49.140 €
Vertrieb	27.100 €

Wie hoch ist das Umsatzergebnis der Produkte A, B und insgesamt? Welches Betriebsergebnis wird in der Abrechnungsperiode 01 erzielt?

Schritt 1: Ermittlung Umsatzergebnis

Kostenträgerblatt mit Normal-Gemeinkosten

Kostenträgerblatt mit Normal-Gemeinkosten					
	Kalkulationsschema	Zuschlags-satz	Gesamt	A	B
	Fertigungsmaterial (FM)		85.000 €	48.000 €	37.000 €
+	Materialgemeinkosten (MGK)	9 %	7.650 €	4.320 €	3.330 €
+	Fertigungslöhne I (FL I)		95.000 €	54.000 €	41.000 €
+	Fertigungsgemeinkosten I (FGK I)	140 %	133.000 €	75.600 €	57.400 €
+	Fertigungslöhne II (FL II)		37.000 €	17.000 €	20.000 €
+	Fertigungsgemeinkosten II (FGK II)	85 %	31.450 €	14.450 €	17.000 €
+	Sondereinzelkosten der Fertigung (SEKF)		3.000 €	2.000 €	1.000 €
=	Herstellkosten der Erzeugung (HKdE)		392.100 €	215.370 €	176.730 €
-	Bestandserhöhung unfertige Erzeugnisse		3.000 €	1.600 €	1.400 €
+	Bestandsminderung Fertigerzeugnisse		1.500 €	1.000 €	500 €
=	Herstellkosten des Umsatzes (HKdU)		390.600 €	214.770 €	175.830 €
+	Verwaltungsgemeinkosten (VerwGK)	13 %	50.778 €	27.920 €	22.858 €
+	Vertriebsgemeinkosten (VertrGK)	7 %	27.342 €	15.034 €	12.308 €
+	Sondereinzelkosten des Vertriebs (SEKV)		2.000 €	1.200 €	800 €
=	Selbstkosten (SK)		470.720 €	258.924 €	211.796 €
	Umsatzerlöse		540.000 €	308.000 €	232.000 €
	Umsatzergebnis (Umsatzerlöse - Selbstkosten)		69.280 €	49.076 €	20.204 €

Schritt 2: Berechnung Kostenüber- bzw. Kostenunterdeckung gesamt

	Normal-GK	Ist-GK	Überdeckung +/ Unterdeckung -
Material	7.650 €	7.220 €	430 €
Fertigung I	133.000 €	136.450 €	- 3.450 €
Fertigung II	31.450 €	33.200 €	- 1.750 €
Verwaltung	50.778 €	49.140 €	1.638 €
Vertrieb	27.342 €	27.100 €	242 €
Summe	250.220 €	253.110 €	- 2.890 €

Schritt 3: Überleitung vom Umsatzergebnis zum Betriebsergebnis

	Umsatzergebnis	69.280 €
-	Kostenunterdeckung	2.890 €
=	Betriebsergebnis	66.390 €

2.2 Deckungsbeitragsrechnung

Tz. 175

Kostenaufteilung (fix/variabel) notwendig

Bei der Deckungsbeitragsrechnung werden dem einzelnen Kostenträger lediglich die variablen Kosten zugerechnet, da nur diese vom Produkt direkt verursacht werden (= Kostenverursachungsprinzip). Die fixen Kosten werden als Gesamtsumme unmittelbar in die Betriebsergebnisrechnung übernommen. Zwingende Voraussetzung für die Anwendung der Deckungsbeitragsrechnung ist daher die Aufteilung der Kosten in variable und fixe Bestandteile.

Tz. 176

Deckungsbeitrag absolut

Der absolute Deckungsbeitrag je Stück (= db) ergibt sich aus der Differenz vom Verkaufspreis p und den variablen Stückkosten k_v. Er trägt zur Deckung der fixen Kosten bei bzw. führt zu Betriebsgewinnen, sobald die Fixkosten gedeckt sind (Voraussetzung: $p > k_v$ und damit $db > 0$).

Es gilt also:

	Verkaufspreis	bzw.		p
-	variable Stückkosten		-	k_v
=	Stückdeckungsbeitrag		=	db

Tz. 177

Zur Ermittlung des gesamten Produktdeckungsbeitrags muss der Stückdeckungsbeitrag mit der abgesetzten Menge des Produktes multipliziert bzw. von den Umsatzerlösen dieses Produktes die variablen Kosten der abgesetzten Menge abgezogen werden.

Es gilt also:

	Stückdeckungsbeitrag	bzw.		db
×	Menge		×	x
=	Produktdeckungsbeitrag		=	DB

oder

	Umsatzerlöse	bzw.		E
-	variable Kosten		-	K_v
=	Produktdeckungsbeitrag		=	DB

Tz. 178

Zieht man von der Summe der Deckungsbeiträge die Fixkosten ab, gelangt man zum Betriebsergebnis:

	Deckungsbeitrag	bzw.		DB
-	Fixkosten		-	K_{fix}
=	Betriebsergebnis		=	BE

Demnach gilt:

Deckungsbeitrag > Fixkosten	→	Betriebsgewinn
Deckungsbeitrag = Fixkosten	→	Betriebsergebnis = 0
Deckungsbeitrag < Fixkosten	→	Betriebsverlust

BEISPIEL

Die AB-Industrie AG fertigt die Produkte A, B und C. Folgende Daten stehen für die Abrechnungsperiode Januar zur Verfügung:

	A	B	C
Verkaufspreis	44 €	38 €	47 €
variable Stückkosten	23 €	28 €	17 €
Absatzmenge	120 Stück	150 Stück	130 Stück

Welche absoluten Stückdeckungsbeiträge erwirtschaften die Produkte A, B und C?

Wie hoch ist das Betriebsergebnis für die Abrechnungsperiode Januar, wenn fixe Kosten in Höhe von 5.340 € anfallen?

LÖSUNG

	A	B	C
p	44 €	38 €	47 €
- k_v	23 €	28 €	17 €
= db	21 €	10 €	30 €
× Menge	120 Stück	150 Stück	130 Stück
= DB	2.520 €	1.500 €	3.900 €

Summe DB	7.920 €
- K_{fix}	5.340 €
= BE	2.580 €

3. Betriebserfolg einer Periode

3.1 Kostenträgerzeitrechnung

Tz. 179

Bei der Kostenträgerzeitrechnung erfolgt die Ermittlung des Betriebserfolges mithilfe des Gesamtkosten- bzw. des Umsatzkostenverfahrens (siehe Tz. 160 ff.), bei Anwendung des Umsatzkostenverfahrens auf Vollkostenbasis regelmäßig durch Aufstellung eines Kostenträgerblattes (siehe Tz. 172 ff.). Da in den genannten Textziffern ausführliche Beispiele dargestellt sind, wird an dieser Stelle auf weitere Ausführungen verzichtet.

3.2 Direct Costing

Tz. 180

einstufige Deckungsbeitragsrechnung → Fixkostenblock

Bei der einstufigen Deckungsbeitragsrechnung (*direct costing*) werden die fixen Kosten als Block von der Summe der Deckungsbeiträge abgezogen, es erfolgt demnach lediglich eine Zuordnung der variablen Kosten auf die Kostenträger, die fixen Kosten werden dem gesamten Unternehmen zugerechnet. Die Einfachheit der einstufigen Deckungsbeitragsrechnung bedingt jedoch auch eine eingeschränkte Aussagekraft. Demnach sollten Produkte mit einem negativen Deckungsbeitrag aus dem Sortiment genommen werden, sofern keine Lieferverpflichtungen bestehen und dem Produkt keine sortimentspolitische Bedeutung[15] zukommt. Bei einem positiven Deckungsbeitrag können keine genaueren Aussagen bezüglich des Produktes getroffen werden.

15 Zum Beispiel: Komplementärgut: Produkt X (z. B. db = - 2 €) wird zusammen mit Produkt Y (z. B. db = 25 €) gekauft.

BEISPIEL

Die A GmbH produziert die Erzeugnisse A, B und C.

Die einstufige Deckungsbeitragsrechnung für die Abrechnungsperiode 01 sieht folgendermaßen aus:

		A	B	C
	p	118 €	93 €	132 €
-	k_v	102 €	75 €	138 €
=	db	16 €	18 €	- 6 €
×	Menge	900 Stück	830 Stück	740 Stück
=	DB	14.400 €	14.940 €	- 4.440 €

	Summe DB	24.900 €
-	K_{fix}	19.740 €
=	BE	5.160 €

Unter der Annahme, dass keine Lieferverpflichtungen und sortimentspolitischen Gründe bestehen, lässt die einstufige Deckungsbeitragsrechnung lediglich die Schlussfolgerung zu, dass das Produkt C aufgrund des negativen Deckungsbeitrages aus dem Sortiment genommen werden sollte. Durch diese Maßnahme würde sich das Betriebsergebnis auf 9.600 € (5.160 € + 4.440 €) verbessern.

3.3 Mehrstufige Deckungsbeitragsrechnung

Tz. 181

mehrstufige Deckungsbeitragsrechnung → Aufteilung der Fixkosten

Die mehrstufige Deckungsbeitragsrechnung (Fixkostendeckungsrechnung) teilt die insgesamt anfallenden fixen Kosten in verschiedene Kategorien auf und verrechnet sie anschließend in mehreren Stufen. Damit gewährt die mehrstufige Deckungsbeitragsrechnung einen besseren Einblick in die Erfolgsstruktur eines Unternehmens und Maßnahmen zur Verbesserung des Betriebsergebnisses können gezielter eingeleitet werden.

Tz. 182

Aufteilung der Fixkosten:

- **Erzeugnisfixe Kosten:**

  Verursachung nur durch ein bestimmtes Produkt

  Beispiel: Kosten für eine Spezialmaschine (→ kalk. Abschreibung, kalk. Zinsen), Spezialwerkzeug, Lizenz (ausschließlich nötig für die Herstellung eines bestimmten Produktes)

- **Erzeugnisgruppenfixe Kosten:**

  Verursachung durch eine bestimmte Produktgruppe (mehrere, aber nicht alle Produkte)

  Beispiel: Kosten für Fertigungsmaschinen (→ kalk. Abschreibung, kalk. Zinsen), die ausschließlich der Herstellung dieser Produktgruppe dienen

- **Kostenstellenfixe Kosten:**

  Verursachung durch eine bestimmte Kostenstelle (Abteilung)

  Beispiel: Raumkosten der Kostenstelle, Gehalt eines Kostenstellenleiters

- **Bereichsfixe Kosten:**

  Verursachung durch einen bestimmten Bereich (Zusammenfassung mehrerer Produktgruppen)

  Beispiel: Kosten der Bereichsverwaltung, Gehalt eines Bereichsdirektors

- **Unternehmensfixe Kosten:**

  Verursachung durch das ganze Unternehmen (keine Zuordnung der Kosten zu einem Produkt, einer Produktgruppe, einer Kostenstelle oder einem Bereich möglich)

  Beispiel: Gehälter der Geschäftsführung, Kosten der zentralen Lohnbuchhaltung

Dabei gilt für jede Stufe, dass die Höhe der fixen Kosten unabhängig von der Produktionsmenge ist.

Tz. 183

Beispielhaftes Schema einer mehrstufigen Deckungsbeitragsrechnung:

Schema mehrstufige Deckungsbeitragsrechnung

	Produkt A	Produkt B	Produkt C	Produkt D	Produkt E	Produkt F
p						
- k_v						
= db						
× Menge						
= DB I						
- erzeugnisfixe Kosten						
= DB II						
- erzeugnisgruppenfixe Kosten						
= DB III						
- kostenstellenfixe Kosten						
= DB IV						
- bereichsfixe Kosten						
= DB V						
- unternehmensfixe Kosten						
= BE						

Die Deckungsbeiträge I-V geben an, ob die Produkte alle zuvor berücksichtigten Kosten decken können und noch ein Beitrag zur Deckung der nachfolgenden fixen Kosten übrig bleibt.

BEISPIEL

Die AB-Industrie AG legt aus der monatlichen Kostenrechnung folgende Daten vor:

Produkt	A	B	C	D	E	F	G	H
Verkaufspreis/Stück	12 €	8 €	6 €	9 €	7 €	10 €	13 €	11 €
variable Stückkosten	8 €	5 €	6 €	3 €	2 €	11 €	12 €	9 €
Absatzmenge	4.000	2.800	3.500	3.200	3.700	1.800	3.100	900

Die Produkte werden in den Bereichen 1 und 2 produziert und vertrieben, wobei die Produkte A und B, die Produkte C und D, die Produkte E und F sowie die Produkte G und H jeweils zu einer Produktgruppe zusammengefasst werden.

Die Produktgruppen verursachen folgende Fixkosten:

Bereich 1:	AB	3.800 €	CD	4.100 €
Bereich 2:	EF	2.600 €	GH	2.400 €

Im Bereich 1 sind fixe Kosten in Höhe von 11.400 €, im Bereich 2 in Höhe von 9.700 € angefallen.

Folgende Fixkosten können den einzelnen Produkten unmittelbar zugerechnet werden:

A	B	C	D	E	F	G	H
1.700 €	1.000 €	800 €	1.400 €	2.000 €	600 €	900 €	2.000 €

Wie hoch ist das Betriebsergebnis unter Berücksichtigung der unternehmensfixen Kosten in Höhe von 13.800 €? Durch welche Maßnahmen könnte das Betriebsergebnis verbessert werden?

LÖSUNG

	Produkt	A	B	C	D	E	F	G	H
	p	12 €	8 €	6 €	9 €	7 €	10 €	13 €	11 €
-	k_v	8 €	5 €	6 €	3 €	2 €	11 €	12 €	9 €
=	db	4 €	3 €	0 €	6 €	5 €	- 1 €	1 €	2 €
×	Menge	4.000	2.800	3.500	3.200	3.700	1.800	3.100	900
=	DB I	16.000 €	8.400 €	0 €	19.200 €	18.500 €	- 1.800 €	3.100 €	1.800 €
-	erzeugnisfixe Kosten	1.700 €	1.000 €	800 €	1.400 €	2.000 €	600 €	900 €	2.000 €
=	DB II	14.300 €	7.400 €	- 800 €	17.800 €	16.500 €	- 2.400 €	2.200 €	- 200 €
-	erzeugnisgruppenfixe Kosten	3.800 €		4.100 €		2.600 €		2.400 €	
=	DB III	17.900 €		12.900 €		11.500 €		- 400 €	
-	bereichsfixe Kosten	11.400 €				9.700 €			
=	DB IV	19.400 €				1.400 €			
-	unternehmensfixe Kosten	13.800 €							
=	BE	7.000 €							

Das Betriebsergebnis von derzeit 7.000 € kann durch folgende Maßnahmen verbessert werden:

Das Produkt C sollte aus dem Sortiment genommen werden, da der negative DB II in Höhe von 800 € das Betriebsergebnis verschlechtert. Diese Maßnahme sollte spätestens erfolgen, wenn die erzeugnisfixen Kosten von Produkt C abgebaut werden können. Bis zu diesem Zeitpunkt kann C weiter produziert werden, da der DB I in Höhe von 0 € sich weder positiv noch negativ auf das Betriebsergebnis auswirkt und die erzeugnisfixen Kosten von Produkt C kurzfristig auch bei Nichtproduktion anfallen.

Bei Produktionseinstellung von Produkt F erhöht sich der Betriebsgewinn kurzfristig um 1.800 € (DB I), da die variablen Kosten sofort wegfallen. Mittelfristig kann das Betriebsergebnis um weitere 600 € verbessert werden, sobald die erzeugnisfixen Kosten von Produkt F abgebaut werden können.

Des Weiteren sollte die Produktgruppe GH aus dem Sortiment genommen werden, da der positive DB II in Höhe von 2.200 € von Produkt G allein nicht ausreicht, um die erzeugnisgruppenfixen Kosten in Höhe von 2.400 € zu decken. Diese Maßnahme ist jedoch auch erst zu ergreifen, wenn die erzeugnisfixen und erzeugnisgruppenfixen Kosten der Produkte G und H abgebaut werden können.

Mittelfristig ließe sich demnach das Betriebsergebnis auf 10.600 € verbessern, sofern keine sortimentspolitischen Gründe gegen die Bereinigung der Produktpalette sprechen:

	Betriebsergebnis alt	7.000 €
+	Produkt C (DB II)	800 €
+	Produkt F (DB II)	2.400 €
+	Produktgruppe GH (DB III)	400 €
=	Betriebsergebnis neu	10.600 €

FRAGEN

1.) Welche Aufgaben hat die betriebliche Erfolgsrechnung?

- *Ermittlung der Selbstkosten*
- *Darstellung von Kostenstruktur und -entwicklung*
- *Betriebsergebnisermittlung*
- *Bestimmung des Produktanteils an den Gesamtkosten bzw. dem Betriebsergebnis*
- *Wirtschaftlichkeitskontrolle*

(Tz. 159)

2.) Beschreiben Sie die Betriebsergebnisermittlung nach dem Gesamtkostenverfahren.

Gegenüberstellung von Gesamtleistung (= Umsatzerlöse, aktivierte Eigenleistungen, Bestandsveränderungen) und Gesamtkosten einer Abrechnungsperiode (Tz. 160 f.)

3.) Wodurch unterscheidet sich das Umsatzkostenverfahren auf Vollkostenbasis vom Umsatzkostenverfahren auf Teilkostenbasis?

Vollkostenbasis: Berücksichtigung der Selbstkosten der Absatzmenge (Tz. 164 f.)

Teilkostenbasis: Berücksichtigung der variablen Kosten der Absatzmenge, die fixen Kosten gehen als „Block" in die Betriebsergebnisermittlung ein (Tz. 166 f.)

4.) Beschreiben Sie das System der Vollkostenrechnung sowie der Teilkostenrechnung.

Vollkostenrechnung: Verrechnung sämtlicher Kosten auf die Kostenträger (Tz. 169)

Teilkostenrechnung: Verrechnung lediglich der Einzel- oder variablen Kosten auf die Kostenträger, Übernahme der Gemeinkosten oder fixen Kosten als „Block" in die Betriebsergebnisrechnung (Tz. 170)

5.) Was versteht man unter einem Kostenträgerblatt?

In einem Kostenträgerblatt werden die gesamten Kosten auf die einzelnen Kostenträger verteilt und somit die Selbstkosten eines jeden Kostenträgers ermittelt. Bei Erweiterung des Kostenträgerblattes um die Umsatzerlöse wird der Beitrag eines Kostenträgers zum Betriebsergebnis ersichtlich (Tz. 172).

6.) Erläutern Sie den Unterschied zwischen Umsatzergebnis und Betriebsergebnis.

Umsatzergebnis: Kostenträgerblatt mit Normal-Gemeinkosten

Betriebsergebnis: Kostenträgerblatt mit Ist-Gemeinkosten

Differenz zwischen Umsatz- und Betriebsergebnis = Kostenüber-/-unterdeckungen (Tz. 173 f.)

7.) Was versteht man unter „direct costing"?

„direct costing" = einstufige Deckungsbeitragsrechnung

Abzug der fixen Kosten als Block von der Summe der Deckungsbeiträge (Tz. 180)

8.) In welche Stufen können Fixkosten aufgeteilt werden?

- *erzeugnisfixe Kosten*
- *erzeugnisgruppenfixe Kosten*
- *kostenstellenfixe Kosten*
- *bereichsfixe Kosten*
- *unternehmensfixe Kosten*

(Tz. 182)

9.) Nennen Sie je ein Beispiel zu den verschiedenen Fixkostenstufen.

- *erzeugnisfixe Kosten – Lizenzkosten für ein bestimmtes Produkt*
- *erzeugnisgruppenfixe Kosten – kalk. AfA einer Kühleinrichtung, in der eine bestimmte Produktgruppe gelagert werden muss*
- *kostenstellenfixe Kosten – Raumkosten einer Kostenstelle*
- *bereichsfixe Kosten – Gehalt eines Bereichsdirektors*
- *unternehmensfixe Kosten – Kosten der zentralen Lohnbuchhaltung*

(Tz. 182)

IV. Verfahren der Kosten- und Leistungsrechnung zur Lösung unterschiedlicher Problemstellungen und zur Entscheidungsvorbereitung

1. Break-even-Analysen

Tz. 184

Die Break-even-Analyse (BEA) erlaubt es dem Unternehmen, die Absatzmenge zu ermitteln, bei der die Gesamtkosten durch die Gesamterlöse gerade gedeckt sind, also weder ein Gewinn noch ein Verlust erzielt wird. Diese kritische Absatzmenge ist die Gewinnschwellenmenge (Nutzenschwelle) bzw. der Break-even-Point (BEP).

Break-even-Point: Betriebsergebnis = 0

Tz. 185

Folgende Grundgedanken liegen der Break-even-Analyse zugrunde:

Grundgedanken der BEA

- Wenn nichts produziert und verkauft wird, erzielt das Unternehmen einen Verlust in Höhe der fixen Kosten, da diese unabhängig von der Beschäftigung anfallen.[16]
- Sobald etwas produziert und verkauft wird, fallen neben den fixen Kosten auch variable Kosten an und es werden Umsatzerlöse erzielt.
- Da im Normalfall der Verkaufspreis über den variablen Stückkosten liegt, trägt jedes verkaufte Stück in Höhe der Differenz von Verkaufspreis und den variablen Stückkosten (= Stückdeckungsbeitrag db) zur Deckung der fixen Kosten bei.
- Die Gewinnschwelle ist erreicht, wenn die fixen Kosten durch die Summe der Stückdeckungsbeiträge gedeckt sind.
- Absatzmenge < Gewinnschwellenmenge → Verlustzone
  Absatzmenge > Gewinnschwellenmenge → Gewinnzone

1.1 Ermittlung der Gewinnschwelle (BEP)

Tz. 186

Da bei der Gewinnschwellenmenge die erzielten Umsatzerlöse genauso hoch sind wie die bei der Produktion angefallenen Kosten, wird im Einproduktbetrieb der Break-even-Point durch Gleichsetzen der Erlösfunktion $E_{(x)}$[17] mit der Kostenfunktion $K_{(x)}$[18] ermittelt.

Ermittlung BEP

Dabei gilt:

$E_{(x)}$	=	$p \times x$
$E_{(x)}$		Umsatzerlöse in Abhängigkeit von der Absatzmenge x
p		Verkaufspreis je Stück
$K_{(x)}$	=	$K_{fix} + k_v \times x$
$K_{(x)}$		Gesamtkosten in Abhängigkeit von der Produktionsmenge x
K_{fix}		fixe Kosten
k_v		variable Stückkosten

Tz. 187

Die Gewinnschwellenmenge wird demnach wie folgt berechnet:

$$E_{(x)} = K_{(x)}$$
$$p \times x = K_{fix} + k_v \times x$$
$$p \times x - k_v \times x = K_{fix}$$
$$(p - k_v) \times x = K_{fix}$$

16 Variable Kosten = 0, da Produktionsmenge = 0; Umsatzerlöse = 0, da Absatzmenge = 0.

17 Mithilfe der Erlösfunktion können unter Berücksichtigung des Verkaufspreises für jede beliebige Menge x die gesamten Umsatzerlöse ermittelt werden.

18 Mithilfe der Kostenfunktion können unter Berücksichtigung der fixen Gesamtkosten und der variablen Stückkosten für jede beliebige Menge x die gesamten Kosten ermittelt werden.

$$x = \frac{K_{fix}}{p - k_v}$$

$$BEP = \frac{K_{fix}}{db}$$

BEISPIEL

Für ein Einproduktunternehmen stehen folgende Daten zur Verfügung:

Verkaufspreis	30 €
variable Stückkosten	10 €
fixe Kosten	60.000 €
Kapazitätsgrenze	5.000 Stück

Der Break-even-Point soll rechnerisch ermittelt und grafisch dargestellt werden.

LÖSUNG

$$BEP = \frac{K_{fix}}{db}$$

K_{fix} = 60.000 €

db = 30 € - 10 € = 20 €

$$BEP = \frac{60.000\ €}{20\ €/Stück} = 3.000\ Stück$$

Grafische Darstellung:

Diagramm BEP

ABB. 21: Break-even-Point

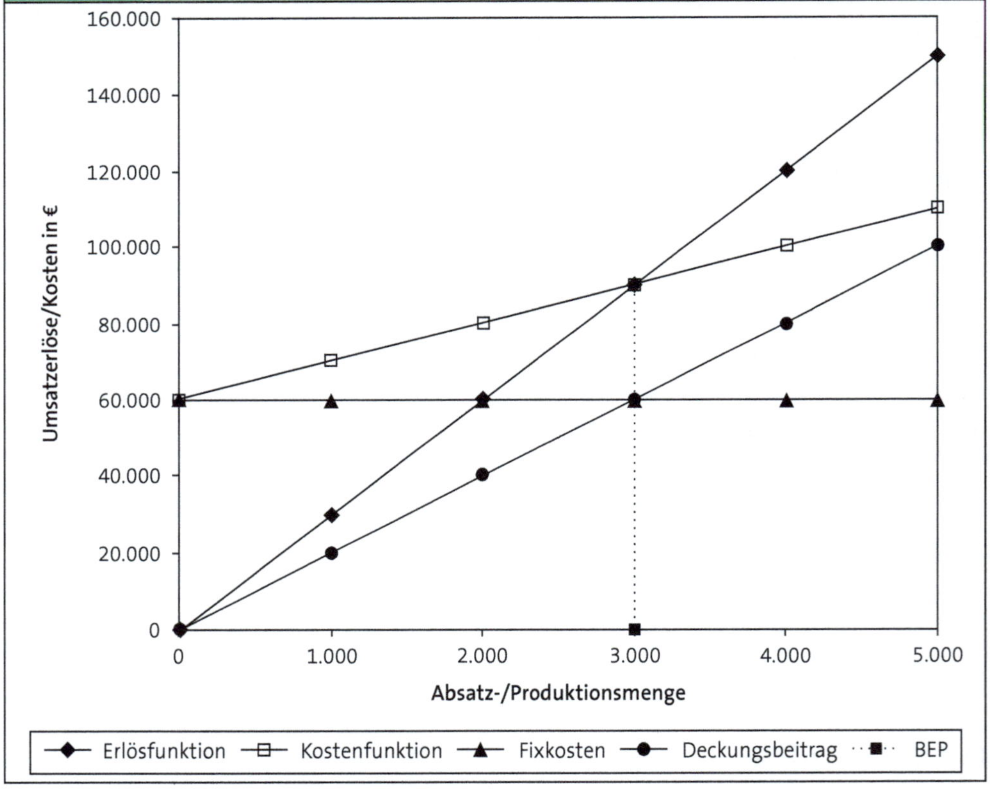

Erläuterung:

Der Grafik liegen folgende Werte zugrunde:

Menge	K_{fix}	k_v	K_v (k_v × Menge)	K (K_{fix} + K_v)	p	E (p × Menge)	db (p - k_v)	DB (db × Menge)
0	60.000 €	10 €	0 €	60.000 €	30 €	0 €	20 €	0 €
1.000	60.000 €	10 €	10.000 €	70.000 €	30 €	30.000 €	20 €	20.000 €
2.000	60.000 €	10 €	20.000 €	80.000 €	30 €	60.000 €	20 €	40.000 €
3.000	**60.000 €**	10 €	30.000 €	**90.000 €**	30 €	**90.000 €**	20 €	**60.000 €**
4.000	60.000 €	10 €	40.000 €	100.000 €	30 €	120.000 €	20 €	80.000 €
5.000	60.000 €	10 €	50.000 €	110.000 €	30 €	150.000 €	20 €	100.000 €

Die Gewinnschwellenmenge ist in der Grafik zweimal zu erkennen:

- Schnittpunkt Erlösfunktion – Kostenfunktion bei 3.000 Stück und 90.000 €
- Schnittpunkt Fixkosten – Deckungsbeitrag bei 3.000 Stück und 60.000 €

Zudem lässt sich die Verlust- bzw. Gewinnzone optisch darstellen:

Absatzmenge $<$ 3.000 Stück → Verlust, da Erlöse $<$ Kosten bzw. Deckungsbeitrag $<$ Fixkosten

Absatzmenge $>$ 3.000 Stück → Gewinn, da Erlöse $>$ Kosten bzw. Deckungsbeitrag $>$ Fixkosten

Tz. 188

Verschiebung BEP

Verändern sich die Fixkosten, der Verkaufspreis oder die variablen Stückkosten, so hat dies eine Verschiebung des Break-even-Points nach „links“ (Verringerung der Gewinnschwellenmenge) oder nach „rechts“ (Erhöhung der Gewinnschwellenmenge) zur Folge.

Dabei gilt:

Erhöhung der Gewinnschwellenmenge (Verschiebung des BEP nach „rechts“) durch

- höhere Fixkosten (z. B. aufgrund einer Kapazitätserweiterung)
- höhere variable Stückkosten (z. B. durch höhere Materialkosten oder Lohnkostensteigerungen)
- niedrigere Verkaufspreise (z. B. aufgrund von Nachfrageverschiebungen)

Eine Verringerung der Gewinnschwellenmenge tritt demnach ein, wenn die Fixkosten oder die variablen Stückkosten sinken bzw. der Verkaufspreis steigt.

1.2 Deckungsbeitragsmarge

Tz. 189

DB-Marge

Da es in einem Mehrproduktbetrieb unzählige Absatzkombinationen gibt, bei der die fixen Kosten durch die Summe der Stückdeckungsbeiträge gedeckt sind, lässt sich keine eindeutige Gewinnschwellenmenge ermitteln. Soll in dieser Situation eine Break-even-Analyse durchgeführt werden, müssen die Umsätze sowie die Deckungsbeitragsmarge (auch Deckungsbeitragsumsatzquote, kurz DBU-Quote, oder Deckungsbeitragssatz) der einzelnen Produkte als Maßstab herangezogen werden.

$$\text{DB-Marge} = \frac{\text{Stückdeckungsbeitrag db}}{\text{Verkaufspreis p}} \times 100 \text{ bzw. } \frac{\text{Gesamtdeckungsbeitrag DB}}{\text{Umsatzerlöse E}} \times 100$$

BEISPIEL

Die AB-Industrie AG stellt für die Abrechnungsperiode 01 folgende Daten zur Verfügung:

	A	B	C
Absatzmenge	300 Stück	450 Stück	900 Stück
Verkaufspreis	100 €	80 €	50 €
variable Stückkosten	50 €	60 €	45 €
Stückdeckungsbeitrag	50 €	20 €	5 €

Für die Break-even-Analyse gilt:

	A	B	C	Gesamt
Umsatzerlöse	30.000 €	36.000 €	45.000 €	111.000 €
Deckungsbeitrag	15.000 €	9.000 €	4.500 €	28.500 €
DB-Marge	50,00 %	25,00 %	10,00 %	25,68 %
Fixkosten				26.000 €
Betriebsergebnis				2.500 €

Produkt C:

- niedrigste DB-Marge → Absatzrückgang von C führt zu den geringsten Ergebniseinbußen
- Umsatz von C darf um 25.000 €[19] zurückgehen, ohne dass ein Verlust entsteht
- Gewinnschwelle bei neuem Umsatz von C in Höhe von 20.000 € (Absatzmenge 400 Stück) und unveränderten Umsatzerlösen bei A und B → Break-even-Umsatz 86.000 € (= 111.000 € - 25.000 €)

Ein Absatzrückgang von Produkt A mit der höchsten DB-Marge hätte die größten Ergebniseinbußen zur Folge. Bereits bei einer Umsatzreduzierung von 5.000 € (= Minderung der Absatzmenge um 50 Stück) wäre die Gewinnschwelle erreicht.

1.3 Break-even-Umsatz

Tz. 190

BE-Umsatz

Der Break-even-Umsatz ist abhängig von der ermittelten Gewinnschwellenmenge und wird in einem Einproduktbetrieb wie folgt berechnet:

$$\text{Break-even-Umsatz} = \text{Gewinnschwellenmenge} \times \text{Verkaufspreis } p$$

Bei einem Mehrproduktbetrieb werden für die Ermittlung des Break-even-Umsatzes die durchschnittliche Deckungsbeitragsmarge der Produkte sowie die Fixkosten herangezogen, es gilt demnach:

$$\text{Break-even-Umsatz} = \frac{K_{fix}}{\varnothing \text{ DB-Marge}}$$

BEISPIEL

Die Maschinenbau A GmbH (Mehrproduktbetrieb) hat bereits folgende Daten ermittelt:

Fixkosten/ Monat	75.000 €
Ø Deckungsbeitragsmarge	30 %

Der Break-even-Umsatz wird wie folgt berechnet:

$$\text{Break-even-Umsatz} = \frac{K_{fix}}{\varnothing \text{ DB-Marge}}$$

$$\text{Break-even-Umsatz} = \frac{75.000\,€}{30\,\%} = 250.000\,€$$

19 $\text{Umsatz} = \frac{\text{Gesamtdeckungsbeitrag DB}}{\text{DBU-Quote}} = \frac{2.500\,€}{10\,\%}$

1.4 Gewinnvorgabe

Tz. 191

Gewinnvorgabe

Soll für einen bestimmten, z. B. von der Unternehmensleitung vorgegebenen Gewinn die notwendige Absatzmenge ermittelt werden, so muss über den Deckungsbeitrag neben den Fixkosten auch der gewünschte Gewinn erwirtschaftet werden.

Die Berechnung der Mindestabsatzmenge wird wie nachfolgend dargestellt vorgenommen:

$$\text{Absatzmenge}_{\text{Gewinnvorgabe}} = \frac{K_{fix} + \text{Gewinnvorgabe}}{db}$$

BEISPIEL

Für ein Einproduktunternehmen stehen folgende Daten zur Verfügung (siehe Beispiel zu Tz. 187):

Verkaufspreis	30 €
variable Stückkosten	10 €
fixe Kosten	60.000 €
Kapazitätsgrenze	5.000 Stück

Bei welcher Absatzmenge erreicht das Unternehmen den von der Geschäftsleitung gewünschten Gewinn in Höhe von 25.000 €?

LÖSUNG

$$\text{Absatzmenge}_{\text{Gewinnvorgabe}} = \frac{K_{fix} + \text{Gewinnvorgabe}}{db}$$

K_{fix} = 60.000 €

Gewinnvorgabe = 25.000 €

db = 30 € - 10 € = 20 €

$$\text{Absatzmenge}_{\text{Gewinn 25.000 €}} = \frac{60.000\text{ €} + 25.000\text{ €}}{20\text{ €/Stück}} = 4.250\text{ Stück}$$

1.5 Umsatzrentabilität

Tz. 192

Umsatzrentabilität

Rentabilitätskennzahlen setzen den erzielten Periodenerfolg ins Verhältnis zu anderen Größen (z. B. Umsatz, Eigenkapital, Gesamtkapital). Die Umsatzrentabilität wird wie folgt berechnet:

$$\text{Umsatzrentabilität} = \frac{\text{Gewinn}}{\text{Umsatzerlöse}} \times 100$$

Aussagekraft:

- Entwicklung der Umsatzrentabilität des Unternehmens im Vergleich mit anderen Abrechnungsperioden
- Vergleich der Umsatzrentabilität des Unternehmens mit direkten Konkurrenten

BEISPIEL

Die AB-Industrie AG erzielt in der Abrechnungsperiode 01 einen Gewinn in Höhe von 58.600 € (Umsatzerlöse 1.172.000 €).

$$\text{Umsatzrentabilität} = \frac{\text{Gewinn}}{\text{Umsatzerlöse}} \times 100 = \frac{58.600\text{ €}}{1.172.000\text{ €}} \times 100 = 5\ \%$$

→ Umsatzerlöse in Höhe von 1,00 € erwirtschaften einen Gewinn in Höhe von 0,05 €.

Tz. 193

Sofern im Rahmen einer Break-even-Analyse für eine bestimmte vorgegebene Umsatzrentabilität die entsprechend notwendige Absatzmenge ermittelt werden soll, muss Folgendes beachtet werden:

- Der Verkaufspreis muss neben der Kostendeckung auch die gewünschte Umsatzrentabilität erwirtschaften.
- Die Kosten setzen sich aus einem variablen und einem fixen Anteil zusammen.
- Die variablen Stückkosten sind bei proportionalem Verlauf konstant und fallen unabhängig von der Menge in gleicher Höhe an.
- Lediglich die fixen Stückkosten sind abhängig von der Menge (Fixkostendegression, siehe Tz. 59)

Es muss demnach die Menge berechnet werden, bei der sich die ermittelten fixen Stückkosten ergeben.

BEISPIEL

Für ein Einproduktunternehmen stehen folgende Daten zur Verfügung (siehe Beispiel zu Tz. 187 bzw. Tz. 191):

Verkaufspreis	30 €
variable Stückkosten	10 €
fixe Kosten	60.000 €
Kapazitätsgrenze	5.000 Stück

Bei welcher Absatzmenge erreicht das Unternehmen die von der Geschäftsleitung gewünschte Umsatzrentabilität in Höhe von 15 %?

LÖSUNG

	p	30,00 €
-	Umsatzrentabilität 15 %	4,50 €
=	k	25,50 €
-	k_v	10,00 €
=	k_{fix}	15,50 €

$$\text{Absatzmenge}_{\text{Umsatzrentabilität}} = \frac{K_{fix}}{k_{fix}}$$

$$\text{Absatzmenge}_{\text{Umsatzrentabilität 15 \%}} = \frac{60.000\,€}{15{,}50\,€/\text{Stück}} = 3.870{,}97 \text{ Stück} \approx 3.871 \text{ Stück}$$

2. Kurzfristige und langfristige Preisuntergrenze

Tz. 194

Preisuntergrenzen

Preisuntergrenzen geben die Höhe des Verkaufspreises an, den ein Unternehmen mindestens für ein Produkt ansetzen muss, um lang- bzw. kurzfristig zu bestehen. Insbesondere in wirtschaftlich schlechten, durch Absatzrückgang gekennzeichneten Zeiten oder bei verschärfter Wettbewerbssituation kommt den Preisuntergrenzen eine entscheidende Bedeutung zu, da Preissenkungen nur in einem bestimmten Ausmaß vorgenommen werden dürfen, um keinen Verlust zu erzielen.

2.1 Kurzfristige Preisuntergrenze

Tz. 195

kurzfristige Preisuntergrenze:
► Deckung der var. Kosten
► Verlust i. H. d. Fixkosten

Die kurzfristige Preisuntergrenze ist erreicht, wenn der Verkaufspreis die durch die Produktion verursachten variablen Stückkosten abdeckt. Sofern die kurzfristige Preisuntergrenze bei sämtlichen Produkten angesetzt wird, entsteht ein Betriebsverlust in Höhe der Fixkosten, da in dieser Situation kein Deckungsbeitrag zur Deckung der fixen Kosten zur Verfügung steht. Auf den

Ersatz der fixen Kosten kann vorübergehend durchaus verzichtet werden, da diese kurzfristig nicht beeinflussbar sind und unabhängig von der Produktion anfallen, auf lange Sicht gesehen würde der Verzicht auf die Fixkosten jedoch zur Insolvenz führen.

BEISPIEL

Einzelunternehmer U stellt die Produkte X und Y her. Produkt X verursacht variable Stückkosten in Höhe von 54 €, Produkt Y in Höhe von 62 €. U möchte diese beiden Produkte zur Marktdurchdringung zu einem Sonderpreis anbieten.

Wie hoch ist die kurzfristige Preisuntergrenze?

LÖSUNG

Produkt X: $PUG_{kurzfristig} = k_v = 54\,€$

Produkt Y: $PUG_{kurzfristig} = k_v = 62\,€$

2.2 Langfristige Preisuntergrenze

Tz. 196

langfristige Preisuntergrenze
- Deckung aller Kosten
- Betriebsergebnis = 0

Langfristig gesehen müssen alle Kosten durch die erzielten Erlöse gedeckt sein, die langfristige Preisuntergrenze ist demnach erreicht, wenn der Verkaufspreis je Stück die gesamten Stückkosten, also sowohl die variablen wie auch die fixen Stückkosten, deckt. Da sich die fixen Stückkosten bei unterschiedlicher Beschäftigung verändern, ist zur Berechnung der langfristigen Preisuntergrenze eine Marktanalyse zur Ermittlung der langfristig absetzbaren Menge notwendig. Durch den Ansatz der langfristigen Preisuntergrenze können Arbeitsplätze erhalten bzw. die Absatzsituation stabilisiert werden. Das Fortbestehen des Unternehmens ist dabei auch auf lange Sicht gesichert, da für die Arbeitsleistung von Geschäftsführern bzw. Einzelunternehmern Kosten in Form von Gehältern bzw. kalkulatorischem Unternehmerlohn angesetzt werden, auf einen Gewinn kann insofern verzichtet werden.

BEISPIEL

Die Fertigung des Produktes A führt zu variablen Stückkosten in Höhe von 128 €. Die monatlichen Fixkosten betragen 48.000 €.

Wie hoch ist die langfristige Preisuntergrenze, wenn mit einer langfristig absetzbaren Menge von 2.000 Stück/Monat gerechnet wird?

LÖSUNG

$$PUG_{langfristig} = k_v + \frac{K_{fix}}{\text{langfristig absetzbare Menge}} = 128\,€/\text{Stück} + \frac{48.000\,€}{2.000\,\text{Stück}} = 152\,€/\text{Stück}$$

Bei einem Mehrproduktunternehmen bestehen mehrere Möglichkeiten zur Bildung von langfristigen Preisuntergrenzen, generell muss jedoch die Summe der von den Produkten erzielten Deckungsbeiträge die fixen Kosten des Unternehmens decken.

BEISPIEL

Die AB-Industrie AG produziert die 3 Produkte A, B und C. Die derzeitigen Verkaufspreise und Absatzmengen führen zu einem Gewinn in Höhe von 60.000 €.

Um die Absatzmenge von Produkt C (5.000 Stück) zu stabilisieren, erwägt die Geschäftsleitung, den momentanen Verkaufspreis des Produktes C in Höhe von 90 € zu senken.

Wie hoch ist die langfristige Preisuntergrenze von Produkt C, wenn die AG auf die Erzielung von Gewinn verzichtet?

LÖSUNG

$$\text{Ermittlung Preissenkung Produkt C} = \frac{\text{Betriebsergebnis}}{\text{Absatzmenge Produkt C}} = \frac{60.000\,€}{5.000\,\text{Stück}} = 12\,€/\text{Stück}$$

$$PUG_{langfristig}\ \text{Produkt C} = 90\,€/\text{Stück} - 12\,€/\text{Stück} = 78\,€/\text{Stück}$$

3. Eigenfertigung oder Fremdbezug

Tz. 197

„Make or buy“

Make or buy – die Entscheidung, ob ein bestimmtes Produkt selbst hergestellt (Eigenfertigung = „*make*“) oder von einem Lieferanten bezogen werden soll (Fremdbezug = „*buy*“), muss unter Berücksichtigung verschiedener Aspekte getroffen werden. Neben der jeweiligen Kostensituation spielen auch Faktoren wie Kapazitätsauslastung, Qualität oder technisches Know-how eine große Rolle.

Tz. 198

Vorteile Eigenfertigung

Kostenunabhängige Vorteile der Eigenfertigung:

- Unmittelbarer Einfluss auf die Qualität des Produktes
- Beschäftigungssicherung
- Unabhängigkeit von Lieferanten (Liefertermine, Preise)
- Sicherung von Know-how (kein Verlust von Betriebsgeheimnissen)
- Flexibilität
- usw.

Tz. 199

Vorteile Fremdfertigung

Kostenunabhängige Vorteile der Fremdfertigung:

- Qualität (unter Umständen bei spezialisiertem Lieferanten besser)
- Keine Mittelbindung
- Risikominderung bei Stückzahlschwankungen
- Nutzung von Fertigungs-Know-how des Lieferanten
- usw.

Tz. 200

Unter dem Kostengesichtspunkt müssen im kurzfristigen Entscheidungsbereich basierend auf einer bestimmten, vorhandenen Kapazität die Situationen Eigenfertigung bei freien Kapazitäten und Eigenfertigung bei ausgelasteter Kapazität unterschieden werden.

Bei langfristig zu treffenden Entscheidungen werden die Methoden der Investitionsrechnung herangezogen, wobei hier die Gestaltung des betrieblichen Produktionsapparates, die Durchführung oder Unterlassung von Investitionen, also die Kapazität und somit auch die Höhe der fixen Kosten im Vordergrund steht.

3.1 Kostenvergleich Eigenfertigung – Fremdbezug bei freien Kapazitäten

Tz. 201

Eigenfertigung – Fremdbezug (freie Kapazität): $HK_{variabel}$ - Bezugspreis

Sofern aufgrund der freien Kapazitäten die Eigenfertigung mit den bereits vorhandenen Betriebsmitteln möglich ist, ist die Eigenfertigung dem Fremdbezug vorzuziehen, wenn die zusätzlich anfallenden variablen Herstellkosten je Stück geringer sind als der Bezugspreis je Stück. Sind in einem Unternehmen für die Eigenfertigung eines Produktes bereits verschiedene Maschinen mit ausreichender Kapazität vorhanden, sollte die Produktion auf der Maschine erfolgen, die die geringsten variablen Kosten verursacht. Die fixen Kosten müssen bei der Kostenkalkulation der Eigenfertigung außer Ansatz bleiben, da sie unabhängig von der Entscheidung für Eigenfertigung oder Fremdbezug in gleicher Höhe anfallen.

Tz. 202

Für die Ermittlung der variablen Herstellkosten/Stück gilt:

	Fertigungsmaterial/Stück
+	variable Materialgemeinkosten
+	Fertigungslöhne/Stück
+	variable Fertigungsgemeinkosten
=	variable Herstellkosten/Stück

Zu beachten ist, dass sich die Fertigungslöhne bei Unterbeschäftigung mit vollem Lohnausgleich wie fixe Kosten verhalten, in diesem Fall sind die Fertigungslöhne nicht in die Berechnung der variablen Herstellkosten mit einzubeziehen, da durch die zusätzliche Produktion keine höheren Lohnkosten anfallen.

Tz. 203

Der Bezugspreis/Stück bei Fremdbezug wird wie folgt kalkuliert:

	Listeneinkaufspreis
-	Liefererrabatt
=	Zieleinkaufspreis
-	Liefererskonto
=	Bareinkaufspreis
+	Bezugskosten
=	Bezugspreis

BEISPIEL

Die AB-Industrie AG bezieht Motorengehäuse zu folgenden Konditionen von einem Lieferanten:

Listeneinkaufspreis/Stück	75,00 €
Liefererrabatt	12 %
Liefererskonto (Skontogewährung bei Zahlung innerhalb von 10 Tagen, innerhalb von 30 Tagen ohne Abzug)	3 %
Bezugskosten/Stück	3,80 €

Aufgrund der schlechten Auftragslage erwägt die AB-Industrie AG, die Motorengehäuse unter folgenden Bedingungen selbst zu fertigen:

Fertigungsmaterial/Stück	38,00 €
Fertigungslöhne/Stück	25,00 €
Materialgemeinkostenzuschlagssatz	20 % (davon gelten 30 % als variabel)
Fertigungsgemeinkostenzuschlagssatz	140 % (davon gelten 40 % als variabel)

Es besteht Unterbeschäftigung bei vollem Lohnausgleich.

Ist die Umstellung auf Eigenfertigung unter Kostengesichtspunkten zu empfehlen?

LÖSUNG

Kosten Fremdbezug:

	Listeneinkaufspreis		75,00 €
-	Liefererrabatt	12 %	9,00 €
=	Zieleinkaufspreis		66,00 €
-	Liefererskonto	3 %	1,98 €
=	Bareinkaufspreis		64,02 €
+	Bezugskosten		3,80 €
=	Bezugspreis		67,82 €

Kosten Eigenfertigung:

	Fertigungsmaterial/Stück		38,00 €
+	variable Materialgemeinkosten	6 %	2,28 €
+	variable Fertigungsgemeinkosten	56 %	14,00 €
=	variable Herstellkosten/Stück		54,28 €

Erläuterung:

- variabler Materialgemeinkostenzuschlagssatz (30 % von 20 %) = 20 % × 0,3 = 6 %
- variabler Fertigungsgemeinkostenzuschlagssatz (40 % von 140 %) = 140 % × 0,4 = 56 %

Während die Fertigungslöhne aufgrund der Unterbeschäftigung mit vollem Lohnausgleich bei der Berechnung der variablen Herstellkosten je Stück nicht berücksichtigt werden dürfen, dienen sie dennoch als Zuschlagsgrundlage für die Ermittlung der variablen Fertigungsgemeinkosten (56 % von 25,00 € = 14,00 €).

	Kosten Fremdbezug	67,82 €
-	Kosten Eigenfertigung	54,28 €
=	Vorteil Eigenfertigung	13,54 €

→ Eigenfertigung ist zu empfehlen.

3.2 Kostenvergleich Eigenfertigung – Fremdbezug bei ausgelasteten Kapazitäten

Tz. 204

Eigenfertigung – Fremdbezug (Kapazitätsengpass): Opportunitätskosten berücksichtigen

Erwägt ein Unternehmen die Eigenfertigung eines bislang fremd bezogenen Produktes, obwohl die Kapazitäten ausgelastet sind, kann aufgrund der Engpasssituation ein bisher selbst gefertigtes Erzeugnis entweder nur noch eingeschränkt oder gar nicht mehr produziert werden. Unter diesen Umständen müssen bei den Kosten der Eigenfertigung neben den variablen Herstellkosten je Stück auch die Opportunitätskosten[20] berücksichtigt werden, da mit der Entscheidung für die Alternative Eigenfertigung des bislang fremd bezogenen Produktes der Deckungsbeitrag eines bisher selbst gefertigten, aber nun verdrängten Erzeugnisses verloren geht. Aufgrund des vorhandenen Engpasses ist dabei der relative Deckungsbeitrag heranzuziehen.

Tz. 205

Deckungsbeitrag relativ (→ Engpass vorhanden)

Bei Vorliegen eines betrieblichen Engpasses (z. B. bei nicht ausreichender Maschinenkapazität, Personalmangel oder Lieferschwierigkeiten von Rohstoffen) muss für unternehmerische Entscheidungen der relative Deckungsbeitrag, also der auf die Engpasseinheit bezogene Deckungsbeitrag der einzelnen Produkte herangezogen werden.

Dabei gilt:

$$\text{relativer Deckungsbeitrag} = \frac{\text{absoluter Stückdeckungsbeitrag}}{\text{Engpassbeanspruchung}}$$

BEISPIEL

Die AB-Industrie AG stellt die Produkte A, B und C her. Es gelten folgende Daten:

	A	B	C
Verkaufspreis	75 €	68 €	82 €
variable Stückkosten	55 €	54 €	52 €
Fertigungszeit/Stück	4 Minuten	2 Minuten	15 Minuten

Wie hoch ist der relative Deckungsbeitrag/Minute der Produkte A, B und C?

LÖSUNG

		A	B	C
	p	75 €	68 €	82 €
-	k_v	55 €	54 €	52 €
=	db	20 €	14 €	30 €
:	Fertigungszeit	4 Minuten	2 Minuten	15 Minuten
=	relativer db (je Min.)	5 €	7 €	2 €

20 „Kosten des entgangenen Nutzens“

→ Produkt B mit dem niedrigsten absoluten Stückdeckungsbeitrag erwirtschaftet aufgrund der geringen Fertigungszeit den höchsten relativen Deckungsbeitrag.

→ Produkt C mit dem höchsten absoluten Stückdeckungsbeitrag erwirtschaftet aufgrund der langen Fertigungszeit den niedrigsten relativen Deckungsbeitrag.

Tz. 206

Die Kosten der Eigenfertigung bei ausgelasteten Kapazitäten werden demnach wie folgt ermittelt:

	Fertigungsmaterial/Stück
+	variable Materialgemeinkosten
+	Fertigungslöhne/Stück
+	variable Fertigungsgemeinkosten
=	variable Herstellkosten/Stück
+	Opportunitätskosten („verdrängter db“)
=	Gesamtkosten/Stück

Die fixen Kosten bleiben auch hier unberücksichtigt.

BEISPIEL

Die AB-Industrie AG produziert die Bauteile 1802, 1506 und 1012. Die Geschäftsleitung erwägt, das bislang fremd bezogene Bauteil 2502 in die eigene Fertigung aufzunehmen. Aufgrund der Engpasssituation in der Qualitätskontrolle könnte bei Eigenfertigung des Bauteils 2502 das Bauteil 1802 nicht mehr produziert werden. Folgende Daten sind bekannt:

Bauteil 2502:

Bezugspreis	90,76 €/Stück
variable Herstellkosten	54,48 €/Stück
gesamte Herstellkosten	124,78 €/Stück
Zeitbedarf Qualitätskontrolle	6 Minuten/Stück

Bauteil 1802:

Verkaufspreis	56,85 €/Stück
variable Herstellkosten	40,05 €/Stück
gesamte Herstellkosten	91,72 €/Stück
Zeitbedarf Qualitätskontrolle	4 Minuten/Stück

Ist die Eigenfertigung des Bauteils 2502 unter Kostengesichtspunkten sinnvoll?

LÖSUNG

Ermittlung der Opportunitätskosten bei Verdrängung des Bauteils 1802 aus der Produktion:

Bauteil 1802:

	p	56,85 €
-	k_v	40,05 €
=	db absolut	16,80 €
:	Zeitbedarf Qualitätskontrolle Bauteil 1802	4 Min.
=	db relativ (je Min.)	4,20 €
×	Zeitbedarf Qualitätskontrolle Bauteil 2502	6 Min.
=	Opportunitätskosten (verdrängter db)	25,20 €

Erläuterung:

Bei Verdrängung des Bauteils 1802 aus dem Fertigungsprogramm geht pro Stück ein Deckungsbeitrag in Höhe von 16,80 € verloren. Aufgrund der Engpasssituation muss zur Berechnung der Opportunitätskosten der relative Deckungsbeitrag je Minute herangezogen werden, da der Zeitbedarf der Bauteile 1802 und 2502 in der Engpassstelle Qualitätskontrolle unterschiedlich ist. Die Produktion von einem Bauteil 2502 verdrängt somit einen Deckungsbeitrag von Bauteil 1802 in Höhe von 25,20 € (6 Minuten × 4,20 €/Minute).

Kosten Eigenfertigung Bauteil 2502:

	variable Herstellkosten je Stück	54,48 €
+	Opportunitätskosten	25,20 €
=	Kosten Eigenfertigung	79,68 €

Bei den Herstellkosten ist lediglich der variable Teil anzusetzen, da die in den gesamten Herstellkosten enthaltenen fixen Kosten unabhängig von der Entscheidung Eigenfertigung oder Fremdbezug anfallen.

Gegenüberstellung Kosten Eigenfertigung – Kosten Fremdbezug:

	Kosten Fremdbezug	90,76 €
-	Kosten Eigenfertigung	79,68 €
=	Vorteil Eigenfertigung	11,08 €

→ Eigenfertigung des Bauteils 2502 ist zu empfehlen.

Die Verdrängung des Bauteils 1802 aus der Eigenfertigung führt bei Aufrechterhaltung des Sortiments zum Fremdbezug dieses Bauteils. Die Kontrollrechnung bezüglich Eigenfertigung – Fremdbezug des Bauteils 1802 müsste folglich unter Berücksichtigung der soeben ermittelten vorteilhaften Eigenfertigung des Bauteils 2502 unter Kostengesichtspunkten einen Vorteil bei Fremdbezug des Bauteils 1802 ergeben.

Als Grundlage für die Kontrollrechnung werden grundsätzlich die bekannten Daten (s. o.) herangezogen, da aber nun unterstellt wird, dass das Bauteil 2502 selbst gefertigt und das Bauteil 1802 fremd bezogen wird, gilt:

Bauteil 2502:	*Verkaufs*preis	90,76 €/Stück
Bauteil 1802:	*Bezugs*preis	56,85 €/Stück

Kontrollrechnung:

Ermittlung der Opportunitätskosten bei Verdrängung des Bauteils 2502 aus der Eigenfertigung:

Bauteil 2502:

	p	90,76 €
-	k_v	54,48 €
=	db absolut	36,28 €
:	Zeitbedarf Qualitätskontrolle Bauteil 2502	6 Min.
=	db relativ (je Min.)	6,05 €
×	Zeitbedarf Qualitätskontrolle Bauteil 1802	4 Min.
=	Opportunitätskosten (verdrängter db)	24,20 €

Kosten Eigenfertigung Bauteil 1802:

	variable Herstellkosten je Stück	40,05 €
+	Opportunitätskosten	24,20 €
=	Kosten Eigenfertigung	64,25 €

Gegenüberstellung Kosten Eigenfertigung – Kosten Fremdbezug:

	Kosten Fremdbezug	56,85 €
-	Kosten Eigenfertigung	64,25 €
=	Nachteil Eigenfertigung	- 7,40 €

→ Fremdbezug des Bauteils 1802 ist zu empfehlen.

Wie erwartet führt die Kontrollrechnung zu dem Ergebnis, dass ein Fremdbezug des Bauteils 1802 der Eigenfertigung vorzuziehen ist. Berücksichtigt man bei der Kontrollrechnung den unterschiedlichen Zeitbedarf der Bauteile, kommt man zu folgendem Ergebnis:

	Nachteil Eigenfertigung Bauteil 1802 pro Stück	-7,40 €
:	Zeitbedarf Qualitätskontrolle	4 Min.
=	Nachteil Eigenfertigung Bauteil 1802 pro Minute	-1,85 €
×	Zeitbedarf Qualitätskontrolle Bauteil 2502	6 Min.
=	Nachteil Eigenfertigung Bauteil 1802 in 6 Minuten Vorteil Eigenfertigung Bauteil 2502 pro Stück[21]	-11,10 €

3.3 Kostenvergleich Eigenfertigung – Fremdbezug bei langfristigen Entscheidungen

Tz. 207

Eigenfertigung – Fremdbezug (langfristig): Gesamtkostenvergleich

Stellt sich in einem Unternehmen die Frage, ob ein bestimmtes Produkt auf lange Sicht fremd bezogen oder selbst produziert werden soll, muss geprüft werden, ab welcher Menge die Eigenfertigung, bei der zwar fixe Kosten, aber niedrigere variable Stückkosten anfallen, kostengünstiger ist als der Fremdbezug, der zwar keine fixen Kosten verursacht, jedoch mit höheren variablen Stückkosten (= Bezugspreis) verbunden ist. Die kritische Produktionsmenge wird durch Gleichsetzen der Kostenfunktion bei Eigenfertigung mit der Kostenfunktion bei Fremdbezug ermittelt.

Dabei gilt:

Kostenfunktion bei Eigenfertigung: $K_{(x)} = K_{fix} + k_v \times x$

Kostenfunktion bei Fremdbezug: $K_{(x)} = k_v \times x$

BEISPIEL

Die ABC GmbH will künftig das Bauteil Y, welches in das Endprodukt Z eingebaut wird, herstellen. Die für die Produktion notwendige und neu anzuschaffende Maschine verursacht fixe Kosten pro Jahr in Höhe von 325.000 €, an variablen Stückkosten fallen 22 € an. Das Bauteil Y kann zu einem Bezugspreis in Höhe von 35 € fremd bezogen werden.

Ab welcher Produktionsmenge ist die Eigenfertigung dem Fremdbezug vorzuziehen?

Kostenfunktion bei Fremdbezug: $K_{(x)} = 35\,x$

Kostenfunktion bei Eigenfertigung: $K_{(x)} = 325.000 + 22\,x$

Ermittlung der kritischen Menge:

$$35\,x = 325.000 + 22\,x \quad | -22\,x$$
$$13\,x = 325.000 \quad | :13$$
$$x = 25.000$$

Bei einer Produktionsmenge von mehr als 25.000 Stück ist die Eigenfertigung des Bauteils Y kostengünstiger als der Fremdbezug[22], bis 25.000 Stück überwiegt bei der Eigenfertigung der Nachteil der fixen Kosten[23]. Bei einer Produktionsmenge von 25.000 Stück sind Eigenfertigung und Fremdbezug kostengleich[24].

21 Differenz 0,02 € = Rundungsdifferenz

22 Beispiel: Kosten Eigenfertigung bei 30.000 Stück: 325.000 € + 22 €/Stück × 30.000 Stück = 985.000 €
Kosten Fremdbezug bei 30.000 Stück: 35 €/Stück × 30.000 Stück = 1.050.000 €

23 Beispiel: Kosten Eigenfertigung bei 20.000 Stück: 325.000 € + 22 €/Stück × 20.000 Stück = 765.000 €
Kosten Fremdbezug bei 20.000 Stück: 35 €/Stück × 20.000 Stück = 700.000 €

24 Beispiel: Kosten Eigenfertigung bei 25.000 Stück: 325.000 € + 22 €/Stück × 25.000 Stück = 875.000 €
Kosten Fremdbezug bei 25.000 Stück: 35 €/Stück × 25.000 Stück = 875.000 €

3.4 Eigenfertigung – Verschiedene Investitionsalternativen bei langfristigen Entscheidungen

Tz. 208

optimale Maschinenauswahl (Erweiterungs-/Ersatzinvestition): Vollkosten relevant

Erwägt ein Unternehmen eine Erweiterungs- oder Ersatzinvestition und stehen dabei verschiedene Maschinen zur Auswahl, müssen aufgrund der Langfristigkeit auch die fixen Kosten in die Entscheidung mit einbezogen werden. Die aus kostenrechnerischer Sicht günstigere Maschine wird unter Berücksichtigung der langfristig geplanten Absatzmenge durch Gleichsetzen der Kostenfunktionen[25] ermittelt. Bei der so errechneten kritischen Produktionsmenge verursachen die zur Auswahl stehenden Alternativen die gleichen Kosten.

Tz. 209

Für die optimale Maschinenauswahl gilt:

- geplante Absatzmenge < kritische Produktionsmenge

  → Maschine mit den geringeren Fixkosten und den höheren variablen Stückkosten ist kostengünstiger

- geplante Absatzmenge > kritische Produktionsmenge

  → Maschine mit den höheren Fixkosten und den geringeren variablen Stückkosten ist kostengünstiger

BEISPIEL

Für eine Erweiterungsinvestition liegen der AB-Industrie AG zwei Angebote vor:

	Maschine I	Maschine II
Fixkosten/Monat	26.000 €	74.000 €
variable Stückkosten	37 €	22 €

Für welche der beiden Maschinen sollte sich die AB-Industrie AG entscheiden, wenn langfristig mit einer Absatzmenge von 3.500 Stück/Monat gerechnet wird?

LÖSUNG

$K_{(x)\ \text{Maschine I}} = 26.000 + 37\,x$

$K_{(x)\ \text{Maschine II}} = 74.000 + 22\,x$

Ermittlung der kritischen Produktionsmenge:

$K_{(x)\ \text{Maschine I}} = K_{(x)\ \text{Maschine II}}$

$26.000 + 37\,x = 74.000 + 22\,x \quad | - 26.000; - 22\,x$

$15\,x = 48.000 \quad | : 15$

$x = 3.200$

→ Bei einer Produktionsmenge von 3.200 Stück arbeiten Maschine I und Maschine II kostengleich und verursachen Gesamtkosten in Höhe von 144.400 €[26].

→ geplante Absatzmenge 3.500 Stück > kritische Produktionsmenge 3.200 Stück:
Entscheidung für Maschine II, da aufgrund der hohen Absatzmenge der Nachteil der höheren Fixkosten durch den Vorteil der niedrigeren variablen Stückkosten aufgehoben wird.

---

25 $K_{(x)} = K_{fix} + k_v \times x$

26 Maschine I: 26.000 € + 37 €/Stück × 3.200 Stück = 144.400 €
Maschine II: 74.000 € + 22 €/Stück × 3.200 Stück = 144.400 €

Der nachfolgenden Grafik liegen diese Werte zugrunde:

Menge	K_{fix} Maschine I	k_v Maschine I	K_v Maschine I ($k_v \times$ Menge)	K Maschine I ($K_{fix} + K_v$)	K_{fix} Maschine II	k_v Maschine II	K_v Masch. II ($k_v \times$ Men.)	K Maschine II ($K_{fix} + K_v$)
0	26.000 €	37 €	0 €	26.000 €	74.000 €	22 €	0 €	74.000 €
1.600	26.000 €	37 €	59.200 €	85.200 €	74.000 €	22 €	35.200 €	109.200 €
3.200	26.000 €	37 €	118.400 €	**144.400 €**	74.000 €	22 €	70.400 €	**144.400 €**
4.800	26.000 €	37 €	177.600 €	203.600 €	74.000 €	22 €	105.600 €	179.600 €
6.400	26.000 €	37 €	236.800 €	262.800 €	74.000 €	22 €	140.800 €	214.800 €

ABB. 22: Kritische Produktionsmenge

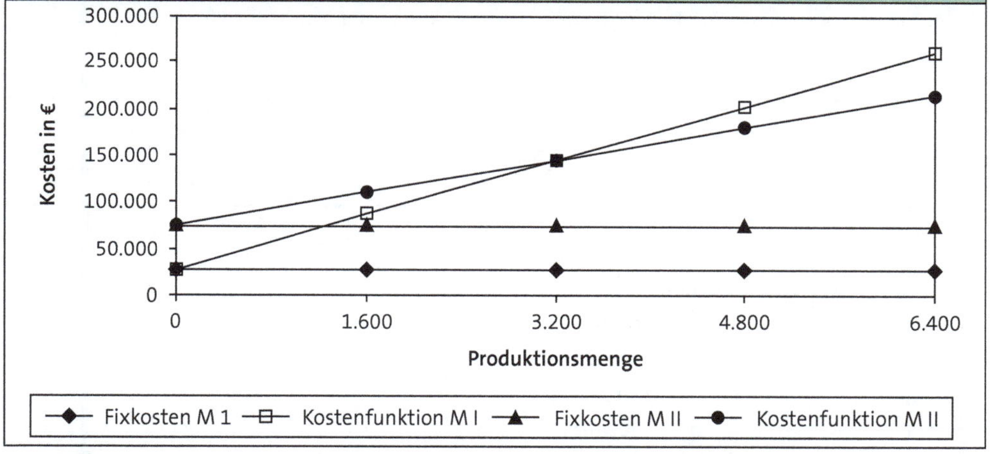

4. Optimales Produktionsprogramm

Tz. 210

Ziel eines jeden Unternehmens ist es, das Produktions- und Absatzprogramm zu optimieren und auf die rentabelsten Erzeugnisse auszurichten, damit ein maximales Betriebsergebnis erzielt wird. Demnach richtet sich die Rangfolge, in der die Erzeugnisse hergestellt werden, nach der Höhe der jeweils von ihnen erwirtschafteten Deckungsbeiträge.

optimales Produktionsprogramm → max. Betriebsergebnis

4.1 Optimales Produktionsprogramm ohne betrieblichen Engpass

Tz. 211

Sofern ein Betrieb über ausreichende Produktionskapazität verfügt und bei Leistungserstellung keine betrieblichen Engpässe z. B. durch die Beanspruchung von Maschinen, Anlagen, Materialien oder Mitarbeitern bestehen, wird das optimale Produktionsprogramm nach der Höhe des absoluten Deckungsbeitrages je Stück bestimmt. Dabei wird zuerst das Produkt mit dem höchsten absoluten Stückdeckungsbeitrag bis zur maximalen Absatzmenge produziert, anschließend das Produkt mit dem zweithöchsten absoluten Stückdeckungsbeitrag usw. Produkte mit einem negativen absoluten Stückdeckungsbeitrag werden nicht in die Produktion aufgenommen, es sei denn, es bestehen Lieferverträge, die eine Produktion der vereinbarten Liefermengen notwendig machen.

kein Engpass → db absolut entscheidend

BEISPIEL

Für die Produkte A, B, C und D sind folgende Daten bekannt:

	A	B	C	D
Verkaufspreis	25 €	18 €	10 €	28 €
variable Stückkosten	10 €	14 €	12 €	21 €
Absatzmenge	200 Stück	120 Stück	100 Stück	150 Stück

Wie lautet das optimale Produktionsprogramm, wenn in dem Unternehmen keine betrieblichen Engpässe vorliegen und für das Produkt C ein Liefervertrag über 20 Stück besteht?

Wie hoch ist das Betriebsergebnis, wenn fixe Kosten in Höhe von 2.800 € anfallen?

LÖSUNG

Ermittlung der absoluten Stückdeckungsbeiträge → Produktionsrangfolge:

	A	B	C	D
p	25 €	18 €	10 €	28 €
- k_v	10 €	14 €	12 €	21 €
= db	15 €	4 €	- 2 €	7 €
Rangfolge	1	3	4	2

Optimales Produktionsprogramm:

Produkt A → 200 Stück
Produkt D → 150 Stück
Produkt B → 120 Stück
Produkt C → 20 Stück

Ermittlung des Betriebsergebnisses:

Produkt	db	Menge	DB
A	15 €	200 Stück	3.000 €
D	7 €	150 Stück	1.050 €
B	4 €	120 Stück	480 €
C	- 2 €	20 Stück	- 40 €

Summe DB	4.490 €
- K_{fix}	2.800 €
BE	1.690 €

4.2 Optimales Produktionsprogramm mit betrieblichem Engpass

Tz. 212

Engpass → db relativ entscheidend

Reicht die vorhandene Kapazität nicht aus, alle Produkte in der absetzbaren Menge zu produzieren, spricht man von einem betrieblichen Engpass. Die Produktionsrangfolge richtet sich dann nach der Höhe des relativen Deckungsbeitrages bezogen auf die jeweilige Engpasseinheit.

Das optimale Produktionsprogramm bei Engpasssituation wird wie folgt ermittelt:

1. Berechnung der absoluten Stückdeckungsbeiträge
2. Ermittlung der relativen Deckungsbeiträge und Festlegung der Produktionsrangfolge
3. Verteilung der Engpasskapazität auf die Produkte gemäß der Produktionsrangfolge (unter Berücksichtigung der Absatzhöchstmengen und etwaiger Mindestproduktionsmengen aufgrund von Lieferverpflichtungen)

BEISPIEL

Die ABC GmbH produziert die Produkte A, B, C und D, die alle eine Engpasskostenstelle mit einer monatlichen Kapazität von 560 Stunden durchlaufen müssen.

Folgende Daten liegen für den kommenden Monat vor:

	A	B	C	D
Absatzhöchstmenge	500 Stück	400 Stück	600 Stück	300 Stück
Verkaufspreis	320 €	448 €	288 €	420 €
variable Stückkosten	200 €	240 €	204 €	228 €
Fertigungszeit/Stück	20 Min.	32 Min.	16 Min.	24 Min.

Für das Produkt C besteht aus einem nicht kündbaren Vorvertrag eine Lieferverpflichtung über 320 Stück.

Wie hoch ist das Betriebsergebnis unter Berücksichtigung des optimalen Produktionsprogramms (monatliche Fixkosten 187.000 €)?

LÖSUNG

Zeitbedarf bei Produktion der Absatzhöchstmenge:

	A	B	C	D
Absatzmenge	500 Stück	400 Stück	600 Stück	300 Stück
Fertigungszeit/Stück	20 Min.	32 Min.	16 Min.	24 Min.
Zeitbedarf/Produkt	10.000 Min.	12.800 Min.	9.600 Min.	7.200 Min.
Zeitbedarf/insgesamt	39.600 Min. (= 660 Stunden)			

→ Engpass, da lediglich 560 Stunden (= 33.600 Minuten) zur Verfügung stehen.

Ermittlung der absoluten Stückdeckungsbeiträge sowie der relativen Deckungsbeiträge je Minute → Produktionsrangfolge:

		A	B	C	D
	p	320 €	448 €	288 €	420 €
-	k_v	200 €	240 €	204 €	228 €
=	db absolut	120 €	208 €	84 €	192 €
:	Fertigungszeit	20 Min.	32 Min.	16 Min.	24 Min.
=	db relativ (je Min.)	6,00 €	6,50 €	5,25 €	8,00 €
	Rangfolge	3	2	4	1

Optimales Produktionsprogramm bei einer vorhandenen Kapazität von 33.600 Minuten:

Produkt	**Menge**	**Kapazitätsbedarf in Minuten**	**Restkapazität in Minuten**
C	320 Stück	5.120	28.480
D	300 Stück	7.200	21.280
B	400 Stück	12.800	8.480
A	424 Stück	8.480	0

Erläuterung:

Produkt C:

Aufnahme in das Produktionsprogramm trotz Rangfolge 4 aufgrund der Lieferverpflichtung in Höhe von 320 Stück

Kapazitätsbedarf: 320 Stück × 16 Minuten/Stück = 5.120 Minuten

Restkapazität: 33.600 Minuten - 5.120 Minuten = 28.480 Minuten

Produkt D und B:

Beide Produkte werden mit der Absatzhöchstmenge in das optimale Produktionsprogramm aufgenommen, da noch ausreichend Kapazität zur Verfügung steht (Ermittlung Kapazitätsbedarf und Restkapazität analog Produkt C)

Produkt A:

Um die Absatzhöchstmenge von A zu produzieren wäre eine Kapazität von 10.000 Minuten (= 500 Stück × 20 Minuten/Stück) notwendig, es steht jedoch lediglich eine Restkapazität von 8.480 Minuten zur Verfügung.

→ Produkt A kann nur eingeschränkt in das Produktionsprogramm aufgenommen werden.

Ermittlung Produktionsmenge A: Restkapazität 8.480 Minuten : 20 Minuten/Stück = 424 Stück

Produkt C kann über die Lieferverpflichtung hinaus aufgrund des bestehenden Engpasses nicht im optimalen Produktionsprogramm berücksichtigt werden.

Ermittlung des Betriebsergebnisses:

Produkt	db	Menge	DB
C	84 €	320 Stück	26.880 €
D	192 €	300 Stück	57.600 €
B	208 €	400 Stück	83.200 €
A	120 €	424 Stück	50.880 €

Summe DB	218.560 €
- K_{fix}	187.000 €
BE	31.560 €

5. Sortimentsauswahl mithilfe von Verfahren der Kosten- und Leistungsrechnung

5.1 Aufnahme neuer Produkte

Aufnahme neuer Produkte:
- db absolut (freie Kapazität)
- db relativ (Kapazitätsengpass)

Tz. 213

Die Entscheidung, ob ein neues Produkt in das Produktionsprogramm aufgenommen werden soll, richtet sich bei freien Kapazitäten nach dem absoluten Stückdeckungsbeitrag, bei Kapazitätsengpässen nach dem relativen Deckungsbeitrag je Engpasseinheit.

Tz. 214

Demnach gilt bei freien Kapazitäten:

$db_{\text{neues Produkt}} > 0$ → Aufnahme in das Produktionsprogramm (Verbesserung des Betriebsergebnisses)

$db_{\text{neues Produkt}} = 0$ → Aufnahme in das Produktionsprogramm zu empfehlen (Betriebsergebnis unverändert, aber Beschäftigungssicherung)

$db_{\text{neues Produkt}} < 0$ → keine Aufnahme in das Produktionsprogramm (Verschlechterung des Betriebsergebnisses)

Tz. 215

Bei bestehenden Kapazitätsengpässen müssen die relativen Deckungsbeiträge je Engpasseinheit der bisherigen Produkte mit dem relativen Deckungsbeitrag je Engpasseinheit des neuen Produktes verglichen werden. Sofern dieser nicht den letzten Rang belegt, ist die Aufnahme des neuen Produktes der Fertigung eines bisherigen Produktes vorzuziehen (siehe Tz. 212).

BEISPIEL

Die Geschäftsleitung der ABC GmbH erwägt, das Produkt Z in das Produktionsprogramm aufzunehmen, obwohl die Kapazitäten bereits ausgelastet sind. Bisher werden die Produkte A, B und C gefertigt:

	A	B	C
db absolut	38 €	25 €	32 €
Fertigungszeit/Stück	16 Min.	10 Min.	20 Min.

Produkt Z erwirtschaftet einen Stückdeckungsbeitrag in Höhe von 18 € und benötigt pro Stück eine Fertigungszeit von 9 Minuten.

Ist die Neuaufnahme des Produktes Z in das Produktionsprogramm sinnvoll? Welches der bisherigen Produkte kann unter Umständen nur noch eingeschränkt oder gar nicht mehr produziert werden?

LÖSUNG

		A	B	C	Z
	db absolut	38 €	25 €	32 €	18 €
:	Fertigungszeit	16 Min.	10 Min.	20 Min.	9 Min.
=	db relativ (je Min.)	2,38 €	2,50 €	1,60 €	2,00 €
	Rangfolge	2	1	4	3

Es lohnt sich, Produkt Z in das Produktionsprogramm aufzunehmen und dafür Produkt C nur noch eingeschränkt oder gar nicht mehr zu fertigen, da der relative Deckungsbeitrag je Minute des Produktes Z den relativen Deckungsbeitrag je Minute von Produkt C um 0,40 € übersteigt.

5.2 Zusatzaufträge

Tz. 216

Zusatzauftrag:
- ► Kapazitätsauslastung
- ► Verbesserung Betriebsergebnis

Werden zusätzliche Aufträge zu Preisen, die unterhalb des derzeitigen Verkaufspreises liegen, angenommen, so spricht man von Zusatzaufträgen. Durch die Hereinnahme von Zusatzaufträgen sollen freie Kapazitäten ausgelastet und das Betriebsergebnis verbessert werden.

Dabei gilt:

Preis des Zusatzauftrages > variable Stückkosten → Annahme des Zusatzauftrages (Verbesserung des Betriebsergebnisses)

Preis des Zusatzauftrages = variable Stückkosten → Annahme des Zusatzauftrages empfehlenswert (keine Veränderung des Betriebsergebnisses, aber Sicherung von Arbeitsplätzen und Kundenzufriedenheit)

Preis des Zusatzauftrages < variable Stückkosten → Ablehnung des Zusatzauftrages (Verschlechterung des Betriebsergebnisses)

Tz. 217

Fixkosten nicht entscheidungsrelevant

Fixe Kosten werden nicht in die Überlegung, ob ein Zusatzauftrag angenommen werden soll, mit einbezogen, da diese ohnehin anfallen und bei freien Kapazitäten die fixen Kosten durch den Zusatzauftrag nicht steigen.

BEISPIEL

Die AB-Industrie AG produziert Motoren für Waschmaschinen (Typ HGW 2011 und Typ URW 3685). Folgende Daten liegen aus der Abrechnungsperiode Januar vor:

		HGW 2011	URW 3685
	p	320 €	370 €
-	k_v	280 €	320 €
=	db	40 €	50 €
×	Menge	1.400 Stück	1.200 Stück
=	DB	56.000 €	60.000 €

	Summe DB	116.000 €
-	K_{fix}	100.000 €
=	BE	16.000 €

Ein Kunde wäre bereit, einen Auftrag über 500 Motoren des Typs URW 3685 zu erteilen, wenn ihm ein Preis von 340 €/Stück gewährt wird.

Ist die Annahme des Zusatzauftrages zu empfehlen, wenn die monatliche Kapazität je Motorentyp 1.800 Stück beträgt und abgesehen vom Zusatzauftrag die gleiche Absatzlage wie im Januar vorliegt?

Wie würde sich die Annahme auf das Betriebsergebnis auswirken?

LÖSUNG

Der Zusatzauftrag sollte angenommen werden, da der erzielbare Verkaufspreis in Höhe von 340 €/Stück die variablen Stückkosten in Höhe von 320 €/Stück übersteigt und somit ein positiver Deckungsbeitrag erwirtschaftet wird:

		URW 3685
	$p_{Zusatzauftrag}$	340 €
-	k_v	320 €
=	$db_{Zusatzauftrag}$	20 €
×	Menge	500 Stück
=	$DB_{Zusatzauftrag}$	10.000 €

Die Annahme des Zusatzauftrages führt zu einer Verbesserung des Betriebsergebnisses um 10.000 €, das neue Betriebsergebnis beträgt demnach 26.000 €.

1.) Welches Ziel verfolgt die Break-even-Analyse?

Mithilfe der Break-even-Analyse kann die Absatzmenge ermittelt werden, bei der die Gesamtkosten durch die Gesamterlöse gerade gedeckt sind, also ein Betriebsergebnis von Null erzielt wird (Tz. 184).

2.) Wie wird die Gewinnschwellenmenge in einem Einproduktbetrieb ermittelt?

$$\textit{Gewinnschwellenmenge} = \frac{K_{fix}}{db} \quad \textit{(Tz. 187)}$$

3.) Wie verändert sich die Gewinnschwellenmenge, wenn die Verkaufspreise steigen?

Die Gewinnschwellenmenge sinkt, da bei einem höheren Verkaufspreis ein größerer Stückdeckungsbeitrag erwirtschaftet wird (Tz. 188 im Umkehrschluss).

4.) Was versteht man unter einer Deckungsbeitragsmarge?

Die Deckungsbeitragsmarge drückt den prozentualen Anteil des Stückdeckungsbeitrags vom Verkaufspreis bzw. des Gesamtdeckungsbeitrags von den Umsatzerlösen eines Produktes aus (Tz. 189).

5.) Grenzen Sie die kurzfristige von der langfristigen Preisuntergrenze ab.

$PUG_{kurzfristig}$ – *Verkaufspreis deckt nur variable Kosten (Tz. 195)*

$PUG_{langfristig}$ – *Verkaufspreis deckt fixe und variable Kosten (= Stückkosten) (Tz. 196)*

6.) Was haben die Gewinnschwellenmenge und die langfristige Preisuntergrenze gemeinsam? Wodurch unterscheiden sie sich?

Gemeinsamkeit: Die Kosten sind vollständig durch die Erlöse gedeckt, das Betriebsergebnis beträgt Null.

Unterschied: Bei der Gewinnschwellenmenge ist der Verkaufspreis gegeben, die Menge wird gesucht. Dagegen ist bei der langfristigen Preisuntergrenze die Menge gegeben und der Verkaufspreis wird gesucht.

(Tz. 186 und 196)

7.) Welche kostenunabhängigen Vorteile bietet die Eigenfertigung? Nennen Sie drei Beispiele.

- *Unmittelbarer Einfluss auf die Produktqualität*
- *Beschäftigungssicherung*
- *Unabhängigkeit vom Lieferanten*

(Tz. 198)

8.) Welche kostenunabhängigen Vorteile bietet der Fremdbezug? Nennen Sie drei Beispiele.

- *Qualität (bei Spezialfirma)*
- *keine Mittelbindung*
- *Flexibilität bei Kapazitätsengpässen*

(Tz. 199)

9.) Unter welcher Voraussetzung ist beim Kostenvergleich Eigenfertigung – Fremdbezug bei freien Kapazitäten die Eigenfertigung vorzuziehen?

Sofern die variablen Herstellkosten/Stück geringer sind als der Bezugspreis/Stück, ist die Eigenfertigung zu bevorzugen (Tz. 201).

10.) Wonach richtet sich die optimale Maschinenauswahl, wenn in einem Unternehmen für die Fertigung eines Produktes bereits verschiedene Maschinen mit ausreichender Kapazität vorhanden sind?

Die Fertigung des Produktes sollte auf der Maschine erfolgen, welche die geringsten variablen Stückkosten verursacht (Tz. 201).

11.) Inwiefern spielen Opportunitätskosten bei der Entscheidung Eigenfertigung – Fremdbezug eine Rolle?

Bei den Kosten der Eigenfertigung müssen neben den variablen Herstellkosten/Stück auch die Opportunitätskosten („Kosten des entgangenen Nutzens") berücksichtigt werden, sofern aufgrund einer Engpasssituation die Eigenfertigung nur möglich ist, wenn ein bisher selbst gefertigtes Erzeugnis nicht oder nur noch eingeschränkt produziert wird (Tz. 204).

12.) Wodurch unterscheidet sich der absolute vom relativen Deckungsbeitrag?

Absoluter Deckungsbeitrag = Verkaufspreis - variable Stückkosten (Tz. 176)

Relativer Deckungsbeitrag = absoluter Stückdeckungsbeitrag / Engpassbeanspruchung (Tz. 205)

13.) Wie wird die kritische Produktionsmenge im Zusammenhang mit einer Erweiterungs- bzw. Ersatzinvestition ermittelt?

Aufstellen und Gleichsetzen der Kostenfunktionen der Investitionsalternativen (Tz. 208)

14.) Was versteht man unter einem optimalen Produktionsprogramm?

„optimal" = Betriebsergebnismaximierung

„Produktionsprogramm" = Produktionsmengen der verschiedenen Produkte

„Optimales Produktionsprogramm" = Ausrichtung der Produktionsmengen der verschiedenen Produkte mit dem Ziel, das maximale Betriebsergebnis zu erzielen

(Tz. 210)

15.) Wonach richtet sich die Ermittlung des optimalen Produktionsprogramms bei Vorliegen eines betrieblichen Engpasses?

Die Höhe des relativen Deckungsbeitrags der Produkte ist entscheidend (Tz. 212).

16.) Nach welchem Kriterium richtet sich die Entscheidung bezüglich der Aufnahme neuer Produkte in das Produktionsprogramm?

Freie Kapazitäten: db absolut

Kapazitätsengpass: db relativ

(Tz. 213)

17.) Was versteht man unter einem Zusatzauftrag?

Zusatzauftrag: Annahme eines zusätzlichen Auftrages zu einem Preis unterhalb des regulären Verkaufspreises (Tz. 216)

18.) Beurteilen Sie kritisch die Annahme eines Zusatzauftrages.

Pro: Kapazitätsauslastung, Betriebsergebnisverbesserung, Kundenzufriedenheit, evtl. größerer Kundenkreis

Contra: Evtl. Verärgerung bisheriger Kunden, da neuer Kunde günstigeren Preis bekommt, evtl. verlangt neuer Kunde weiterhin günstigere Preiskonditionen

(Tz. 216)

V. Grundzüge des Kostencontrollings und des Kostenmanagements für die Zusammenarbeit im betrieblichen Controlling

Tz. 218

Kostencontrolling heißt insbesondere, Planungsvorgaben zu machen, diese Pläne zu verfolgen und letztendlich die Ergebnisse – gegebenenfalls mit Verbesserungsvorschlägen – festzuhalten. Dafür müssen Informationen aus allen betrieblichen Bereichen gesammelt und aufbereitet, Soll-Ist-Vergleiche durchgeführt sowie Abweichungen analysiert werden. Das Kostencontrolling hat demnach zum Ziel, Klarheit über die tatsächlichen und die geplanten Kosten zu verschaffen, aktuelle Kosten auf die gesamte Betrachtungsperiode hochzurechnen und der Geschäftsleitung die zur Kostenbeeinflussung notwendigen Informationen und Entscheidungsgrundlagen zur Verfügung zu stellen (Berichtswesen). Kostencontrolling

Das Kostenmanagement hat die Erhöhung der Wirtschaftlichkeit eines Unternehmens zum Ziel, welche durch eine genaue Kostenanalyse mit bewusster Beeinflussung der Kosten erreicht werden soll. Dabei unterscheidet man das eher kurzfristig ausgerichtete operative Kostenmanagement vom mittel- bis langfristigen strategischen Kostenmanagement. Kostenmanagement

Die Kostenkontrolle soll durch Überwachung der Kostenentwicklung die Aufdeckung von Unwirtschaftlichkeiten im Betrieb ermöglichen und ist somit die Basis wirtschaftlichen Handelns. Um eine Kostenkontrolle durchführen zu können, müssen die tatsächlich angefallenen Kosten einer Abrechnungsperiode (Istkosten) mit einer Richtgröße, die aus Durchschnittswerten der Vergangenheit (Normalkosten) oder aus geplanten Werten (Plankosten) bestehen kann, verglichen werden. Die Kostenkontrolle sollte sich insbesondere auf die Verbrauchsabweichung (→ Unwirtschaftlichkeiten) konzentrieren, aus diesem Grund müssen Abweichungen, die auf Preisänderungen und unterschiedliche Beschäftigungsgrade zurückzuführen sind, vorab bestimmt und aus der Gesamtabweichung herausgerechnet werden. Die Kostenkontrollrechnung sollte nach betrieblichen Organisationseinheiten gegliedert (Kostenstellen, Abteilungen) durchgeführt werden, um bei Unwirtschaftlichkeiten den jeweils Verantwortlichen (z. B. Kostenstellenleiter, Meister, Abteilungsleiter) zur Rechenschaft ziehen zu können. Kostenkontrolle

1. Kostenüber- und Kostenunterdeckungen

Kostenüber- und Kostenunterdeckungen werden regelmäßig mithilfe der Normalkostenrechnung ermittelt. Sie ist eine von mehreren Methoden, um im Betrieb eine Kostenkontrolle durchzuführen.

Tz. 219

Während die Istkostenrechnung – vor allem angewandt als Nachkalkulation – die in der Kostenartenrechnung erfassten Istkosten einer Abrechnungsperiode lückenlos auf die Kostenstellen und die Kostenträger verteilen soll, werden in der Normalkostenrechnung Normalkosten, also vergangenheitsorientierte Durchschnitte früherer Istkosten (siehe Tz. 116), verwendet. Ein auf Normalkosten aufgebautes Kostenrechnungssystem ist somit frei von Zufallsschwankungen. Normalkosten frei von Zufallsschwankungen

Tz. 220

Bei einem Vergleich von Ist- und Normalkosten wird nur selten eine völlige Übereinstimmung festzustellen sein, in der Regel erhält man Kostenüber- bzw. Kostenunterdeckungen.

Dabei gilt:

- Kostenüberdeckung („+"): Kostenüberdeckung

Normalkosten > Istkosten → tatsächlicher Gewinn > kalkulierter Gewinn

- Kostenunterdeckung („-"): Kostenunterdeckung

Normalkosten < Istkosten → tatsächlicher Gewinn < kalkulierter Gewinn

Tz. 221

Die im Betriebsabrechnungsbogen ermittelten Ist-Gemeinkosten-Zuschlagssätze sollten sich um die Normal-Gemeinkosten-Zuschlagssätze herum bewegen, also mal höher und mal niedriger sein. Sofern die Ist-Gemeinkosten-Zuschlagssätze die Normal-Gemeinkosten-Zuschlagssätze in mehreren aufeinander folgenden Rechnungsperioden über- bzw. unterschreiten, sollten die Normal-Gemeinkosten-Zuschlagssätze angepasst werden.

Grundsätzlich gilt, dass Kostenüber- und Kostenunterdeckungen, also die Gegenüberstellung von Ist- und Normalkosten, einen Anhaltspunkt für eine Kostenkontrolle geben können, der Vergleich von Ist- und Planwerten liefert jedoch aussagekräftigere Informationen für die Kostenkontrolle.

Tz. 222

Normalkostenrechnung vergangenheitsorientiert

Eine Kostenkontrolle durch Vergleich der Istkosten mit den Normalkosten ermöglicht zwar eine Abweichungsanalyse von tatsächlich angefallenen Kosten zu den durchschnittlichen Kosten, dennoch bleibt die Normalkostenrechnung vergangenheitsbezogen und kann somit die zukunftsorientierte Plankostenrechnung nicht ersetzen. Eine mithilfe der Normalkostenrechnung durchgeführte Kostenkontrolle ist demnach nur bedingt aussagefähig.

Tz. 223

Die mithilfe von Normalkosten durchgeführte Kostenkontrollrechnung wurde einschließlich der Ermittlung von Kostenüber- und Kostenunterdeckungen bereits bei den Funktionen des Betriebsabrechnungsbogens ausführlich beschrieben (siehe Tz. 116 f.), auf weitere Ausführungen wird daher an dieser Stelle verzichtet. Sofern ein Kostenträgerblatt auf Normalkostenbasis aufgestellt wird, ist die Differenz zwischen Betriebsergebnis und Umsatzergebnis ebenfalls auf Kostenüber- bzw. Kostenunterdeckungen zurückzuführen (siehe hierzu Ausführungen und Beispiel unter Tz. 172 ff.).

2. Kostenabweichungen – Plankostenrechnung

Tz. 224

Plankostenrechnung zukunftsorientiert

Die Plankostenrechnung ist ein Instrument der Kostenkontrolle, das nicht auf Vergangenheitswerten beruht, sondern als Maßstab für die Wirtschaftlichkeit zukunftsbezogene Plankosten heranzieht. Dabei werden für eine bestimmte Planbeschäftigung die Plankosten ermittelt, welche maßgeblichen Vorgabecharakter für die Abweichungsanalyse haben.

Folgende Methoden der Plankostenrechnung werden unterschieden:

Methoden der Plankostenrechnung

ABB. 23: Methoden der Plankostenrechnung

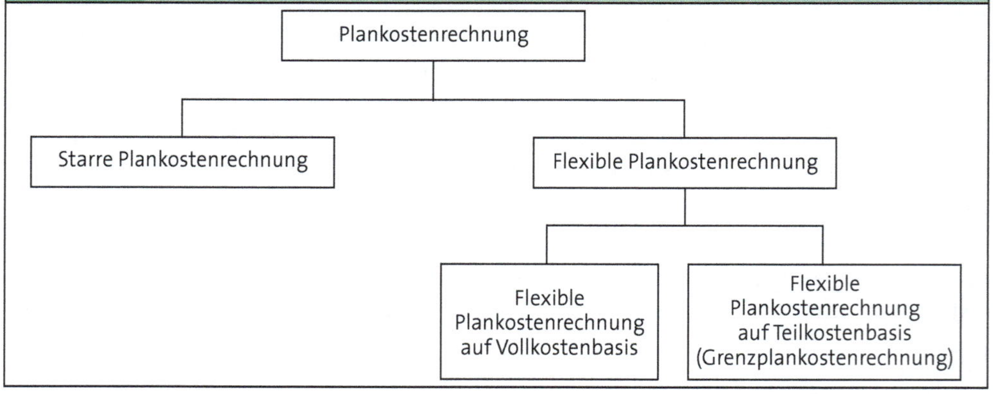

Es gilt:

Tz. 225

Planbeschäftigung

► **Planbeschäftigung b^P**

Die Höhe der für eine künftige Periode vorgegebenen Planbeschäftigung eines Betriebes (oder einer Kostenstelle) orientiert sich z. B. nach den vorhandenen Kapazitäten (Kapazitätsplanung) oder den erwarteten Absatzmengen (Absatzplanung).

Tz. 226

► Istbeschäftigung b^i

Istbeschäftigung

Die Istbeschäftigung entspricht der in der abgelaufenen Planungsperiode tatsächlich erreichten Beschäftigung.

Dabei kann der Beschäftigungsgrad wie folgt ermittelt werden:

$$\text{Beschäftigungsgrad} = \frac{\text{Istbeschäftigung } b^i}{\text{Planbeschäftigung } b^p} \times 100$$

Tz. 227

► Plankosten K^p

Plankosten

Plankosten sind im Voraus ermittelte Einzel- und Gemeinkosten für eine zukünftige Abrechnungsperiode, die jedoch nur für eine bestimmte Planbeschäftigung Vorgabecharakter besitzen. Die Festlegung der Kostenvorgaben erfolgt dabei mithilfe von Messungen, Berechnungen und Schätzungen von Planwerten (Menge, Zeit) und der Berücksichtigung von Planpreisen.
Die Berechnung der Plankosten kann demnach wie folgt durchgeführt werden:

Plankosten = Planmenge × Planpreis bzw. Planzeit × Planpreis

In der flexiblen Plankostenrechnung erfolgt eine Aufteilung der Plankosten in fixe und variable Kostenbestandteile:

$K^p = K^p_{fix} + K^p_v$

Dabei gilt:

K^p_{fix} = fixe Plankosten

K^p_v = variable Plankosten

Tz. 228

► Istkosten K^i

Istkosten

Istkosten sind die in einer Abrechnungsperiode tatsächlich angefallenen Kosten und daher stets vergangenheitsorientiert. Sie ergeben sich durch Multiplikation der Istmenge mit dem Istpreis (Istkosten zu Istpreisen). Für Zwecke der Abweichungsanalyse werden auch die Istkosten zu Planpreisen (Istmenge × Planpreis) herangezogen.

Tz. 229

► Preisabweichung PA

Preisabweichung

Unter Preisabweichung versteht man die Differenz der tatsächlich bezahlten Preise (Istpreis) zu den geplanten Preisen (Planpreis). Da Änderungen der Bezugspreise sowie der Tarife in der Regel nicht betriebsintern zu verantworten sind, werden für Zwecke der Kostenkontrolle zunächst die Preisabweichungen eliminiert.

Für die Ermittlung der Preisabweichung gilt:

Preisabweichung = Istkosten zu Istpreisen - Istkosten zu Planpreisen

Preisabweichung = Istmenge × Istpreis - Istmenge × Planpreis

BEISPIEL

Die AB-Industrie AG rechnet für die Fertigungskostenstelle I mit einer Planbeschäftigung von 200 Stunden. Bei der Planung geht die Geschäftsleitung von folgendem Materialverbrauch aus:

600 kg des Rohstoffes A zu 4,80 €/kg

980 kg des Rohstoffes B zu 6,50 €/kg

Die Fertigungslöhne werden mit einem Stundensatz von 25,50 € angesetzt, an Gemeinkosten werden 15.320 € veranschlagt.

Die tatsächliche Auslastung der Planungsperiode betrug lediglich 75 %.

Der Rohstoffverbrauch von A verlief planmäßig, der Einkaufspreis konnte um 0,30 €/kg gesenkt werden. Der tatsächliche Verbrauch des Rohstoffes B liegt um 200 kg unter der ursprünglich geplanten Menge, der Preis je kg ist um 0,25 €/kg gestiegen.

Die Fertigungslöhne verliefen planmäßig.

Von den tatsächlichen Istgemeinkosten in Höhe von 16.270 € entfallen 640 € auf Preiserhöhungen.

Wie hoch sind die Plankosten, die Istkosten zu Ist- und Planpreisen und die Preisabweichung?

LÖSUNG

Ermittlung der Plankosten:

Rohstoff A	2.880 €	(600 kg × 4,80 €/kg)
Rohstoff B	6.370 €	(980 kg × 6,50 €/kg)
Fertigungslöhne	5.100 €	(200 Std. × 25,50 €/Std.)
Gemeinkosten	15.320 €	
Plankosten	29.670 €	

Ermittlung der Istkosten zu Istpreisen:

Rohstoff A	2.025 €	(600 kg × 0,75 × 4,50 €/kg)
Rohstoff B	5.265 €	((980 kg - 200 kg) × 6,75 €/kg)
Fertigungslöhne	3.825 €	(200 Std. × 0,75 × 25,50 €/Std.)
Gemeinkosten	16.270 €	
Istkosten zu Istpreisen	27.385 €	

Ermittlung der Istkosten zu Planpreisen:

Rohstoff A	2.160 €	(600 kg × 0,75 × 4,80 €/kg)
Rohstoff B	5.070 €	((980 kg - 200 kg) × 6,50 €/kg)
Fertigungslöhne	3.825 €	(200 Std. × 0,75 × 25,50 €/Std.)
Gemeinkosten	15.630 €	(16.270 € - 640 €)
Istkosten zu Planpreisen	26.685 €	

Ermittlung der Preisabweichung:

	Istkosten zu Istpreisen	27.385 €
-	Istkosten zu Planpreisen	26.685 €
=	Preisabweichung	700 €

2.1 Starre Plankostenrechnung

Tz. 230

starre Plankostenrechnung: keine Kostenaufteilung

Bei Anwendung der starren Plankostenrechnung erfolgt keine Aufteilung der Kosten in fixe und variable Kostenbestandteile, daher können die für eine bestimmte Planbeschäftigung ermittelten Plankosten nicht an von der Planbeschäftigung abweichende Beschäftigungsgrade angepasst werden.

Tz. 231

Plankostenverrechnungssatz

► **Plankostenverrechnungssatz k^{pv}**

Teilt man die Plankosten durch die Planbeschäftigung, so erhält man die geplanten Kosten je Bezugsgrößeneinheit, den Plankostenverrechnungssatz.

$$k^{pv} = \frac{K^p}{b^p}$$

Umgekehrt können die Plankosten ermittelt werden, indem man den Plankostenverrechnungssatz mit der Planbeschäftigung multipliziert.

$$K^{p} = k^{pv} \times b^{p}$$

Tz. 232

► **Verrechnete Plankosten K^{vp}**

verrechnete Plankosten

Die verrechneten Plankosten sind das Produkt aus dem Plankostenverrechnungssatz und der Istbeschäftigung:

$$K^{vp} = k^{pv} \times b^{i}$$

Sie lassen sich ebenfalls ermitteln durch Multiplikation der Plankosten mit dem Beschäftigungsgrad, also dem Verhältnis der Istbeschäftigung zur Planbeschäftigung:

$$K^{vp} = K^{p} \times \frac{b^{i}}{b^{p}} \quad \text{bzw.} \quad K^{vp} = K^{p} \times \text{Beschäftigungsgrad}$$

Dabei gilt:

Istbeschäftigung b^{i} < Planbeschäftigung b^{p} → verrechnete Plankosten K^{vp} < Plankosten K^{p}

Istbeschäftigung b^{i} > Planbeschäftigung b^{p} → verrechnete Plankosten K^{vp} > Plankosten K^{p}

Tz. 233

► **Gesamtabweichung GA**

Gesamtabweichung

Die Gesamtabweichung ergibt sich aus der Differenz der Istkosten und der verrechneten Plankosten:

$$GA = K^{i} - K^{vp}$$

BEISPIEL

Die ABC GmbH legt für die Abrechnungsperiode 01 eine Planbeschäftigung von 1.000 Stunden und Plankosten in Höhe von 100.000 € fest. Nach Ablauf der Periode wurden eine Istbeschäftigung von 800 Stunden und Istkosten in Höhe von 88.000 € ermittelt.
Wie hoch ist die Gesamtabweichung?

LÖSUNG

$GA = K^{i} - K^{vp}$

→ $K^{vp} = k^{pv} \times b^{i}$

→ $k^{pv} = \frac{K^{p}}{b^{p}}$

$$k^{pv} = \frac{100.000\,€}{1.000\,\text{Std.}} = 100\,€/\text{Std.}$$

$$K^{vp} = 100\,€/\text{Std.} \times 800\,\text{Std.} = 80.000\,€$$ [27]

$$GA = 88.000\,€ - 80.000\,€ = 8.000\,€$$

27 Alternativ: $K^{vp} = K^{p} \times \frac{b^{i}}{b^{p}} = 100.000\,€ \times \frac{800\,\text{Std.}}{1.000\,\text{Std.}} = 80.000\,€$

Diagramm starre Plankostenrechnung

Grafische Darstellung:

ABB. 24: Gesamtabweichung – Starre Plankostenrechnung

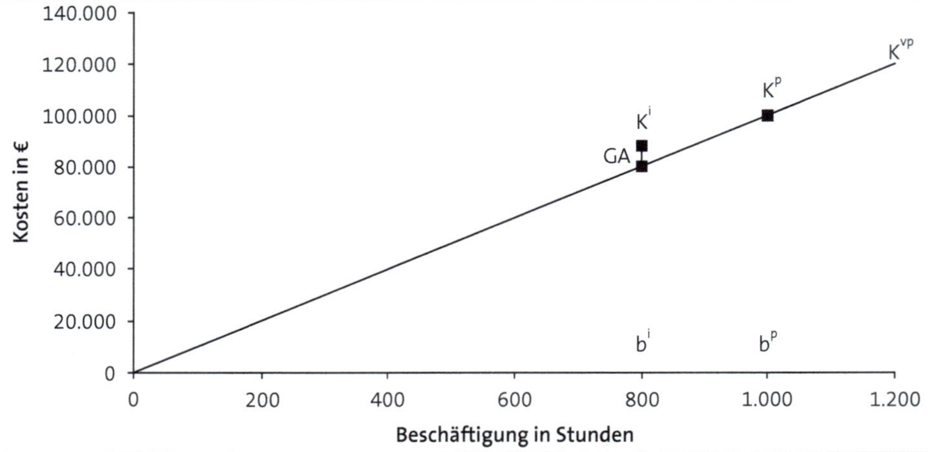

Tz. 234

Nachteile der starren Plankostenrechnung

Nachteile der starren Plankostenrechnung:

- Es ist keine weitere Analyse der Gesamtabweichung möglich (≠ Aufteilung in Verbrauchsabweichung und Beschäftigungsabweichung).
- Die Tatsache, dass bei sinkender Beschäftigung lediglich die variablen Kosten abnehmen und die fixen Kosten konstant bleiben, demnach also die gesamten Stückkosten steigen, wird bei Berechnung der verrechneten Plankosten vernachlässigt.
- Aufgrund der fehlenden Aufteilung der Kosten in fixe und variable Bestandteile kann keine kurzfristige Preisuntergrenze bestimmt werden.

Tz. 235

Anwendung der starren Plankostenrechnung

Fazit:

Die starre Plankostenrechnung sollte als Kostenkontrollinstrument nur angewandt werden, wenn die Istbeschäftigung nicht oder lediglich gering von der Planbeschäftigung abweicht und/oder im Betrieb (oder der Kostenstelle) kaum fixe Kosten vorhanden sind, da die ermittelte Gesamtabweichung dann nahezu ausschließlich auf eine Abweichung der Istwerte zu den Planwerten (Menge, Zeit) zurückzuführen ist (Verbrauchsabweichung).

2.2 Flexible Plankostenrechnung auf Vollkostenbasis

Tz. 236

flexible Plankostenrechnung: Kostenaufteilung (fix/variabel)

Die flexible Plankostenrechnung erlaubt aufgrund der Kostenauflösung in fixe und variable Bestandteile eine Anpassung der Plankosten an verschiedene Beschäftigungsgrade, somit können für jeden beliebigen, von der Planbeschäftigung abweichenden Beschäftigungsgrad Kostenvorgaben ermittelt werden. Neben einer Gesamtabweichung ermöglicht die flexible Plankostenrechnung demnach auch die Berechnung von Beschäftigungs- und Verbrauchsabweichungen.

Tz. 237

Plankostenverrechnungssatz (fix/variabel)

- **Fixer Plankostenverrechnungssatz k^{pv}_{fix}, variabler Plankostenverrechnungssatz k^{pv}_{v}**

In der flexiblen Plankostenrechnung gilt:

$K^p = K^p_{fix} + K^p_v$

Unter Berücksichtigung der Kostenaufteilung kann auch der Plankostenverrechnungssatz in einen fixen und variablen Teil getrennt werden:

$$k^{pv} = \frac{K^p}{b^p} = \frac{K^p_{fix}}{b^p} + \frac{K^p_v}{b^p} = k^{pv}_{fix} + k^{pv}_v$$

Tz. 238

► **Sollkosten K^s**

Sollkosten

Die Anpassung der Plankosten an verschiedene Beschäftigungsgrade erfolgt mithilfe der Sollkosten, sie können demnach als Plankosten auf Basis der Istbeschäftigung bezeichnet werden. Die Sollkosten enthalten neben den an die Istbeschäftigung angepassten variablen Kosten (variabler Plankostenverrechnungssatz × Istbeschäftigung) die kompletten fixen Plankosten, da diese unabhängig von der Beschäftigung in voller Höhe anfallen:

$$K^s = k^{pv}_v \times b^i + K^p_{fix}$$

Tz. 239

► **Verbrauchsabweichung VA**

Verbrauchsabweichung

Die Ermittlung der Verbrauchsabweichung erfolgt durch Gegenüberstellung der Istkosten und der Sollkosten und gibt den Mehr- oder Minderverbrauch von Kostengütern an.

$$VA = K^i - K^s$$

Tz. 240

► **Beschäftigungsabweichung BA**

Beschäftigungsabweichung

Die Beschäftigungsabweichung ist keine echte Kostendifferenz, sondern vielmehr ein „Verrechnungsfehler“ bezogen auf den fixen Teil der Plankosten. Dabei liegt die Überlegung zugrunde, dass unabhängig von dem tatsächlichen Beschäftigungsgrad die fixen Plankosten in voller Höhe anzusetzen sind, die Ermittlung der verrechneten Plankosten jedoch eine Proportionalisierung der Fixkosten mit sich bringt. Stimmen Plan- und Istbeschäftigung überein, ist die Beschäftigungsabweichung gleich Null und bei den fixen Kosten handelt es sich ausschließlich um Nutzkosten, die sich mit abnehmender Beschäftigung in Leerkosten verwandeln.

$$BA = K^s - K^{vp} \quad \text{bzw.} \quad BA = (b^p - b^i) \times k^{pv}_{fix}$$

Tz. 241

► **Gesamtabweichung GA**

Gesamtabweichung

Die Gesamtabweichung setzt sich aus Verbrauchs- und Beschäftigungsabweichung zusammen:

$$GA = VA + BA \quad \text{bzw.} \quad GA = K^i - K^{vp}$$ [28]

---

28 $VA = K^i - K^s, BA = K^s - K^{vp} \rightarrow GA = VA + BA = (K^i - K^s) + (K^s - K^{vp}) = K^i - K^{vp}$

BEISPIEL

Die XY AG plant bei einer Beschäftigung von 800 Stunden mit Kosten in Höhe von 100.000 € (davon sind 20 %, also 20.000 € variabel). Bei einer Istbeschäftigung von 600 Stunden entstanden tatsächliche Kosten in Höhe von 110.000 €.

Wie hoch sind die Verbrauchsabweichung, die Beschäftigungsabweichung und die Gesamtabweichung?

LÖSUNG

$VA = K^i - K^s$

$\rightarrow \quad K^s = k^{pv}_v \times b^i + K^p_{fix}$

$\rightarrow \quad k^{pv}_v = \frac{K^p_v}{b^p}$

$$k^{pv}_v = \frac{20.000\,€}{800\text{ Std.}} = 25\,€/\text{Std.}$$

$$K^s = 25\,€/\text{Std.} \times 600\text{ Std.} + 80.000\,€ = 95.000\,€$$

$$VA = 110.000\,€ - 95.000\,€ = 15.000\,€$$

$BA = K^s - K^{vp}$

$\rightarrow \quad K^{vp} = k^{pv} \times b^i$

$\rightarrow \quad k^{pv} = \frac{K^p}{b^p}$

$$k^{pv} = \frac{100.000\,€}{800\text{ Std.}} = 125\,€/\text{Std.}$$

$$K^{vp} = 125\,€/\text{Std.} \times 600\text{ Std.} = 75.000\,€$$ [29]

$$BA = 95.000\,€ - 75.000\,€ = 20.000\,€$$ [30]

$$GA = VA + BA$$

$$GA = 15.000\,€ + 20.000\,€ = 35.000\,€$$ [31]

Der nachfolgenden Grafik liegen diese Werte zugrunde:

Beschäftigung	K^p_{fix}	K^{vp}	K^s	K^i	K^p
0 Std.	80.000 €	0 €	80.000 €		
200 Std.	80.000 €	25.000 €	85.000 €		
400 Std.	80.000 €	50.000 €	90.000 €		
600 Std.	80.000 €	75.000 €	95.000 €	110.000 €	
800 Std.	80.000 €	100.000 €	100.000 €		100.000 €
1.000 Std.	80.000 €	125.000 €	105.000 €		

29 Alternativ: $K^{vp} = K^p \times \frac{b^i}{b^p} = 100.000\,€ \times \frac{600\text{ Std.}}{800\text{ Std.}} = 75.000\,€$

30 Alternativ: $BA = (b^p - b^i) \times k^{pv}_{fix} = (b^p - b^i) \times \frac{K^p_{fix}}{b^p} = (800\text{ Std.} - 600\text{ Std.}) \times \frac{80.000\,€}{800\text{ Std.}} = 20.000\,€$

31 $GA = K^i - K^{vp} = 110.000\,€ - 75.000\,€ = 35.000\,€$

ABB. 25: Abweichungsanalyse – Flexible Plankostenrechnung

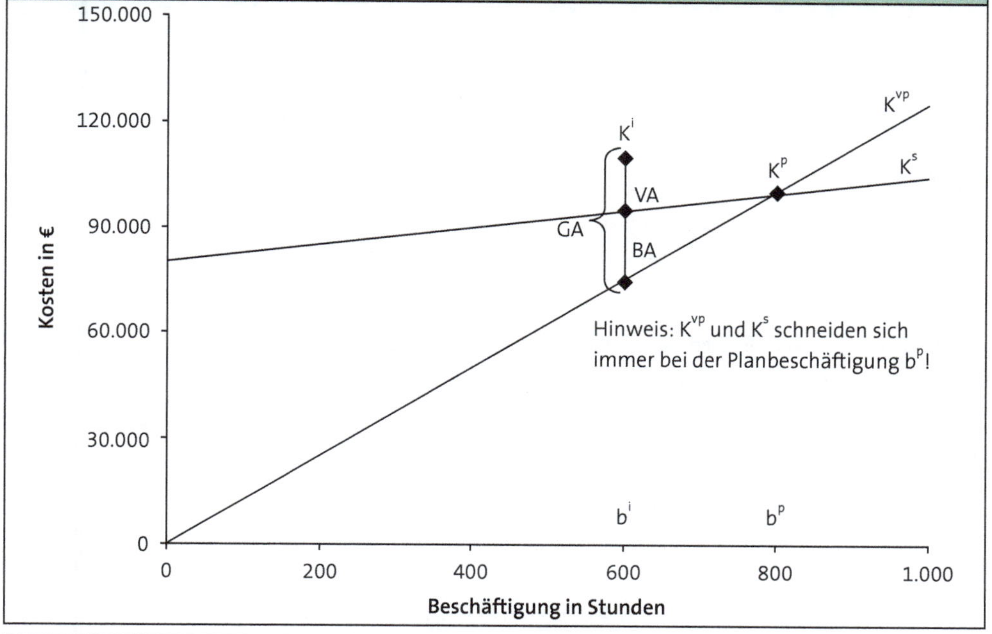

Diagramm flexible Plankostenrechnung

Tz. 242

► Variator

Variator

Der Variator ist eine Kennziffer, die den prozentualen Anteil der variablen Plankosten an den gesamten Plankosten bei Planbeschäftigung angibt:

$$\text{Variator} = \frac{K^p_v}{K^p} \times 10$$

Dabei gilt:

Variator = 0 → Plankosten sind zu 0 % variabel (→ 100 % fix)

Variator = 5 → Plankosten sind zu 50 % variabel (→ 50 % fix)

Variator = 10 → Plankosten sind zu 100 % variabel (→ 0 % fix)[32]

Umgekehrt kann die Höhe der variablen Plankosten berechnet werden, sofern der Variator und die Plankosten bekannt sind:

$$K^p_v = \frac{\text{Variator} \times K^p}{10}$$

Zudem gibt der Variator an, um wie viel Prozent sich die Kosten ändern, wenn die Istbeschäftigung um 10 % von der Planbeschäftigung abweicht (z. B. Variator 4 → Sollkosten weichen bei einer Beschäftigungsänderung von 10 % um 4 % von den Plankosten ab).

32 Die Aufzählung der Variatoren ist nur beispielhaft und nicht vollzählig.

Die Sollkosten können mithilfe des Variators auch wie folgt ermittelt werden:

$$K^s = K^p \pm \left(\frac{\text{Variator} \times K^p}{10} \times \text{Über-/Unterschreitung der Planbeschäftigung } b^p \text{ in \%}\right)$$

Es gilt:

Überschreitung der Planbeschäftigung ($b^i > b^p$) → Vorzeichen „+“

Unterschreitung der Planbeschäftigung ($b^i < b^p$) → Vorzeichen „-“

BEISPIEL

Die Maschinenbau A GmbH legt für die Planungsperiode 01 folgende Daten vor:

Planbeschäftigung	1.000 Stunden
Istbeschäftigung	1.200 Stunden
Plankosten	240.000 € (144.000 € fix)

Welchen Wert hat der Variator und wie hoch sind die Sollkosten bei Istbeschäftigung?

LÖSUNG

$$\text{Variator} = \frac{K^p_v}{K^p} \times 10 = \frac{240.000\,€ - 144.000\,€}{240.000\,€} \times 10 = 4$$

Überschreitung der Planbeschäftigung: 20 %[33]

→ Abweichung Sollkosten - Plankosten: 8 %[34]

→ $K^s = K^p \times 1{,}08 = 240.000\,€ \times 1{,}08 = 259.200\,€$[35]

2.3 Flexible Plankostenrechnung auf Teilkostenbasis – Grenzplankostenrechnung

Tz. 243

Grenzplankostenrechnung: variable Plankosten relevant → Verbrauchsabweichung ≠ Beschäftigungsabweichung

Die flexible Plankostenrechnung auf Teilkostenbasis, auch als Grenzplankostenrechnung bezeichnet, trennt die Plankosten in fixe und variable Kostenbestandteile, bezieht aber in die Kostenkontrollrechnung ausschließlich die variablen Kosten ein. Die fixen Kosten werden unabhängig von der tatsächlichen Beschäftigung in voller Höhe als „Block“ vorgegeben und in die Betriebsergebnisrechnung übernommen, es findet somit keine Weiterverrechnung der Fixkosten auf die einzelnen Leistungseinheiten statt. Mithilfe der Grenzplankostenrechnung lässt sich demnach nur eine Verbrauchsabweichung ermitteln, eine Beschäftigungsabweichung kann nicht auftreten.

Es gilt:

Tz. 244

- Variabler Plankostenverrechnungssatz: $k^{pv}_v = \frac{K^p_v}{b^p}$

---

33 $\frac{b^i - b^p}{b^p} \times 100 = \frac{1.200 \text{ Std.} - 1.000 \text{ Std.}}{1.000 \text{ Std.}} \times 100 = 20\,\%$

34 Variator 4 → Änderung des Beschäftigungsgrades um 10 % = Änderung der Kosten um 4 %
→ Änderung des Beschäftigungsgrades um 20 % = Änderung der Kosten um 8 % (2 × 4 %)

35 Alternativ: $K^s = K^p + \left(\frac{\text{Variator} \times K^p}{10} \times \text{Überschreitung der Planbeschäftigung } b^p \text{ in \%}\right)$

$K^s = 240.000\,€ + \left(\frac{4 \times 240.000\,€}{10} \times 20\,\%\right) = 259.200\,€$

- Verrechnete Plankosten (variabel): $K^{vp}_v = k^{pv}_v \times b^i$ bzw. $K^{vp}_v = K^p_v \times \frac{b^i}{b^p}$
- Sollkosten (variabel): $K^s_v = k^{pv}_v \times b^i$ (→ Sollkosten = verrechnete Plankosten)
- Variable Istkosten: $K^i_v = K^i - K_{fix}$
- Verbrauchsabweichung: $K^i_v - K^s_v$

BEISPIEL

Die Kostenplanung der AB-Industrie AG liefert für den Monat 01 folgende Daten:

Planbeschäftigung	1.000 Stunden
Istbeschäftigung	600 Stunden
variable Plankosten	10.000 €
Istkosten	14.000 € (davon 5.000 € fix)

Wie hoch ist die Verbrauchsabweichung?

LÖSUNG

$VA = K^i_v - K^s_v$

→ $K^s_v = k^{pv}_v \times b^i$

→ $k^{pv}_v = \frac{K^p_v}{b^p}$

$K^i_v = K^i - K_{fix}$

$k^{pv}_v = \frac{10.000\,€}{1.000\text{ Std.}} = 10\,€/\text{Std.}$

$K^s_v = 10\,€/\text{Std.} \times 600\text{ Std.} = 6.000\,€$

$K^i_v = 14.000\,€ - 5.000\,€ = 9.000\,€$

$VA = 9.000\,€ - 6.000\,€ = 3.000\,€$

Grafische Darstellung:

ABB. 26: Abweichungsanalyse – Grenzplankostenrechnung

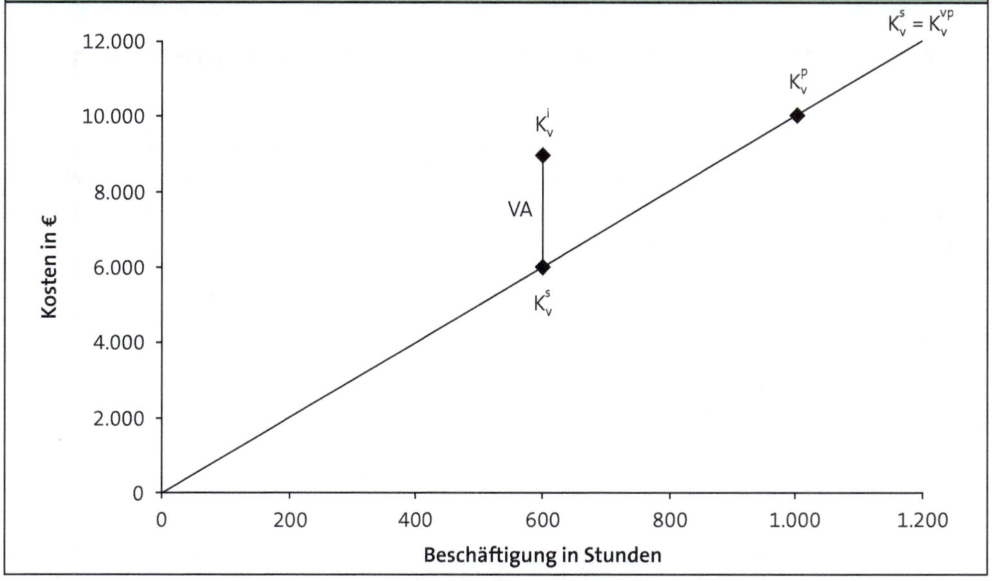

2.4 Aussagefähigkeit der Plankostenrechnung und Folgerungen aus Abweichungsanalysen

Tz. 245

Plankostenrechnung = wirksames Kostenkontrollinstrument

Aufgrund der Zukunftsorientierung ist die Plankostenrechnung ein wirksames Kostenkontrollinstrument, wobei die Nachteile der starren Plankostenrechnung nicht außer Acht gelassen werden dürfen und somit deren Anwendung nur bei geringen Abweichungen der Istbeschäftigung zur Planbeschäftigung bzw. bei geringer Höhe der fixen Kosten sinnvoll ist. Die im Verhältnis zur starren Plankostenrechnung aufwendigere flexible Plankostenrechnung ermöglicht eine genauere Abweichungsanalyse und ist somit aussagekräftiger. Für die Ermittlung von entscheidungsrelevanten zukunftsorientierten Informationen ist die Grenzplankostenrechnung am besten geeignet.

Tz. 246

Abweichungsanalyse

Für die Abweichungen gilt:

Preisabweichung PA:	PA > 0	→ Istpreise > Planpreise (negativ)
	PA < 0	→ Istpreise < Planpreise (positiv)
	Verantwortlichkeit in der Regel außerhalb des Unternehmens	
Verbrauchsabweichung VA[36]:	VA > 0	→ Mehrverbrauch von Kostengütern (negativ)
	VA < 0	→ Minderverbrauch von Kostengütern (positiv)
	Ursachen: z. B.	Produktionsausschuss, gestiegener/gesunkener Energieverbrauch
	Verantwortlichkeit: Kostenstellenleiter, Meister	
Beschäftigungsabweichung BA:	BA > 0	→ zu wenig verrechnete Fixkosten ($b^i < b^p$)
	BA < 0	→ zu viel verrechnete Fixkosten ($b^i > b^p$)
	Ursachen: z. B.	Auftragslage, technische Störung
	Verantwortlichkeit: Geschäftsleitung, Vertrieb	
Gesamtabweichung GA:	GA > 0	→ Istkosten K^i > verrechnete Plankosten K^{vp}
	GA < 0	→ Istkosten K^i < verrechnete Plankosten K^{vp}
	Ursachen nur durch weitere Teilabweichungsanalyse zu ermitteln	

3. Kostenmanagement vom Markt her – Zielkostenrechnung

Tz. 247

System der Zielkostenrechnung („retrograd")

Während die klassische Kostenrechnung den Verkaufspreis eines Produktes durch Addition der Selbstkosten und des gewünschten Gewinnaufschlages bestimmt, geht die Zielkostenrechnung (engl.: *target costing*) retrograd vor und ermittelt ausgehend von der Marktsituation und den Kundenbedürfnissen, wie viel ein Produkt kosten darf.

Bei Anwendung der Zielkostenrechnung werden drei Phasen unterschieden:

- Phase 1: Zielkostenplanung
- Phase 2: Zielkostenspaltung
- Phase 3: Zielkostenerreichung

36 *Hinweis:* PA ermittelbar → Berechnung VA mit Istkosten zu Planpreisen
PA nicht ermittelbar (Ist-/Planpreise nicht gegeben) → Berechnung VA mit Istkosten zu Istpreisen, VA enthält dann neben Mehr-/Minderverbrauch auch Preisabweichungen.

Tz. 248

Zielkostenplanung

► **Phase 1: Zielkostenplanung**

- Analyse der Kundenwünsche bzw. der Erwartungen an das Produkt und seine Eigenschaften bezüglich Qualität, Preis, Design usw. anhand von Marktforschungsmaßnahmen
- Bestimmung des Zielverkaufspreises unter Berücksichtigung der Marktanalyse („Welchen Preis akzeptieren die Kunden?")
- Zielverkaufspreis abzüglich Gewinnmarge = Zielkosten (Kostenobergrenze)

Tz. 249

Zielkostenspaltung

► **Phase 2: Zielkostenspaltung**

- Komponentenmethode:
  - Zerlegung des Produktes in einzelne Komponenten (z. B. Motor, Gehäuse usw.)
  - Gewichtung der Komponenten aufgrund von Erfahrungswerten des Entwicklerteams
  - Verteilung der Zielkosten gemäß Komponentengewichtung
- Funktionsmethode:
  - Gewichtung der Kundenwünsche in Bezug auf die einzelnen Produktfunktionen (Marktanalyse)
  - Ermittlung des Beitrags der Produktkomponenten zur Erfüllung der Produktfunktionen
  - Verknüpfung der Funktionsgewichtung mit der Komponentengewichtung in einer Matrix
  - Verteilung der Zielkosten gemäß der kombinierten Gewichtung von Komponenten und Funktionen

Zielkostenspaltung (Funktionsmethode):

BEISPIEL

Eine Marktanalyse bezüglich der Entwicklung eines innovativen Sportschuhs ergibt folgende vom Kunden gewünschte Produktfunktionen und deren Gewichtung:

Produktfunktionen	Gewichtung
Farbe	20 %
Form	40 %
Gewicht	15 %
Verschlusstechnik	15 %
Haltbarkeit	10 %
Σ	100 %

Der Beitrag der Produktkomponenten zur Erfüllung der gewünschten Produktfunktionen ist folgender Tabelle zu entnehmen:

	Produktfunktionen				
Produkt-komponenten	Farbe	Form	Gewicht	Verschluss-technik	Haltbarkeit
Obermaterial	70 %	15 %	30 %	20 %	25 %
Innenmaterial	30 %		25 %		15 %
Sohle		35 %	35 %		30 %
Verbindung Sohle/ Obermaterial		15 %	5 %		25 %
Schnürung		35 %	5 %	80 %	5 %
Σ	100 %	100 %	100 %	100 %	100 %

Die Verknüpfung von Funktionsgewichtung und Komponentengewichtung führt zu folgendem Ergebnis:

	Produktfunktionen					
Produkt-komponenten	Farbe 20,00 %	Form 40,00 %	Gewicht 15,00 %	Verschluss-technik 15,00 %	Haltbarkeit 10,00 %	Σ 100,00 %
Obermaterial	14,00 %	6,00 %	4,50 %	3,00 %	2,50 %	30,00 %
Innenmaterial	6,00 %		3,75 %		1,50 %	11,25 %
Sohle		14,00 %	5,25 %		3,00 %	22,25 %
Verbindung Sohle/ Obermaterial		6,00 %	0,75 %		2,50 %	9,25 %
Schnürung		14,00 %	0,75 %	12,00 %	0,50 %	27,25 %

Erläuterung an der Kombination Produktfunktion „Farbe" – Produktkomponente „Obermaterial":

- Gewichtung der Produktfunktion „Farbe" = 20 %
- Beitrag der Produktkomponente „Obermaterial" zur Produktfunktion „Farbe" = 70 %

→ Gewichtung der Kombination „Farbe – Obermaterial" = 14 % (20 % × 70 %)
→ Relativer Anteil der Produktkomponente „Obermaterial" an den gesamten Zielkosten: 30 %

Wie hoch sind die Zielkosten für die einzelnen Produktkomponenten, wenn die Marktanalyse einen vom Kunden akzeptierten Zielverkaufspreis von 200 € ergibt und eine Umsatzrendite von 15 % angestrebt wird?

LÖSUNG

Ermittlung der Zielkosten gesamt:

Gewinn = Umsatzerlöse × Umsatzrendite
Gewinn = 200 € × 15 % = 30 €
Zielkosten = Zielverkaufspreis - Gewinn = 200 € - 30 € = 170 €

Produktkomponenten	**relativer Anteil an den Zielkosten**	**Zielkosten 170,00 €**
Obermaterial	30,00 %	51,00 €
Innenmaterial	11,25 %	19,13 €
Sohle	22,25 %	37,83 €
Verbindung Sohle/Obermaterial	9,25 %	15,72 €
Schnürung	27,25 %	46,32 €

Tz. 250

Zielkostenerreichung (Zielkostenindex)

- **Phase 3: Zielkostenerreichung**
  - Überprüfung der Zielkostenerreichung durch Ermittlung eines Zielkostenindex:

$$\text{Zielkostenindex} = \frac{\text{Aktueller Kostenanteil einer Produktkomponente}}{\text{Zielkostenanteil einer Produktkomponente}}$$

Dabei gilt:
Zielkostenindex = 1 → optimal
Zielkostenindex > 1 → Kostensenkungsbedarf
Zielkostenindex < 1 → Spielraum für Funktionsverbesserungen

- Bestimmung einer Zielkostenzone, die marginale Abweichungen der aktuellen Kosten von den Zielkosten erlaubt
- Darstellung der Ergebnisse in einem Zielkostenkontrolldiagramm:

ABB. 27: Zielkostenkontrolldiagramm

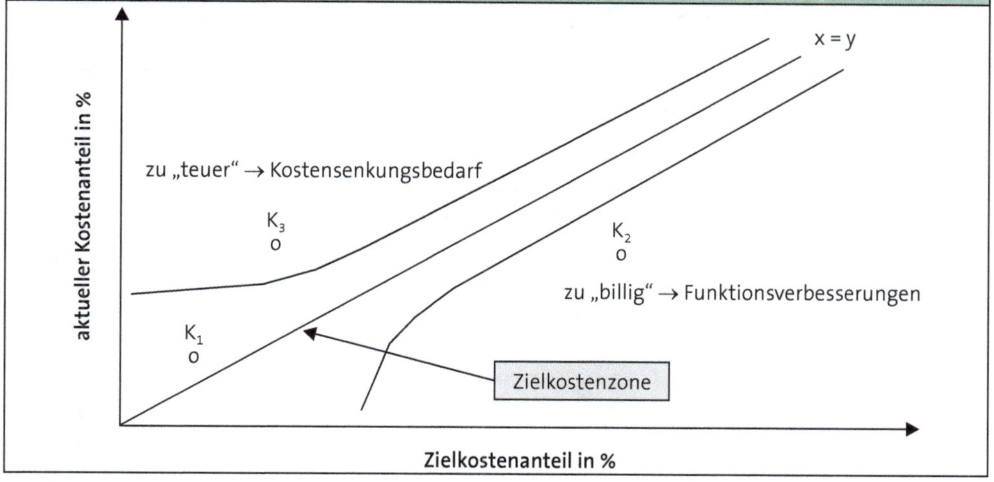

Dabei gilt:

Komponenten innerhalb der Zielkostenzone	→	optimale Positionierung, kein Handlungsbedarf (K_1)
Komponenten unterhalb der Zielkostenzone	→	Kostensteigerung möglich (K_2)
Komponenten oberhalb der Zielkostenzone	→	Kostenreduzierung notwendig (K_3)

Tz. 251

Vorteile der Zielkostenrechnung:

Vorteile der Zielkostenrechnung

- Optimale Anpassung der Produkte an die Kundenwünsche
  Vermeidung von Fehlern in der Produktentwicklung bezüglich nicht gewünschter oder zu teurer (Zusatz-)funktionen
- Frühe Kostenbeeinflussung im Produktlebenszyklus
  Bindende Kostenvorgaben bereits zu Beginn der Produktentwicklungsphase
- Hohe Qualität bei sinkenden Durchschnittskosten
  Streben nach permanenter Verbesserung unter Berücksichtigung der Zielkostenerreichung (Zielkostenkontrolldiagramm → Zielkostenzone)
- Mitarbeitereffekt
  Einflussnahme auf das Kostenbewusstsein der Mitarbeiter („Unternehmerisches Denken der Mitarbeiter") → Freilegen von Mitarbeiterressourcen

4. Gemeinkosten prozessbezogen – Prozesskostenrechnung

Tz. 252

System der Prozesskostenrechnung („verursachungsgerechtere Gemeinkostenverteilung")

Ziel der Prozesskostenrechnung ist es, den stetig größer werdenden Anteil der Gemeinkosten an den Gesamtkosten verursachungsgerechter auf die Kostenträger zu verteilen, indem die für einzelne betriebliche Teilprozesse entstehenden Kosten ermittelt und anschließend den Kostenträgern entsprechend der mengenmäßigen Inanspruchnahme der Teilprozesse zugerechnet werden. Dabei ist die prozentuale Steigerung der Gemeinkosten insbesondere auf die zunehmende Automatisierung der Fertigung sowie die erhöhten Kosten in den indirekten Leistungsbereichen wie z. B. Beschaffung, Marketing, Entwicklung oder Vertrieb zurückzuführen. Eine Verteilung der Gemeinkosten mithilfe der Zuschlagskalkulation ist bei sehr hohen Gemeinkostenzuschlagssätzen aufgrund des angewandten Durchschnittsprinzips ungenau und nicht verursachungsgerecht, die so ermittelten Selbstkosten eines Kostenträgers sind dann nur bedingt aussagekräftig.

Tz. 253

Aufbau der Prozesskostenrechnung

ABB. 28: Aufbau der Prozesskostenrechnung:

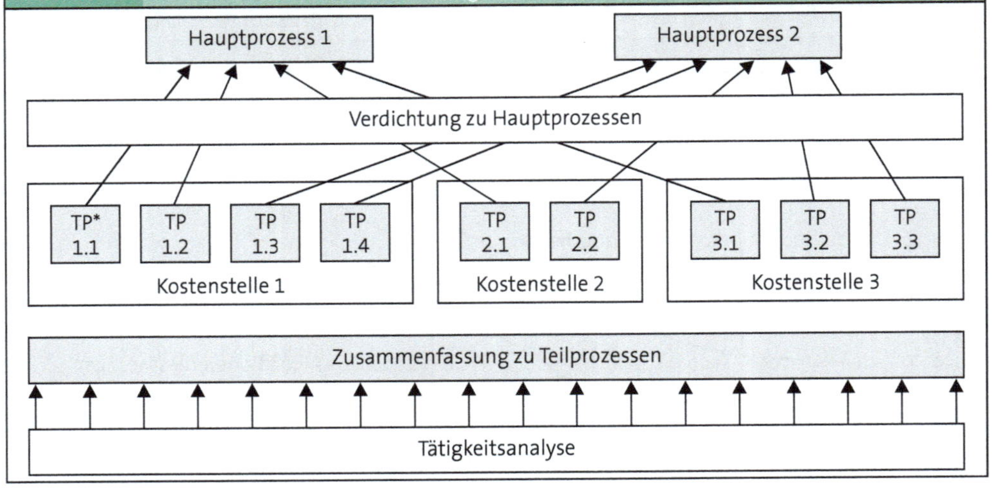

* TP = Teilprozess

Tz. 254

Tätigkeitsanalyse

► **Schritt 1: Tätigkeitsanalyse**

Ermittlung von gleichartigen und sich regelmäßig wiederholenden Tätigkeiten in den entsprechenden Kostenstellen durch strukturierte Befragung der jeweiligen Mitarbeiter sowie Auswertung von Zeitaufschreibungsblättern oder Stellenbeschreibungen, Arbeitsanweisungen usw.

Tz. 255

Teilprozesse (lmi-/lmn-Prozesse)

► **Schritt 2: Zusammenfassung zu Teilprozessen**

Bündelung von zeitlich und sachlogisch zusammenhängenden Tätigkeiten zu Teilprozessen

Differenzierung zwischen leistungsmengeninduzierten Prozessen (lmi-Prozesse) und leistungsmengenneutralen Prozessen (lmn-Prozesse)

Dabei gilt:

lmi-Prozesse → Teilprozesskosten abhängig von der Outputmenge (z. B. TP „Lieferantenauswahl")

lmn-Prozesse → Teilprozesskosten unabhängig von der Outputmenge (z. B. TP „Abteilung leiten")

BEISPIEL

Zusammenfassung der Tätigkeiten „diverse Lieferanten ermitteln", „Konditionen der Lieferanten einholen" und „Konditionen der Lieferanten vergleichen" zum Teilprozess „Lieferantenauswahl"

ABB. 29: Mögliche Teilprozesse in den Kostenstellen Einkauf, Rechnungswesen und Lager

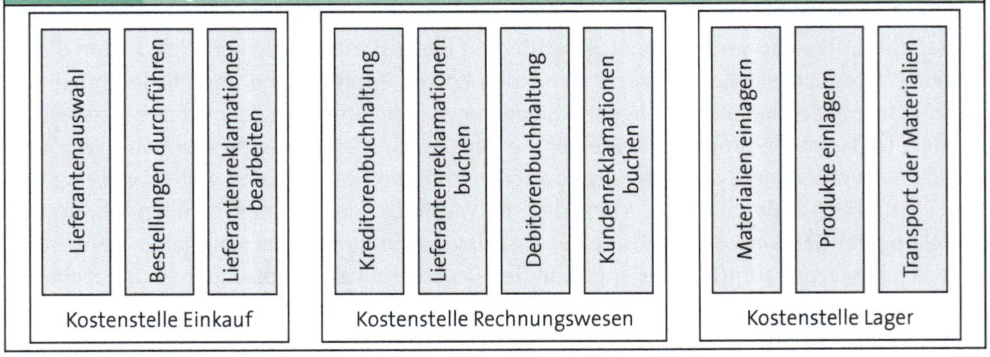

Tz. 256

► **Schritt 3: Verdichtung zu Hauptprozessen**

Hauptprozesse

Zuordnung zusammenhängender Teilprozesse zu kostenstellenübergreifenden Hauptprozessen

BEISPIEL

Zusammenfassung der Teilprozesse „Lieferantenauswahl", „Bestellungen durchführen", „Kreditorenbuchhaltung", „Materialien einlagern" zum Hauptprozess „Bestellung"

Zusammenfassung der Teilprozesse „Lieferantenreklamationen bearbeiten", „Lieferantenreklamationen buchen" zum Hauptprozess „Lieferantenreklamationen"

ABB. 30: Zusammenfassung der Teilprozesse zu Hauptprozessen

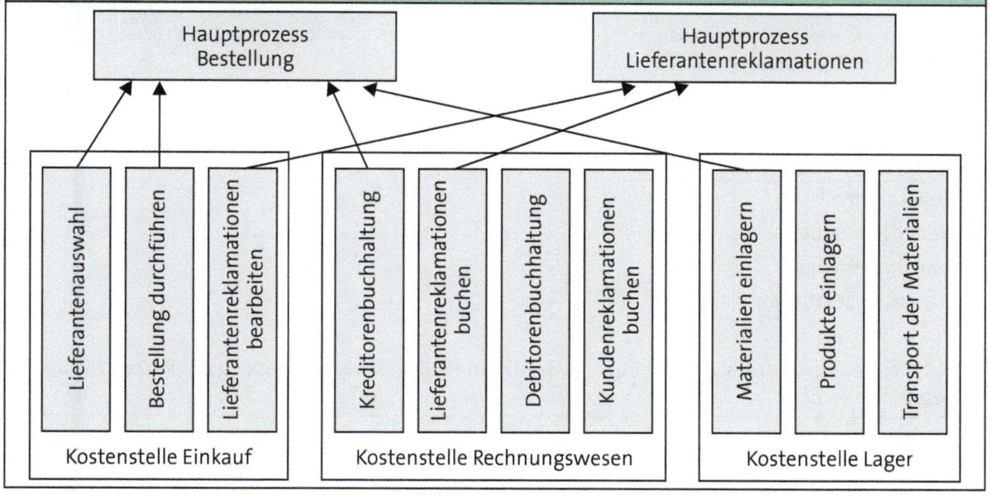

Tz. 257

► **Schritt 4: Ermittlung der Kostentreiber *(cost driver)***

Kostentreiber

Bestimmung geeigneter Verrechnungsgrundlagen für die leistungsmengeninduzierten Teilprozesskosten (Proportionalität zwischen Teilprozesskosten und Kostentreiber)

Teilprozess „Lieferantenauswahl" → Kostentreiber „Anzahl der Bestellungen"
Teilprozess „Bestellungen durchführen" → Kostentreiber „Anzahl der Bestellungen"
Teilprozess „Debitorenbuchhaltung" → Kostentreiber „Anzahl der Aufträge"
Teilprozess „Produkte einlagern" → Kostentreiber „Anzahl der Aufträge"

Tz. 258

► **Schritt 5: Ermittlung der Prozesskostensätze**

Prozesskostensätze

$$\text{lmi-Prozesskostensatz} = \frac{\text{lmi-Prozesskosten}}{\text{Prozessmenge}}$$

$$\text{lmn-Umlagesatz} = \frac{\text{lmn-Prozesskosten}}{\Sigma\ \text{lmi-Prozesskosten}} \times \text{lmi-Prozesskostensatz}$$[37]

$$\text{Prozesskostensatz gesamt} = \text{lmi-Prozesskostensatz} + \text{lmn-Umlagesatz}$$

37 Die Kosten der leistungsmengenneutralen Teilprozesse werden auf die leistungsmengeninduzierten Teilprozesse umgelegt.

BEISPIEL

Die ABC-GmbH ermittelt für die Kostenstelle „Einkauf“ vier abgrenzbare leistungsmengeninduzierte Teilprozesse und einen leistungsmengenneutralen Teilprozess:

Teilprozesse	**Bezugsgröße**	**Menge**	**Mitarbeiter**
Angebote einholen	Anzahl Angebote	7.500	4
Bestellung aufgeben	Anzahl Bestellungen	3.000	3
Termin überwachen	50 % der Bestellungen	1.500	0,5
Reklamation bearbeiten	20 % der Bestellungen	600	0,5
Abteilung leiten			1

In den Gesamtkosten der Kostenstelle in Höhe von 432.000 € sind mehr als 90 % Personalkosten enthalten, sodass die Zurechnung der Kosten auf die Teilprozesse auf Basis der Mitarbeiterzahl erfolgen soll.

Wie hoch sind die lmi-Prozesskostensätze, die lmn-Umlagesätze sowie die gesamten Prozesskostensätze der einzelnen Teilprozesse?

Produkt A verursacht in der Kostenstelle „Einkauf“ folgende Teilprozesse:

Teilprozesse	Anzahl
Angebote einholen	8 ×
Bestellung aufgeben	5 ×
Termin überwachen	2 ×
Reklamation bearbeiten	1 ×

Welche Kosten der Kostenstelle „Einkauf“ müssen dem Produkt A bei Anwendung der Prozesskalkulation zugerechnet werden?

LÖSUNG

Teilprozesse	**Bezugs-größe**	**Menge**	**Mitar-beiter**	**Teilprozess-kosten**	**lmi-Pro-zess-kosten-satz**	**lmn-Umlage-satz**	**Prozess-kosten-satz gesamt**
Angebote einholen	Anzahl Angebote	7.500	4	192.000 €	25,60 €	3,20 €	28,80 €
Bestellung aufgeben	Anzahl Bestellungen	3.000	3	144.000 €	48,00 €	6,00 €	54,00 €
Termin überwachen	50 % der Bestellungen	1.500	0,5	24.000 €	16,00 €	2,00 €	18,00 €
Reklamation bearbeiten	20 % der Bestellungen	600	0,5	24.000 €	40,00 €	5,00 €	45,00 €
Abteilung leiten			1	48.000 €			

Erläuterung:

- Ermittlung der Teilprozesskosten:

$$\text{Gesamtkosten je Mitarbeiter} = \frac{\text{Gesamtkosten}}{\text{Mitarbeiterzahl}} = \frac{432.000\,€}{9\ \text{Mitarbeiter}} = 48.000\,€/\text{Mitarbeiter}$$

Bsp. Teilprozess Angebote einholen: 4 Mitarbeiter × 48.000 €/Mitarbeiter = 192.000 €

- Ermittlung lmi-Prozesskostensatz:

$$\text{lmi-Prozesskostensatz}_{\text{Bsp. Teilprozess Angebote einholen}} = \frac{\text{lmi-Prozesskosten}}{\text{Prozessmenge}} = \frac{192.000\,€}{7.500} = 25{,}60\,€$$

- Ermittlung Imn-Umlagesatz:

  Imn-Umlagesatz $_{\text{Bsp. Teilprozess Angebote einholen}}$ =

  $$\frac{\text{Imn-Prozesskosten}}{\Sigma\ \text{Imi-Prozesskosten}} \times \text{Imi-Prozesskostensatz}_{\text{TP Angebote einholen}} = \frac{48.000\,€}{384.000\,€} \times 25{,}60\,€ = 3{,}20\,€$$[38]

- Ermittlung Prozesskostensatz gesamt:

  Prozesskostensatz gesamt $_{\text{Bsp. Teilprozess Angebote einholen}}$ = 25,60 € + 3,20 € = 28,80 €

Dem Produkt A werden neben den unmittelbar zurechenbaren Einzelkosten und den Gemeinkosten anderer Kostenstellen folgende Kosten der Kostenstelle „Einkauf" verrechnet:

Teilprozesse	**Anzahl**	**Prozesskostensatz gesamt**	**Kosten Produkt A**
Angebote einholen	8 ×	28,80 €	230,40 €
Bestellung aufgeben	5 ×	54,00 €	270,00 €
Termin überwachen	2 ×	18,00 €	36,00 €
Reklamation bearbeiten	1 ×	45,00 €	45,00 €
			581,40 €

Tz. 259

Bei langfristig zu treffenden Entscheidungen müssen die gesamten Kosten, also sowohl die leistungsmengeninduzierten als auch die leistungsmengenneutralen Kosten berücksichtigt werden (→ Kostendeckung), kurzfristig gesehen sind in der Regel nur die leistungsmengeninduzierten, also die variablen Kosten relevant (→ Teilkostenrechnung).

38 Σ Imi-Prozesskosten = Gesamtkosten - Imn-Prozesskosten

1.) Unterscheiden Sie die Begriffe Kostencontrolling, Kostenmanagement und Kostenkontrolle.

Kostencontrolling bedeutet, Planungsvorgaben zu machen, diese Pläne zu verfolgen und die Ergebnisse – evtl. mit Verbesserungsvorschlägen – festzuhalten.

Kostenmanagement hat die Erhöhung der Wirtschaftlichkeit eines Unternehmens zum Ziel, welche durch eine genaue Kostenanalyse mit bewusster Beeinflussung der Kosten erreicht werden soll.

Die Kostenkontrolle soll durch Überwachung der Kostenentwicklung die Aufdeckung von Unwirtschaftlichkeiten im Betrieb ermöglichen und ist somit die Basis wirtschaftlichen Handelns.

(Tz. 218)

2.) Geben Sie an, ob bei einer Kostenüberdeckung der tatsächliche Gewinn größer oder kleiner ist als der kalkulierte Gewinn.

Istkosten < Normalkosten → Kostenüberdeckung → tatsächlicher Gewinn > kalkulierter Gewinn (Tz. 220)

3.) Nennen Sie die Methoden der Plankostenrechnung.

- *starre Plankostenrechnung*
- *flexible Plankostenrechnung auf Vollkostenbasis*
- *flexible Plankostenrechnung auf Teilkostenbasis (Grenzplankostenrechnung)*

(Tz. 224)

4.) Was versteht man unter einer Preisabweichung und wie wird diese ermittelt?

Preisabweichung = Differenz der tatsächlich bezahlten Preise zu den geplanten Preisen

Preisabweichung = Istkosten zu Istpreisen - Istkosten zu Planpreisen

Preisabweichung = Istmenge × Istpreis - Istmenge × Planpreis

(Tz. 229)

5.) Was ist für die starre Plankostenrechnung kennzeichnend?

Bei der starren Plankostenrechnung erfolgt keine Aufteilung der Kosten in fixe und variable Kostenbestandteile, sie ermöglicht daher lediglich die Ermittlung einer Gesamtabweichung (Tz. 230 und 233).

6.) Unter welchen Voraussetzungen ist die Anwendung der starren Plankostenrechnung sinnvoll?

- *Die Istbeschäftigung weicht nicht oder nur gering von der Planbeschäftigung ab und/oder*
- *im Betrieb oder der Kostenstelle sind kaum fixe Kosten vorhanden (Tz. 235).*

7.) Welchen Vorteil bietet die flexible Plankostenrechnung?

Die flexible Plankostenrechnung ermöglicht aufgrund der Kostenauflösung in fixe und variable Bestandteile eine Anpassung der Plankosten an verschiedene Beschäftigungsgrade, neben der Gesamtabweichung kann demnach auch die Berechnung von Beschäftigungs- und Verbrauchsabweichungen erfolgen (Tz. 236).

8.) Definieren Sie den Begriff Sollkosten.

Sollkosten = Plankosten auf Basis der Istbeschäftigung (Tz. 238)

9.) Beurteilen Sie, ob folgende Aussage richtig ist: „Die Sollkosten können gleich den Plankosten sein."

Die Aussage ist richtig für den Fall, dass die Istbeschäftigung mit der Planbeschäftigung übereinstimmt (Tz. 227 und 237 f.).

10.) Was gibt eine Verbrauchsabweichung an?

Die Verbrauchsabweichung gibt den Mehr- oder Minderverbrauch von Kostengütern an (Tz. 239).

11.) Wie hoch ist der Anteil der Nutzkosten an den fixen Kosten, wenn die Istbeschäftigung um 22 % unter der Planbeschäftigung liegt?

Leerkosten = 22 % → Nutzkosten = 78 % (100 % - 22 %) (Tz. 240)

12.) Was gibt der Variator an?

Der Variator gibt den Anteil der variablen Plankosten an den gesamten Plankosten bei Planbeschäftigung an (Tz. 242).

13.) Welche Besonderheit besteht bei der Grenzplankostenrechnung?
Mithilfe der Grenzplankostenrechnung ist lediglich die Ermittlung einer Verbrauchsabweichung möglich, eine Beschäftigungsabweichung kann nicht auftreten (Tz. 243).

14.) Wann ist eine Preis- bzw. Verbrauchsabweichung als „positiv" zu werten?
PA < 0 → Istpreise < Planpreise
VA < 0 → Minderverbrauch von Kostengütern
(Tz. 246)

15.) Geben Sie an, wer für eine negative Verbrauchs- bzw. Beschäftigungsabweichung verantwortlich ist.
Verbrauchsabweichung – Kostenstellenleiter, Meister
Beschäftigungsabweichung – Geschäftsleitung, Vertrieb
(Tz. 246)

16.) Wodurch unterscheidet sich die Zielkostenrechnung von der klassischen Kostenrechnung?
Zielkostenrechnung: retrograde Kalkulation → Ermittlung von Zielkosten ausgehend von der Marktsituation und den Kundenbedürfnissen („Welchen Preis akzeptieren die Kunden?")
Klassische Kostenrechnung: Ermittlung des Verkaufspreises durch Addition der Selbstkosten und des gewünschten Gewinnaufschlages (Tz. 247)

17.) Beschreiben Sie kurz die Phasen der Zielkostenrechnung.
Phase 1 – Zielkostenplanung:
Bestimmung des Zielverkaufspreises unter Berücksichtigung der Ergebnisse einer zuvor durchgeführten Marktanalyse
Zielverkaufspreis abzüglich Gewinnmarge = Zielkosten (Tz. 248)

Phase 2 – Zielkostenspaltung:
Verteilung der Zielkosten auf Produktkomponenten/Produktfunktionen (Tz. 249)

Phase 3 – Zielkostenerreichung:
Überprüfung der Zielkostenerreichung durch Ermittlung eines Zielkostenindex (Tz. 250)

18.) Nennen Sie drei Vorteile der Zielkostenrechnung.
- *Optimale Anpassung der Produkte an die Kundenwünsche*
- *Frühe Kostenbeeinflussung im Produktlebenszyklus*
- *Hohe Qualität bei sinkenden Durchschnittskosten*

(Tz. 251)

19.) Was ist das Ziel der Prozesskostenrechnung?
Ziel der Prozesskostenrechnung ist es, den stetig größer werdenden Anteil der Gemeinkosten an den Gesamtkosten verursachungsgerecht auf die Kostenträger zu verteilen (Tz. 252).

20.) Beschreiben Sie in knapper Form den Aufbau der Prozesskostenrechnung.
Schritt 1: Tätigkeitsanalyse
Schritt 2: Zusammenfassung zu Teilprozessen
Schritt 3: Verdichtung zu Hauptprozessen
Schritt 4: Ermittlung der Kostentreiber
Schritt 5: Ermittlung der Prozesskostensätze
(Tz. 254 ff.)

21.) Unterscheiden Sie lmi-Prozesse von lmn-Prozessen und nennen Sie jeweils ein Beispiel.
lmi-Prozesse: Teilprozesskosten abhängig von der Outputmenge (z. B. „Lieferantenauswahl")
lmn-Prozesse: Teilprozesskosten unabhängig von der Outputmenge (z. B. „Abteilung leiten")
(Tz. 255)

VI. Übungsaufgaben

Aufgabe 1 (12 Minuten)

Folgende Sachverhalte der Schreinerei AB OHG sind daraufhin zu untersuchen, ob und in welcher Höhe im Monat Mai Auszahlungen, Ausgaben, Aufwendungen und/oder Kosten vorliegen. Verwenden Sie für die Lösung das vorgegebene Schema.

Sachverhalt 1: Überweisung der laufenden monatlichen Gehälter für die Angestellten am 27. 5. in Höhe von 48.300 €.

Sachverhalt 2: Rechnungsausgleich der im Vormonat gelieferten Rohstoffe durch Überweisung (8.200 €).

Sachverhalt 3: Ansatz einer kalkulatorischen Miete in Höhe von 3.700 € für aus dem Privatvermögen unentgeltlich zur Verfügung gestellte Lagerräume.

Sachverhalt 4: Verbrauch von 300 Stangen Roheisen à 8 m lt. Materialentnahmeschein vom 15. 5.; Einkauf des Roheisens im März zu einem Preis von 50 €/Stange; kalkulatorischer Verrechnungspreis 48 €/Stange.

Sachverhalt 5: Einkauf von Rohstoffen auf Ziel am 3. 5., Rechnungsbetrag 7.000 €; Ausgleich der Rechnung in 2 Teilbeträgen (20. 5.: 3.500 €, 4. 6.: 3.500 €); Rohstoffe liegen Ende Mai noch auf Lager.

Sachverhalt 6: Anschaffung einer Produktionsmaschine am 25. 5. für 180.000 €, Zahlungsziel 4 Wochen; monatliche bilanzielle Abschreibung 1.875 €; Ansatz der kalkulatorischen Abschreibung unter Berücksichtigung einer tatsächlichen Nutzungsdauer von 10 Jahren (WBK = 200.000 €).

Sachverhalt	Auszahlung	Ausgabe	Aufwand	Kosten
1				
2				
3				
4				
5				
6				

Aufgabe 2 (25 Minuten)

Der BAB der Maschinenbau A GmbH für den Monat Januar weist nach der Primärkostenverteilung folgende Daten auf:

	Hilfskostenstellen		Hauptkostenstellen				
Kostenart	Kantine	Instandhaltung	Material	Fertigung 1	Fertigung 2	Verwaltung	Vertrieb
	€	€	€	€	€	€	€
Primärkosten	26.050	34.075	284.430	2.892.825	4.099.620	519.140	641.900
GK nach ibL							

Die Leistungsbeziehungen verhalten sich wie nachstehend:

Leistungserbringer:	Kantine	Instandhaltung
Gesamtleistung	320 Mitarbeiter	750 Stunden

Leistungsempfänger:

Kantine		25 Stunden
Instandhaltung	5 Mitarbeiter	
Material	20 Mitarbeiter	135 Stunden
Fertigung 1	100 Mitarbeiter	290 Stunden
Fertigung 2	130 Mitarbeiter	210 Stunden
Verwaltung	40 Mitarbeiter	50 Stunden
Vertrieb	25 Mitarbeiter	40 Stunden

a) Ermitteln Sie die Verrechnungssätze der Hilfskostenstellen Kantine und Instandhaltung mithilfe des mathematischen Gleichungsverfahrens.

b) Nehmen Sie die innerbetriebliche Leistungsverrechnung anhand der in a) ermittelten Werte vor und tragen Sie Ihre Ergebnisse in den BAB ein.

c) Welche Verrechnungssätze würden sich unter Anwendung des Anbauverfahrens ergeben?

d) Nennen Sie ein weiteres Verfahren der innerbetrieblichen Leistungsverrechnung, welches zu dem gleichen Ergebnis führt wie das mathematische Gleichungsverfahren.

Aufgabe 3 (24 Minuten)

Die Betriebsabrechnung des 1. Quartals der AB-Industrie AG weist folgende Daten aus:

Fertigungsmaterial	1.152.000 €
Fertigungslöhne I	1.276.000 €
Fertigungslöhne II	804.000 €

Zudem liegen für die einzelnen Kostenbereiche folgende Gemeinkosten vor:

Material	172.800 €
Fertigung I	1.786.400 €
Fertigung II	1.487.400 €
Verwaltung	543.008 €
Vertrieb	407.256 €

Der Umsatz im Abrechnungszeitraum betrug 7.810.000 €.

Die AB-Industrie AG produziert die Produkte A und B. Folgende Daten liegen ergänzend vor:

	Produkt A	Produkt B
Fertigungsmaterial	738.000 €	414.000 €
Fertigungslöhne I	812.000 €	464.000 €
Fertigungslöhne II	468.000 €	336.000 €

	Produkt A	Produkt B
Bestände an fertigen Erzeugnissen:		
01.01.	320.000 €	100.000 €
31.03.	130.000 €	170.000 €
Bestände an unfertigen Erzeugnissen:		
01.01.	86.000 €	52.000 €
31.03.	104.000 €	45.000 €
Umsatzerlöse	4.875.000 €	2.935.000 €

a) Ermitteln Sie die Ist-Zuschlagssätze, das Betriebsergebnis insgesamt sowie für die Produkte A und B. Verwenden Sie für die Lösung das beigefügte Kostenträgerzeitblatt.

b) Ermitteln Sie die Kostenüber- und -unterdeckungen in den einzelnen Bereichen sowie das Umsatzergebnis, wenn in der Vorkalkulation mit folgenden Normal-Zuschlagssätzen gerechnet wurde:

Material	16,0 %
Fertigung I	138,0 %
Fertigung II	190,0 %
Verwaltung	7,5 %
Vertrieb	6,5 %

Anlage zu Aufgabe 3: Kostenträgerzeitblatt

	Ist				Normal		
	%	gesamt	A	B	%	gesamt	Überdeckung +/ Unterdeckung -
FM		1.152.000 €	738.000 €	414.000 €			
MGK							
FL I		1.276.000 €	812.000 €	464.000 €			
FGK I							
FL II		804.000 €	468.000 €	336.000 €			
FGK II							
HKdE							
BV FE							
BV UFE							
HKdU							
VerwGK							
VertrGK							
SK							
Umsatz		7.810.000 €	4.875.000 €	2.935.000 €			
BE							
Produktergebnis							
Umsatzergebnis							

Aufgabe 4 (15 Minuten)

Die Maschinenbau A GmbH produziert u. a. Waschmaschinen. Folgende Daten liegen für die Kalkulation einer Waschmaschine des Typs WX 302 vor:

Materialgemeinkostenzuschlagssatz	25 %	(= 80 €)
Fertigungskosten (FL und FGK)	288 €	
Fertigungsgemeinkostenzuschlagssatz	200 %	
Verwaltungs- und Vertriebsgemeinkostenzuschlagssatz	15 %	(= 108 €)
Spezialverpackung	22,80 €	
Kundenskonto	3 %	
Vertreterprovision	6 %	(= 69,66 €)
Kundenrabatt	10 %	

Erstellen Sie eine vollständige Zuschlagskalkulation und vollziehen Sie insbesondere folgende Daten nach:

- Fertigungsmaterial
- Fertigungslöhne
- Herstellkosten
- Sondereinzelkosten der Fertigung
- Kundenskonto
- Zielverkaufspreis
- Listenverkaufspreis
- Barverkaufspreis
- Gewinn absolut und in Prozent

Aufgabe 5 (22 Minuten)

Die Maschinenbau A GmbH produziert auf einer Fertigungsanlage (Anschaffungskosten 480.000 €) Spezialteile für Industrieroboter. Im letzten Halbjahr lag die Beschäftigung bei durchschnittlich 280 Maschinenstunden pro Monat (Zweischichtbetrieb).

Folgende Kosteninformationen liegen bezüglich dieses Maschinenplatzes vor:

- Der Hilfslohn für den Einrichter beträgt 14,50 € pro Stunde. Bei 280 Maschinenstunden werden 56 Stunden benötigt.
- Die Sozialkosten betragen 45 % der Bruttolohnsumme.
- Die kalkulatorische Abschreibung basiert auf einem Wiederbeschaffungswert von 534.000 €. Die voraussichtliche Nutzungsdauer wird auf acht Jahre geschätzt. Es ist weiterhin ein Liquidationserlös von 30.000 € am Ende der Nutzungsdauer zu berücksichtigen.
- Der Zinssatz der kalkulatorischen Zinsen beträgt 8 % p. a.
- Der Anschlusswert der Fertigungsanlage liegt bei 40 kW. Die anhand von Verbrauchsstudien ermittelten Energiekosten betragen 0,16 €/kWh. Des Weiteren fällt eine monatliche Grundgebühr von 50 € für den Anschluss an.
- Der innerbetriebliche Verrechnungssatz für die Raumkosten beträgt 6,80 €/qm monatlich. Die Nutzfläche der Anlage beträgt 50 qm.
- Die Kosten für Betriebsstoffe (Öl, Kühl- und Schmiermittel) betragen nach detaillierten Aufzeichnungen 672 € bei 280 Stunden bzw. 819 € bei 350 Stunden Laufzeit im Monat.
- Für laufende Wartung werden 330 € monatlich und je Reparaturstunde 42 € verrechnet. Bei einer Beschäftigung von 280 Stunden pro Monat werden 20 Reparaturstunden geplant.
- Die Produktionsstillstandversicherung für die Fertigungsanlage verursacht Kosten in Höhe von 450 €/Quartal.

a) Ermitteln Sie aus diesen Angaben die Gesamtkostenfunktion für die Fertigungsanlage, wobei die Fixkosten auf den Monat und die variablen Kosten auf die Maschinenstunde zu beziehen sind.

b) Mit welchem Vollkostensatz der Fertigungsanlage müsste die Maschinenbau A GmbH bei einer Planbeschäftigung von 240 Stunden kalkulieren?

Aufgabe 6 (12 Minuten)

Die AB-Industrie AG stellt in der Produktionsabteilung 1 das Produkt Z her (Kapazität: 300 Stück/Quartal). Im 1. Quartal wurde bei Produktion und Absatz von 185 Stück ein Verlust in Höhe von 57.000 € erzielt, im 2. Quartal beliefen sich die Kosten der Produktion von 210 Stück auf insgesamt 1.568.500 €.

Der Gesamtkostenverlauf ist linear, die Kostenstruktur hat sich nicht geändert. Für das Produkt Z konnte sowohl im 1. wie auch im 2. Quartal durchschnittlich ein Nettopreis von 7.650 € erzielt werden.

a) Ermitteln Sie den Break-even-Point dieser Produktionsabteilung.

b) Wie viel Stück vom Produkt Z sind herzustellen und zu verkaufen, damit die angestrebte Umsatzrendite von 10 % erreicht wird?

Aufgabe 7 (10 Minuten)

Folgende Daten liegen Ihnen für die Ermittlung der Sollkostenfunktion vor:

► Planbeschäftigung:	3.000 Stunden
► Plankostenverrechnungssatz:	150 €/Stunde
► Istbeschäftigung:	3.450 Stunden
► Beschäftigungsabweichung:	Bei Istbeschäftigung entsteht eine Fixkostenüberdeckung in Höhe von 27.000 €.

LÖSUNGEN

Lösung zu Aufgabe 1

Sachverhalt	Auszahlung	Ausgabe	Aufwand	Kosten
1	48.300 €	48.300 €	48.300 €	48.300 €
2	8.200 €	0 €	0 €	0 €
3	0 €	0 €	0 €	3.700 €
4	0 €	0 €	15.000 €	14.400 €
5	3.500 €	7.000 €	0 €	0 €
6	0 €	180.000 €	1.875 €	1.667 €

Lösung zu Aufgabe 2

a)

Gleichung I: $320\ k_{Kantine} = 26.050\,€ + 25\ k_{Instandhaltung}$

Gleichung II: $750\ k_{Instandhaltung} = 34.075\,€ + 5\ k_{Kantine}$

Auflösen der Gleichungen I und II nach $k_{Kantine}$:

Gleichung I: $$k_{Kantine} = \frac{25\ k_{Instandhaltung} + 26.050\,€}{320}$$

Gleichung II: $$k_{Kantine} = \frac{750\ k_{Instandhaltung} - 34.075\,€}{5}$$

Gleichung I = Gleichung II

$$\frac{25\ k_{Instandhaltung} + 26.050\,€}{320} = \frac{750\ k_{Instandhaltung} - 34.075\,€}{5} \quad \Big| \times 5$$

$$\frac{(25\ k_{Instandhaltung} + 26.050\,€) \times 5}{320} = 750\ k_{Instandhaltung} - 34.075\,€$$

$$(25\ k_{Instandhaltung} + 26.050\,€) \times 0{,}015625 = 750\ k_{Instandhaltung} - 34.075\,€$$

$$0{,}39\ k_{Instandhaltung} + 407{,}03\,€ = 750\ k_{Instandhaltung} - 34.075\,€ \quad \Big| - 0{,}39\ k_{Instandh.}$$

$$407{,}03\,€ = 749{,}61\ k_{Instandhaltung} - 34.075\,€ \quad \Big| + 34.075\,€$$

$$34.482{,}03\,€ = 749{,}61\ k_{Instandhaltung} \quad \Big| : 749{,}61$$

$$k_{Instandhaltung} = \mathbf{46\,€/Std.}$$

$$k_{Kantine} = \frac{25 \times 46\,€ + 26.050\,€}{320}$$

$$k_{Kantine} = \mathbf{85\,€/Mitarbeiter}$$

b)

Kostenart	Hilfskosten-stellen		Hauptkostenstellen				
	Kantine	Instand-haltung	Material	Fertigung 1	Fertigung 2	Verwal-tung	Vertrieb
	€	€	€	€	€	€	€
Primärkosten	26.050	34.075	284.430	2.892.825	4.099.620	519.140	641.900
Umlage Kantine	-27.200	425	1.700	8.500	11.050	3.400	2.125
Umlage Instandhaltung	1.150	-34.500	6.210	13.340	9.660	2.300	1.840
GK nach ibL	0	0	292.340	2.914.665	4.120.330	524.840	645.865

c)

Kantine: $\frac{26.050\,€}{315 \text{ Mitarbeiter}} = 82{,}70\,€/\text{Mitarbeiter}$

Instandhaltung: $\frac{34.075\,€}{725 \text{ Stunden}} = 47\,€/\text{Stunde}$

d)

Iterationsverfahren

Lösung zu Aufgabe 3

		Ist			Normal		
		gesamt	A	B		gesamt	Überdeckung +/ Unterdeckung -
FM		1.152.000 €	738.000 €	414.000 €		1.152.000 €	
MGK	15 %	172.800 €	110.700 €	62.100 €	16 %	184.320 €	11.520 €
FL I		1.276.000 €	812.000 €	464.000 €		1.276.000 €	
FGK I	140 %	1.786.400 €	1.136.800 €	649.600 €	138 %	1.760.880 €	- 25.520 €
FL II		804.000 €	468.000 €	336.000 €		804.000 €	
FGK II	185 %	1.487.400 €	865.800 €	621.600 €	190 %	1.527.600 €	40.200 €
HKdE		6.678.600 €	4.131.300 €	2.547.300 €		6.704.800 €	
BV FE		120.000 €	190.000 €	- 70.000 €		120.000 €	
BV UFE		- 11.000 €	- 18.000 €	7.000 €		- 11.000 €	
HKdU		6.787.600 €	4.303.300 €	2.484.300 €		6.813.800 €	
VerwGK	8 %	543.008 €	344.264 €	198.744 €	7,5 %	511.035 €	- 31.973 €
VertrGK	6 %	407.256 €	258.198 €	149.058 €	6,5 %	442.897 €	35.641 €
SK		7.737.864 €	4.905.762 €	2.832.102 €		7.767.732 €	**29.868 €**
Umsatz		7.810.000 €	4.875.000 €	2.935.000 €		7.810.000 €	
BE		72.136 €					
Produktergebnis			- 30.762 €	102.898 €			
Umsatzergebnis						42.268 €	

Lösung zu Aufgabe 4

	Fertigungsmaterial	(FM)		320,00 €
+	Materialgemeinkosten	(MGK)	25,00 %	80,00 €
+	Fertigungslöhne	(FL)		96,00 €
+	Fertigungsgemeinkosten	(FGK)	200,00 %	192,00 €
+	Sondereinzelkosten Fertigung	(SEKF)		32,00 €
=	Herstellkosten	(HK)		720,00 €
+	Verwaltungs-/ Vertriebsgemeinkosten	(VerwGK/ VertrGK)	15,00 %	108,00 €
+	Sondereinzelkosten Vertrieb	(SEKV)		22,80 €
=	Selbstkosten	(SK)		850,80 €
+	Gewinn		24,18 %	205,71 €
=	Barverkaufspreis	(BVP)		1.056,51 €
+	Kundenskonto		3,00 %	34,83 €
+	Vertreterprovision		6,00 %	69,66 €
=	Zielverkaufspreis	(ZVP)		1.161,00 €
+	Kundenrabatt		10,00 %	129,00 €
=	Listenverkaufspreis	(LVP)		1.290,00 €

► FM = $\frac{80\,€}{25\,\%} \times 100\,\% = 320{,}00\,€$

► FL = $\frac{288\,€}{300\,\%} \times 100\,\% = 96{,}00\,€$

► HK = $\frac{108\,€}{15\,\%} \times 100\,\% = 720{,}00\,€$

► SEKF = 720,00 € - 320,00 € - 80,00 € - 96,00 € - 192,00 € = 32,00 €

► Skonto = $\frac{69{,}66\,€}{6\,\%} \times 3\,\% = 34{,}83\,€$

► ZVP = $\frac{69{,}66\,€}{6\,\%} \times 100\,\% = 1.161{,}00\,€$

► LVP = $\frac{1.161{,}00\,€}{90\,\%} \times 100\,\% = 1.290{,}00\,€$

► BVP = 1.161,00 € - 69,66 € - 34,83 € = 1.056,51 €

► Gewinn = 1.056,51 € - 850,80 € = 205,71 €

► Gewinn = $\frac{205{,}71\,€}{850{,}80\,€} \times 100 = 24{,}18\,\%$

Lösung zu Aufgabe 5

a)

Kosten des Maschinenplatzes:

Kostenart	Fixkosten/Monat	variable Kosten je Maschinenstunde
Hilfslöhne[1)]		2,90 €
Sozialkosten[2)]		1,31 €
Kalk. Abschreibung[3)]	5.250,00 €	
Kalk. Zinsen[4)]	1.700,00 €	
Energiekosten[5)]	50,00 €	6,40 €
Raumkosten[6)]	340,00 €	
Kosten für Betriebsstoffe[7)]	84,00 €	2,10 €
Wartung/ Reparaturkosten[8)]	330,00 €	3,00 €
Versicherung	150,00 €	
Summe	7.904,00 €	15,71 €

Kostenfunktion: $K_{(x)} = 7.904 + 15{,}71\ x$

Erläuterung:

[1] variabler Stundensatz $\frac{14{,}50\,€ \times 56\ \text{Std.}}{280\ \text{Std.}} = 2{,}90\,€/\text{Std.}$

[2] Sozialkosten = 2,90 €/Std. × 45 % = 1,31 €/Std.

[3] kalk. AfA $= \frac{534.000\,€ - 30.000\,€}{8\ \text{Jahre}} : 12 = 5.250\,€/\text{Monat}$

[4] kalk. Zinsen $= \frac{480.000\,€ + 30.000\,€}{2} \times 8\,\% : 12 = 1.700\,€/\text{Monat}$

[5] Energie = 40 kW × 0,16 €/kWh = 6,40 €/Std.

[6] Raumkosten = 50 qm × 6,80 €/qm = 340 €/Monat

[7] Betriebsstoffkosten

bei 280 Stunden	672 €
bei 350 Stunden	819 €
Δ 70 Stunden	147 €
→ 1 Stunde	2,10 €

monatliche Fixkosten: 672 € - (280 Std. × 2,10 €/Std.) = 84 €

[8] Reparaturkosten: $\frac{42\,€/\text{Std.} \times 20\ \text{Std.}}{280\ \text{Std.}} = 3\,€/\text{Std.}$

b)

$$\text{MSS} = \frac{7.904\,€}{240\ \text{Std.}} + 15{,}71\,€/\text{Std.} = 48{,}64\,€/\text{Std.}$$

Lösung zu Aufgabe 6

a)

Gesamtkosten 1. Quartal: (185 Stück × 7.650 €/Stück) + 57.000 € = 1.472.250 €

Ermittlung k_v: $\frac{1.568.500\,€ - 1.472.250\,€}{210\ \text{Stück} - 185\ \text{Stück}} = 3.850\,€/\text{Stück}$

Ermittlung K_{fix}: 1.568.500 € - 210 Stück × 3.850 €/Stück = 760.000 €

$$\text{BEP} = \frac{K_{fix}}{db} = \frac{760.000\,€}{7.650\,€/\text{Stück} - 3.850\,€/\text{Stück}} = 200\ \text{Stück}$$

b)

	p	7.650 €
-	Umsatzrendite	765 €
=	k	6.885 €
-	k_v	3.850 €
=	k_{fix}	3.035 €

$$\text{Stückzahl} = \frac{K_{fix}}{k_{fix}} = \frac{760.000\text{ €}}{3.035\text{ €/Stück}} = 250{,}41\text{ Stück}$$

Mindeststückzahl = 251 Stück

Lösung zu Aufgabe 7

$$BA = (b^p - b^i) \times k_{fix}^{pv}$$

$$k_{fix}^{pv} = \frac{BA}{b^p - b^i}$$

$$k_{fix}^{pv} = \frac{-27.000\text{ €}}{3.000\text{ Std.} - 3.450\text{ Std.}} = 60\text{ €/Std.}$$

$$K_{fix}^{p} = k_{fix}^{pv} \times b^p$$

$$K_{fix}^{p} = 60\text{ €/Std.} \times 3.000\text{ Std.} = 180.000\text{ €}$$

$$k_v^{pv} = k^{pv} - k_{fix}^{pv}$$

$$k_v^{pv} = 150\text{ €/Std.} - 60\text{ €/Std.} = 90\text{ €/Std.}$$

$$K^s = 90\,x + 180.000$$

STICHWORTVERZEICHNIS

Die angegebenen Zahlen verweisen auf die Textziffern (Tz.).

I

K

L

M

N

O

P

R

S

T

U

V

W

Z